Anwendungsorientierte Mathematik

Vorlesungen und Übungen für Studierende
der Ingenieur- und Wirtschaftswissenschaften

Herausgegeben von G. Böhme

Band 4

Gert Böhme, Helmut Kernler
Hans-Volker Niemeier, Dieter Pflügel

Aktuelle Anwendungen der Mathematik

Zweite Auflage

Mit 133 Abbildungen

Springer-Verlag
Berlin Heidelberg New York
London Paris Tokyo 1989

Professor Dr. phil. GERT BÖHME
Professor Dipl.-Ing. HELMUT KERNLER
Professor Dr. HANS-VOLKER NIEMEIER
Professor Dipl.-Ing. Dr. DIETER PFLÜGEL

Fachhochschule Furtwangen/Schwarzwald

ISBN 3-540-50700-0 2. Aufl. Springer-Verlag Berlin Heidelberg New York
ISBN 0-387-50700-0 2nd. ed. Springer-Verlag New York Berlin Heidelberg
ISBN 3-540-08315-4 1. Aufl. Springer-Verlag Berlin Heidelberg New York
ISBN 0-387-08315-4 1st. ed. Springer-Verlag New York Heidelberg Berlin

CIP-Titelaufnahme der Deutschen Bibliothek
Anwendungsorientierte Mathematik
Vorlesungen und Übungen für Studierende der Ingenieur- und Wirtschaftswissenschaften/
hrsg. von G. Böhme.
Berlin; Heidelberg; New York; London; Paris; Tokyo: Springer.
Früher u. d. T.: Böhme, Gert: Anwendungsorientierte Mathematik
NE: Böhme, Gert [Hrsg.]
Bd. 4 Aktuelle Anwendungen der Mathematik/Gert Böhme
2. Aufl. – 1989
ISBN 3-540-50700-0 (Berlin...)
ISBN 0-387-50700-0 (New York...)

Dieses Werk ist urheberrechtlich geschützt. Die dadurch begründeten Rechte, insbesondere die der Übersetzung, des Nachdrucks, des Vortrags, der Entnahme von Abbildungen und Tabellen, der Funksendung, der Mikroverfilmung oder der Vervielfältigung auf anderen Wegen und der Speicherung in Datenverarbeitungsanlagen, bleiben, auch bei nur auszugsweiser Verwertung, vorbehalten. Eine Vervielfältigung dieses Werkes oder von Teilen dieses Werkes ist auch im Einzelfall nur in den Grenzen der gesetzlichen Bestimmungen des Urheberrechtsgesetzes der Bundesrepublik Deutschland vom 9. September 1965 in der Fassung vom 24. Juni 1985 zulässig. Sie ist grundsätzlich vergütungspflichtig. Zuwiderhandlungen unterliegen den Strafbestimmungen des Urheberrechtsgesetzes.

© Springer-Verlag Berlin Heidelberg 1977 and 1989
Printed in Germany.

Die Wiedergabe von Gebrauchsnamen, Handelsnamen, Warenbezeichnungen usw. in diesem Werk berechtigt auch ohne besondere Kennzeichnung nicht zu der Annahme, daß solche Namen im Sinne der Warenzeichen- und Markenschutz-Gesetzgebung als frei zu betrachten wären und daher von jedermann benutzt werden dürften.

Sollte in diesem Werk direkt oder indirekt auf Gesetze, Vorschriften oder Richtlinien (z.B. DIN, VDI, VDE) Bezug genommen oder aus ihnen zitiert worden sein, so kann der Verlag keine Gewähr für Richtigkeit, Vollständigkeit oder Aktualität übernehmen. Es empfiehlt sich, gegebenenfalls für die eigenen Arbeiten die vollständigen Vorschriften oder Richtlinien in der jeweils gültigen Fassung hinzuzuziehen.

Druck: Buchdruckerei G. Buck, Berlin; Bindearbeiten: Lüderitz & Bauer, Berlin
2160/3020-543210 – Gedruckt auf säurefreiem Papier

Vorwort zur zweiten Auflage

Die in der ersten Auflage getroffene Auswahl der Themen für die "Aktuellen Anwendungen der Mathematik" hat sich als richtig und zukunftsweisend herausgestellt. Die Sachgebiete sind für Ingenieure, Informatiker und Wirtschaftswissenschaftler von aktuellem Interesse. Die bewußt einfach gehaltene Form der Darstellung, verbunden mit einem engen Praxisbezug, hält sich methodisch und didaktisch auf der gleichen Linie wie die vorangehenden drei Bände der "Anwendungsorientierten Mathematik". Wo es erforderlich war, wurden die Beispiele aktualisiert und neue Begriffsbildungen aufgenommen. Druck- und Rechenfehler wurden korrigiert.

Die Autoren sind dem Springer-Verlag für die zügige Herstellung der zweiten Auflage und die bewährte Güte der Ausstattung herzlich verbunden.

Furtwangen, im Februar 1989   Gert Böhme

Vorwort

In diesem Band stellen wir dem Leser eine Auswahl mathematischer Anwendungen vor, die in den letzten Jahren immer mehr an Bedeutung gewonnen haben und schon heute nicht mehr aus der Praxis wegzudenken sind. Erfahrungsgemäß werden Prognoseverfahren, Wortstrukturen, Automaten, Graphen oder Bestandsoptimierungen in der Regel nicht in den mathematischen Grundvorlesungen behandelt. Im Berufsleben stehende Fachleute oder Studenten der höheren Semester sind deshalb oft gezwungen, einschlägige Informationen der Spezialliteratur zu entnehmen. Diesem Kreis will der vorliegende Band einen ersten, leicht lesbaren und auf die Anwendungen zugeschnittenen Einstieg ermöglichen.

Die einzelnen Kapitel können weitgehend unabhängig voneinander gelesen werden. Ihre inhaltliche Bedeutung wird ausführlich begründet. Um ein effizientes Selbststudium zu gewährleisten, sind jedem Abschnitt Aufgaben zugefügt, deren Lösungen im Anhang nachgeschlagen werden können.

Der Umfang jedes Kapitels entspricht etwa dem Stoff einer zweistündigen Semestervorlesung. Jeder Autor hat über sein Thema mehrmals an der FH Furtwangen vorgetragen und die damit gewonnenen Lehrerfahrungen bei der didaktischen Gestaltung seines Beitrages berücksichtigt. Bei den Prognosen wurde das methodische, bei den Graphen das algorithmische Element in den Vordergrund gerückt. Dagegen erschien es uns angebracht, Wortstrukturen und Automaten von der Theorie der Zeichenketten her systematisch zu entwickeln. Ein solcher grundlegender Aufbau fehlt bislang noch in der Literatur. Er hat sich jedoch im Unterricht bestens bewährt und ermöglicht auch dem Nichtmathematiker den Eingang in Gebiete wie Halbgruppen, Sprachen, Algorithmen und Automaten. Schließlich demonstriert die mathematische Behandlung von Bestandsoptimierungen eine moderne Anwendung der Analysis im Bereich der Wirtschaftswissenschaften.

Für die mühevolle Anfertigung des reproduktionsreifen Manuskriptes haben wir Frau E. Grafe, St. Georgen, herzlich zu danken. Dem Springer Verlag sind wir für die gute Ausstattung des Buches verbunden.

Furtwangen, im Juni 1977   Gert Böhme

Inhaltsverzeichnis

1. Graphen (H.-V. Niemeier) 1
    1.1 Einleitung 1
    1.2 Grundbegriffe und Beispiele 2
        1.2.1 Grundlegende Definitionen 2
        1.2.2 Bäume 7
        1.2.3 Matrixdarstellungen von Graphen 11

    1.3 Optimale Wege in Graphen 18
        1.3.1 Problemstellung 18
        1.3.2 Der Dijkstra-Algorithmus 20
        1.3.3 Der Floyd-Algorithmus 25

    1.4 Flüsse in Netzwerken 28
        1.4.1 Problemstellung 28
        1.4.2 Der Maximalflußalgorithmus von Ford-Fulkerson 30
        1.4.3 Kostenminimale Flüsse 35
        1.4.4 Transport- und Zuordnungsaufgaben als Flußprobleme 38

    1.5 Tourenprobleme auf Graphen 41

2. Wortstrukturen (G. Böhme) 47
    2.1 Einführung. Überblick 47
    2.2 Wörter. Relationen und Operationen 48
        2.2.1 Numerierte Paarmengen 48
        2.2.2 Worte. Aufbau und Typisierung 54
        2.2.3 Relationen zwischen Wörtern 61
        2.2.4 Einstellige Wortoperationen 68
        2.2.5 Zweistellige Wortoperationen 72
        2.2.6 Boolesche Wortoperationen 75

2.3 Worthalbgruppen 79
    2.3.1 Eigenschaften von Halbgruppen 79
    2.3.2 Erzeugendensysteme. Nachweis der Assoziativität 83
    2.3.3 Freie Halbgruppen 86

2.4 Wortveränderungen 91
    2.4.1 Einführende Überlegungen 91
    2.4.2 Semi-Thue-Systeme 92
    2.4.3 Markov-Algorithmen 97
    2.4.4 Das Wortproblem in Halbgruppen 102

2.5 Wortmengen 104
    2.5.1 Verknüpfungen von Sprachen 104
    2.5.2 Reguläre Sprachen 109
    2.5.3 Regelsprachen 110

3. Automaten (D. Pflügel) 117

3.1 Einleitung 117
3.2 Automatenmodelle 118
3.3 Endliche Automaten 120
    3.3.1 Die Arbeitsweise des endlichen Automaten 120
    3.3.2 Deterministischer endlicher Automat 122
    3.3.3 Die von einem Automaten akzeptierte Wortmenge 129
    3.3.4 Nichtdeterministischer Automat 133
    3.3.5 Reduktion und Äquivalenz von Automaten 138
    3.3.6 Minimaler Automat 146
    3.3.7 Zusammenhang zwischen regulären Mengen und Automaten . 148
    3.3.8 Verknüpfung von Automaten 151

3.4 Endliche Maschinen 155
    3.4.1 Die Arbeitsweise der endlichen Maschine 155
    3.4.2 Endliche deterministische Maschine 156
    3.4.3 Verarbeitung von Zeichenketten 159
    3.4.4 Minimale Maschine 160
    3.4.5 Typen von Maschinen 160

4. Prognoseverfahren (H.-V. Niemeier) 162

4.1 Einleitung 162

4.2 Modelle und Verfahren der Vorhersage: Grundbegriffe, Typisierung, Voraussetzungen und Grenzen, Beurteilungskriterien 165

4.3 Gleitende Durchschnitte 171
    4.3.1 Grundbegriffe 171
    4.3.2 Gleitende Durchschnitte bei Zeitreihen mit Saisoneinflüssen 175

4.4 Vorhersagen mittels Regressionsanalysen 178
    4.4.1 Modelle mit internen Faktoren 178
    4.4.2 Modelle mit externen Faktoren 185

4.5 Verfahren der exponentiellen Glättung 190
    4.5.1 Exponentielle Glättung 1. Ordnung 190
    4.5.2 Das lineare Trendmodell 195
    4.5.3 Saisonmodelle 200
    4.5.4 Startwerte 200
    4.5.5 Prognosekontrolle 202

4.6 Verfahren der langfristigen Prognose, Wachstumsfunktionen 203

5. Bestandsoptimierung (H. Kernler) 212
  5.1 Einführung 212
  5.2 Andlersche Grundgleichung 213
    5.2.1 Herleitung 213
    5.2.2 Anwendung der Andlerschen Grundgleichung 217
    5.2.3 Erweiterung des Grundmodells auf zwei Artikel 222
    5.2.4 Erweiterung des Grundmodells auf mehrere Teillieferungen . 224
    5.2.5 Mengenabhängige Preise 226

  5.3 Dynamische Bestellmengen 228
    5.3.1 Problemstellung 228
    5.3.2 Gleitende wirtschaftliche Losgröße 229
    5.3.3 Stückperiodenausgleich 232
    5.3.4 Verfeinerung des Stückperiodenausgleichs 234

6. Anhang: Lösungen der Aufgaben 239

Sachverzeichnis 254

Inhaltsübersicht der weiteren Bände:

Band 1: Algebra
1. Grundlagen der Algebra
2. Lineare Algebra
3. Algebra komplexer Zahlen
4. Anhang: Lösungen der Aufgaben

Band 2: Analysis 1. Teil
Funktionen - Differentialrechnung
1. Elementare reelle Funktionen
2. Komplexwertige Funktionen
3. Differentialrechnung
4. Anhang: Lösungen der Aufgaben

Band 3: Analysis 2. Teil
Integralrechnung - Reihen - Differentialgleichungen
1. Integralrechnung
2. Unendliche Reihen
3. Gewöhnliche Differentialgleichungen
4. Anhang: Lösungen der Aufgaben

1 Graphen

H.-V. Niemeier

1.1 Einleitung

In vielen Gebieten der praktischen Anwendung treten Systeme mit Objekten und Beziehungen oder Verbindungen zwischen diesen Objekten auf, wie Netzpläne, Verkehrs-, Rechner- oder Kommunikationsnetze, Betriebs- oder Produktionsstrukturen, Programm- und Datenstrukturen, elektrische Netzwerke usw. Solche Modelle kann man mit den Methoden der Graphentheorie, einem besonders eleganten, eingängigen und relativ leicht zu verstehenden Hilfsmittel der modernen Mathematik, untersuchen. Die wohl bekannteste Anwendung liegt auf dem Gebiet der Netzplantechnik zur Terminplanung, Ablaufkontrolle und Risikoanalyse großer Projekte (CPM-, MPM-, PERT-Methode).

Daneben wird der Ingenieur oder Betriebswirt häufig mit graphentheoretischen Modellen in Form graphischer Darstellungen oder in Matrizenform konfrontiert sein. Graphen zur anschaulichen Darstellung von mathematischen Sachverhalten und Modellen findet man schon im Band I, 1.1.2, bei der Beschreibung von Relationen durch "Pfeildiagramme" oder "Relationsgraphen". Spezielle Graphen, sogenannte Bäume, spielen eine wichtige Rolle auf dem Gebiet der Stücklisten und Teileverwendungsnachweise, bei der Organisation von Datenbanken, bei der Darstellung mathematischer Formeln in Compilern und elektronischen Taschenrechnern sowie bei der Behandlung von Entscheidungsproblemen.

Algorithmen wurden entwickelt zur Bestimmung kürzester oder kostenminimaler Verbindungen zwischen Knotenpunkten eines Transportnetzes bzw. längster (kritischer) Wege in Netzplänen. Bei der Tourenplanung (z.B. Kundenbesuche oder Straßenreinigung) ist das Problem der optimalen Rundreise in Verkehrsnetzen zu lösen.

Mengenmaximale bzw. kostenminimale Flüsse in Transportnetzen oder Netzwerken (Transport von Gütern bzw. Energie, Telefonnetze) lassen sich graphentheoretisch berechnen.

Zufallsabhängige Prozesse und Systeme, speziell sogenannte Markovketten, wie sie z.B. bei Wettbewerbssituationen, Ersatzproblemen oder Lagerhaltungsproblemen auftreten, werden durch "Zustände" und "Zustandsübergänge" mit Übergangswahrscheinlichkeiten charakterisiert und durch Zustandsgraphen beschrieben. In der Informatik befaßt man sich mit entsprechenden deterministischen Systemen, sogenannten Automaten (vgl. Kap.3). Spieltheoretische und Input-Output-Modelle der Wirtschaft lassen sich als Graphen darstellen.

Diese keineswegs vollständige Aufzählung graphentheoretischer Anwendungen läßt erkennen, welche wichtige Rolle die Graphentheorie auf naturwissenschaftlich-technischem wie ökonomisch-betriebswirtschaftlichem Gebiet spielt. Im Nachfolgenden wird im Sinne der Thematik dieser Lehrbuchreihe die Graphentheorie anwendungsorientiert dargestellt und nicht vom mathematisch-theoretischen Standpunkt aus. Dementsprechend werden im 1.Abschnitt nur die Grundbegriffe eingeführt, die für die anschließenden Abschnitte notwendig sind. Bei den Anwendungen selbst wurde eine Auswahl getroffen, wobei die Netzplantechnik wegen ausreichend vorhandener anderweitiger Literatur nur kurz angesprochen wird. Behandelt werden: Optimale Wege in Graphen, Flußprobleme in Netzwerken und Tourenprobleme.

Von den verschiedenen Algorithmen für die Lösung gewisser Problemklassen wird i.a. einer exemplarisch vorgestellt, ohne seine Effizienz bei Verwendung eines Computers zur Problemlösung besonders herauszustellen. Tatsächlich hängt diese Effizienz noch wesentlich von der verwendeten Datenorganisation und Suchstrategie ab. Eine stärkere Berücksichtigung der Aspekte der Datenverarbeitung, die erst das Berechnen komplexer Netze möglich gemacht hat, würde aber den Rahmen einer Einführung sprengen. In den am Ende des Kapitels aufgeführten Lehrbüchern findet der Interessierte auch Darstellungen der programmäßigen Realisierung graphentheoretischer Verfahren sowie zur Komplexität der Algorithmen.

1.2 Grundbegriffe und Beispiele

1.2.1 Grundlegende Definitionen

Definition

> Ein *Graph (Netzwerk)* G besteht aus einer Menge X(G) von *Knoten* und einer Menge V(G) von Verbindungen (Beziehungen) zwischen diesen Knoten, genannt *Kanten*: G := G(X,V). Besitzen die Kanten Richtungen, spricht man von einem *gerichteten* Graphen mit gerichteten Kanten (Pfeilen), vgl. Abb.1, sonst von einem *ungerichteten* Graphen (vgl. Abb.2). Wir betrachten nur endliche Graphen mit endlicher Knoten- und Kantenmenge.

Abb.1   Abb.2

Bei den Elementen $v \in V(G)$ handelt es sich um geordnete Paare $v = (x,y)$ ("gerichtete Kante von x nach y") mit $x, y \in X(G)$, wenn G ein gerichteter Graph ist. Die Kantenmenge eines schlichten (s.u.) gerichteten Graphen ist damit eine Teilmenge des kartesischen Produkts (vgl. I, 1.2.1) von X mit sich selbst: $V \subset X \times X$. In ungerichteten Graphen sind die Kanten v "zwischen x und y" ungeordnete Paare von Elementen (Knoten) $x, y \in X(G)$, bezeichnet mit $v = [x,y]$.

Definition

> x bzw. y heißen *Anfangs-* bzw. *Endknoten* der gerichteten Kante (x, y). x bezeichnet man als (direkten) *Vorgänger* von y, y als (direkten) *Nachfolger* von x. Bei ungerichteten Kanten sind x und y die *Endknoten* der Kante [x,y]. Legen Anfangs- und Endknoten bzw. die beiden Endknoten stets die Kante eindeutig fest (höchstens eine Kante von x nach y bzw. zwischen x und y), so spricht man von einem *schlichten* Graphen (Abb.2), im gerichteten Fall auch von einem *Digraphen*.

> Treten mehrere Kanten von x nach y bzw. zwischen x und y auf, nennt man diese Kanten *parallel* (Abb.1, Kanten v und v').

Wir befassen uns hier - wenn nicht anders erwähnt - mit schlichten Graphen, die insbesondere eine einfachere Matrixdarstellung (s.u.) erlauben. Die nachfolgenden Definitionen der - i.a. auch elementar verständlichen - Grundbegriffe werden in einer auch zum Nachschlagen geeigneten Übersicht gegeben. Sie gelten, sofern nur für gerichtete Graphen aufgeführt, entsprechend auch für ungerichtete Graphen. Auf Unterschiede wird speziell hingewiesen. Ferner wird die Eigenschaft "gerichtet" nicht stets aufgeführt, wenn die Situation eindeutig ist.

Adjazente (benachbarte) Knoten: zwei Knoten x, y, zwischen denen eine Kante (x, y) existiert. Die Kante (x, y) ist mit den Knoten x und y *inzident*.

Adjazente (benachbarte) Kanten: zwei Kanten (x, y) und (y, z) mit gemeinsamem Knoten (Abb.1)

Schlinge (Schleife): eine Kante (x, x) (Abb.1)

Teilgraph: ein Graph $G_1(X_1, V_1)$ heißt Teilgraph eines Graphen $G(X, V)$, wenn die Knotenmenge X_1 eine Teilmenge von X ist und die Kantenmenge V_1 eine Teilmenge von V ist. G_1 entsteht aus G durch Weglassen von Knoten und/oder Kanten.

Spannender Teilgraph: Teilgraph mit $X_1 = X$, d.h. durch Weglassen nur von Kanten entstanden (fett ausgezogene Kanten in Abb.3).

Bewerteter Graph: Graph, dessen Kanten Bewertungen (Zahlenwerte) zugeordnet sind. Diese können z.B. Distanzen, Zeiten, Kosten, Kapazitäten, Wahrscheinlichkeiten bedeuten.

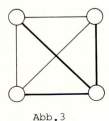

Abb.3

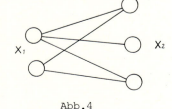

Abb.4

1.2 Grundbegriffe und Beispiele

Bipartiter (paarer) Graph: Graph, dessen Knotenmenge X sich in zwei disjunkte Teilmengen X_1, X_2 zerlegen läßt, wobei weder Knoten aus X_1 noch Knoten aus X_2 adjazent sind, d.h. für den $V(G) \subset X_1 \times X_2$ gilt (Abb.4).

Knotengrad d(x) eines Knotens x eines ungerichteten Graphen: Anzahl der mit x inzidenten Kanten (Abb.2: $d(s) = 0$ ("isolierter Knoten"), $d(z) = 1$ ("Endknoten"), $d(x) = 2$, $d(y) = 3$)

Knotengrad d(x) bei gerichteten Graphen: $d^+(x)$ bedeutet die Anzahl von x ausgehender Kanten $(x, y) \in V(G)$, $d^-(x)$ die Anzahl der in x endenden Kanten $(z, x) \in V(G)$. Knotengrad $d(x) = d^+(x) + d^-(x)$. (Abb.1: $d^+(s) = d^-(s) = d(s) = 0$, $d^+(y) = d^-(y) = 1$, $d^+(x) = 3$, $d^-(x) = 2$).

Vollständiger (ungerichteter) Graph: je zwei verschiedene Knoten sind durch eine Kante verbunden (Abb.3).

Symmetrischer (gerichteter) Graph: mit $(x, y) \in V(G)$ ist immer auch $(y, x) \in V(G)$. Dies entspricht einem ungerichteten Graphen: $(x, y) \wedge (y, x) \sim [x, y]$.

Symmetrisierung: Ergänzung der Kantenmenge V(G) eines nicht symmetrischen Graphen um Kanten $(y, x) \notin V(G)$, falls $(x, y) \in V(G)$ ist.

(Gerichtete) Kantenfolge von x_1 nach x_n: Folge benachbarter Kanten (x_1, x_2), (x_2, x_3), (x_3, x_4),..., (x_{n-1}, x_n) mit $x_i \in X(G)$ für $i = 1,2,...,n$ und $(x_i, x_{i+1}) \in V(G)$ für $i = 1,2,..., n - 1$. Abb.5: $\{(x_1, x_2), (x_2, x_3), (x_3, x_4), (x_4, x_5), (x_5, x_3), (x_3, x_4)\}$

(Gerichteter) Kantenzug: Gerichtete Kantenfolge mit paarweise verschiedenen Kanten (Abb.5: $\{(x_1, x_2), (x_2, x_3), (x_3, x_4), (x_4, x_5), (x_5, x_3), (x_3, x_6)\}$)

Offener Kantenzug (offene Kantenfolge): $x_1 \neq x_n$

Geschlossener Kantenzug (geschlossene Kantenfolge): $x_1 = x_n$

(Gerichteter) Weg: gerichtete Kantenfolge mit paarweise verschiedenen Knoten (ist stets ein Kantenzug) (Abb.5: $\{(x_1, x_2), (x_2, x_3), (x_3, x_4), (x_4, x_5)\}$). Ein "ungerichteter" Weg heißt auch *Kette*.

(Gerichteter) Kreis (Zyklus): Kantenzug mit paarweise verschiedenen Knoten, jedoch $x_1 = x_n$ (Abb.5: $\{(x_3, x_4), (x_4, x_5), (x_5, x_3)\}$).

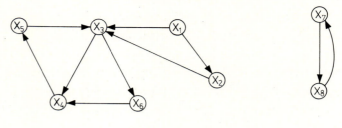

Abb.5

Azyklischer Graph: Graph ohne Kreise

Länge einer Kantenfolge (eines Kantenzugs, Weges) in einem unbewerteten Graphen: Anzahl n der auftretenden Kanten. Ein einzelner Knoten kann als Weg der Länge 0 von x nach x aufgefaßt werden.

Erreichbarkeit: ein Knoten $y \in X(G)$ heißt erreichbar vor einem Knoten $x \in X(G)$, wenn es einen Weg in G von x nach y gibt (Abb.5: Knoten x_5 ist von x_3 aus erreichbar, x_1 ist von x_3 aus nicht erreichbar).

Zusammenhängender (ungerichteter) *Graph:* Je 2 Knoten sind durch einen Weg verbunden (vgl. Abb.4). Bei einem gerichteten Graphen spricht man in diesem Falle von einem *stark zusammenhängenden* Graphen (Abb.5: Teilgraph aller Kanten zwischen x_3, x_4, x_5 und (x_6).

(Schwach) zusammenhängender gerichteter Graph: Graph, der erst nach Symmetrisierung stark zusammenhängend wird (Abb.5: Teilgraph aller Kanten zwischen x_1, x_2, x_3, x_4, x_5 und x_6).

Komponente K(x) eines Knotens x: die Menge aller von x aus erreichbaren Knoten (Abb.5: $K(x_2) = \{x_2, x_3, x_4, x_5, x_6\}$)

Starke Komponente eines Knotens x: Menge aller Knoten y eines gerichteten Graphen, für die sowohl ein Weg von x nach y als auch ein Weg von y nach x existiert (Abb.5: Starke Komponente von x_4 ist die Menge $\{x_3, x_4, x_5, x_6\}$)

Schwache Komponente eines Knotens x: Menge aller Knoten, die erst nach Symmetrisierung zur starken Komponente gehören (Abb.5: schwache Komponente von x_4 ist die Menge $\{x_1, x_2, x_3, x_4, x_5, x_6\}$).

1.2 Grundbegriffe und Beispiele

Aufgaben zu 1.2.1

1. Wieviele Kanten besitzt ein vollständiger ungerichteter Graph mit n Knoten?

2. Zeigen Sie: Ein ungerichteter Graph besitzt eine gerade Anzahl von Knoten mit ungeradem Grad!

3. 6 bzw. 7 Personen vereinbaren, daß jede von ihnen mit genau 3 der übrigen telefoniert: Ist das möglich? Lösung oder Nachweis der Unmöglichkeit!

4. In gerichteten Graphen G gilt: $\Sigma\, d^+(x) = \Sigma\, d^-(x) = |V(G)|$ bei Summation über alle $x \in X(G)$.

5. Jede endliche Kantenfolge von x_1 nach x_n enthält einen Weg von x_1 nach x_n.

6. Zeigen Sie: Bei ungerichteten Graphen gilt für Knoten x, y mit $x \neq y$: $K(x) = K(y)$ oder $K(x) \cap K(y) = \emptyset$. Von welcher Art ist also die Relation "ist erreichbar von" auf der Knotenmenge $X(G)$? (vgl.I, 1.2)

7. Ein zusammenhängender Graph bleibt nach Entfernen einer Kante genau dann zusammenhängend, wenn die Kante zu einem Kreis gehört.

8. Machen Sie sich die graphentheoretischen Grundbegriffe an einem Straßennetz klar.

9. Ein berühmtes Problem der Graphentheorie ist das Färbungsproblem einer Landkarte: Wieviele verschiedene Farben benötigt man mindestens, um 2 angrenzende Länder auf einer Landkarte nicht gleichfärben zu müssen? Überlegen Sie sich eine graphentheoretische Problemformulierung und lösen Sie das Problem für die Bundesländer der BRD.

1.2.2 Bäume

Ein spezieller Typ von zusammenhängenden Graphen spielt in der Anwendung eine wichtige Rolle: der Baum.

Definition

> Ein zusammenhängender ungerichteter azyklischer Graph heißt ein *Baum* (Abb.6).

Je 2 Knoten eines Baumes sind durch genau einen Weg verbunden, denn mindestens ein Weg existiert wegen der Eigenschaft "zusammenhängend". Mit einem weiteren Weg ließe sich aber ein Kreis gewinnen, der in Bäumen ausgeschlossen ist. Jedes Entfernen einer Kante führt zu einem nicht zusammenhängenden Graphen, weil diese Kante den einzigen Weg zwischen ihren beiden Endknoten darstellt.

Definition

> Ein *Wurzelbaum* ist ein zusammenhängender azyklischer gerichteter Graph G mit einem ausgezeichneten Knoten x_o *(Wurzel)*, für den $d^-(x_o) = 0$ gilt (keine Kante endet in x_o) und $d^-(x) = 1$ für alle übrigen Knoten $x \in X(G)$ (Abb.7).

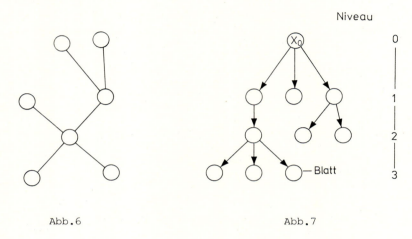

Abb.6 Abb.7

Während also in allen Knoten außer x_o genau eine Kante endet, ist die Anzahl der von einem Knoten ausgehenden Kanten nicht festgelegt. Genau von der Wurzel x_o aus ist jeder andere Knoten x erreichbar, und zwar über genau einen Weg, dessen Länge man auch als *Niveau (Level)* des Knotens x bezeichnet. Spezielle Knoten sind die Blätter (Endknoten) mit $d^+(x) = 0$. Man nennt einen Weg von der Wurzel zu einem Blatt eine *Zweig* des Baumes. Bei Entfernen der Wurzel zerfällt G in Unterwurzelbäume.

<u>Bemerkung:</u> Auch im Falle genau umgekehrter Richtungen oder bei ungerichteten Kanten spricht man von einem Wurzelbaum. Man beschränkt nun noch die Anzahl der von einem Knoten ausgehenden Kanten:

Definition

> Gilt in einem Wurzelbaum für alle Knoten x: $d^+(x) = 0$ oder $d^+(x) = 2$ (keine oder 2 Kanten gehen von x aus), so liegt ein *Binärbaum* vor (Abb.8).

Beispiele für Wurzelbäume sind in jeder hierarchischen Struktur, z.B. dem Organisationsschema eines Betriebes bzw. einer Abteilung, der Kapitelstruktur eines Buches oder einer Stückliste gegeben. Auch in der Informatik spielen Wurzelbäume eine wichtige Rolle.

1.2 Grundbegriffe und Beispiele

Es sei hier nur auf strukturierte Dateien, Ableitungsbäume von Grammatiken (vgl.IV, 2.5.3), Sortierbäume (IV, 2.2.3), Codierungsbäume und Darstellungen algebraischer oder logischer Ausdrücke verwiesen.

Mit Hilfe eines Binärbaumes, des sogenannten *Entscheidungsbaumes,* stellt man sehr übersichtlich Entscheidungsprobleme dar: Zu treffen sei eine Folge von n Entscheidungen E_i, i = 1,..., n, jeweils mit ja oder nein.

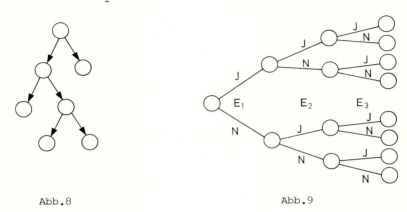

Abb.8   Abb.9

Im Entscheidungsbaum der Abb.9 für n = 3 stehen die Knoten für die Zustände nach einer Entscheidung, die Kanten für die Entscheidungen selbst. Der Wurzelknoten gibt den Zustand wieder, in dem noch keine Entscheidung getroffen ist. Auf dem Niveau i sind die Entscheidungen 1 bis i, in den Blättern alle Entscheidungen getroffen. Jeder Zweig ergibt eine vollständige Entscheidungsfolge, also eine Lösung des Entscheidungsproblems.

Ohne weitere Wertungen oder Einschränkungen bei den Entscheidungen ist der Entscheidungsbaum nichts weiter als eine übersichtliche, systematische Darstellung eines kombinatorischen Problems mit 2^n (n-malige Entscheidung zwischen ja und nein) möglichen Lösungen gleich Zweigen des Baumes. In der Praxis sind aber die Entscheidungen bewertbar, z.B. mit bestimmten Kosten bzw. Erlösen, i.a. nicht unabhängig voneinander und die Anzahl positiver (ja) Entscheidungen ist z.B. durch eine Kostenobergrenze eingeschränkt.

Typisches Beispiel dafür ist eine Folge möglicher Investitionsprojekte $P_1,\ldots, P_n$ mit Entscheidungen E_i, i = 1,..., n, einer begrenzten Investitionssumme und gekoppelten oder alternativen Projekten, z.B.: P_k ist Folgeprojekt von P_j, d.h. E_k kann mit ja nur dann entschieden werden, wenn auch E_j mit ja entschieden wurde oder: P_l und P_m sind Alternativprojekte, d.h. nur eine der beiden Entscheidungen E_l und E_m kann mit ja getroffen werden. Damit werden gewisse Knoten im vollständigen Entscheidungsbaum unzulässig.

Unter Verwendung der Bewertungen kann man nach einer optimalen (Gewinn-maximalen bzw. Kosten-minimalen) Lösung fragen und erhält ein sogenanntes 0/1-Optimierungsproblem (die ja/nein-Entscheidungen werden als 0/1- oder binäre Variable - vgl.I, 1.7.2 - aufgefaßt). Im Operations Research wurden Lösungsmethoden für solche Probleme entwickelt, wie z.B. das Verfahren *Branch and Bound* ("Verzweige und begrenze").

Zum Abschluß führen wir noch den Begriff des Gerüsts ein.

Definition

Ist ein Baum G_1 spannender Teilgraph eines ungerichteten zusammenhängenden Graphen G, so nennt man G_1 ein *Gerüst* in G.

Beispiel

Fett ausgezogene Kanten in Abb.3

Im allgemeinen, d.h. wenn nicht G selbst schon ein Baum ist, gibt es mehrere Gerüste in G (vgl.Aufgabe 5). Besitzt G n Knoten, hat jedes Gerüst n-1 Kanten. Praktische Bedeutung haben Gerüste und ihre Bestimmung in Kommunikations- oder Energienetzen mit Stationen als Knoten und (möglichen) Leitungen als ungerichteten Kanten. Um einen Nachrichten- oder Energiefluß zu jeder Station zu gewährleisten, genügt ein Gerüst im Netzwerk aller möglichen Verbindungen. Sind die potentiellen Kanten bewertet mit Entfernungen oder Einrichtungskosten, ergibt sich die Frage nach dem optimalen, d.h. entfernungs- oder kostenminimalen Gerüst, dem sogenannten *Minimalgerüst*. Algorithmus zur Bestimmung eines Minimalgerüsts G_1 (X, V') von G (X, V) mit Kantenlängen c_j von v_j:

1. Ordne Kanten in V nach aufsteigender Länge:

    $c_1 \leq c_2 \leq \ldots \leq c_m$. Setze V' = ∅

2. Für j = 1, 2, ..., m und solange $|V'| < n-1$:

    Füge v_j zu V' hinzu, sofern kein Kreis entsteht.

Beispiel vgl. Aufgabe 5

Aufgaben zu 1.2.2

1. Ein Baum mit n Knoten hat genau n-1 Kanten. (Hinweis: Vollständige Induktion nach n)

1.2 Grundbegriffe und Beispiele

2. Zeichnen Sie den Wurzelbaum, der die Struktur dieses Buches wiedergibt.

3. In einem Betrieb stehen 6 Projekte P_1-P_6 zur Auswahl, von denen nur 3 in einem Jahr verwirklicht werden können. P_2 kann nur bearbeitet werden, wenn auch P_1 verwirklicht wird, P_6 nur wenn P_4 oder P_5. Genau eines der Projekte P_3, P_4 soll in Angriff genommen werden. Lesen Sie an dem zugehörigen Entscheidungsbaum die möglichen Projektkombinationen ab.

4. Man überlege sich ein Verfahren, aus einem zusammenhängenden Graphen G durch Weglassen von Kanten ein Gerüst zu konstruieren.

5. Wieviele verschiedene Gerüste besitzt der bewertete Graph der Abb.10, und welches ist sein Minimalgerüst?

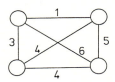

Abb.10

1.2.3 Matrixdarstellungen von Graphen

Da die zeichnerische Darstellung von Graphen in erster Linie zur Veranschaulichung dient und allenfalls noch für die manuelle Bearbeitung kleinerer Probleme ausreicht, benötigt man für die Anwendung graphentheoretischer Algorithmen auf größer-dimensionierte Probleme einen Rechner und damit eine EDV-adäquate, abspeicherungsfähige Darstellungsform. Dazu bieten sich - neben speziellen Speicherformen für Bäume - Matrizen an mit dem entsprechenden Rechenkalkül, und zwar die sogenannte Inzidenzmatrix oder die Adjazenzmatrix des Graphen.

Definition

Die *Inzidenzmatrix* M(G) eines ungerichteten Graphen G mit Knotenmenge $X(G) = \{x_1, \ldots, x_n\}$ und Kantenmenge $V(G) = \{v_1, \ldots, v_m\}$ besitzt n Zeilen (Anzahl Knoten) und m Spalten (Anzahl Kanten) mit Elementen

m_{ij} = 1, falls x_i Endknoten von v_j ist,
= 0 sonst, wobei $i = 1, \ldots, n$; $j = 1, \ldots, m$.

Ist G ein gerichteter Graph, so setzt man:

m_{ij} = 1, falls x_i Anfangsknoten von Kante v_j ist,
= -1, falls x_i Endknoten von Kante v_j ist und
= 0 sonst.

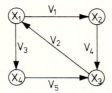

	V_1	V_2	V_3	V_4	V_5
X_1	1	1	1		
X_2	1			1	
X_3		1		1	1
X_4			1		1

	V_1	V_2	V_3	V_4	V_5
X_1	1	-1	1		
X_2	-1			1	
X_3		1		-1	-1
X_4			-1		1

Abb. 11

Beispiel 1

Für den Graphen der Abb.11 ergeben sich bei ungerichteten bzw. gerichteten Kanten die nebenstehenden Inzidenzmatrizen (mit Leerfeldern für Nullen).

<u>Bemerkungen:</u> Bei ungerichteten Graphen enthält jede Spalte genau zwei Einsen, da jede Kante genau mit 2 Knoten inzident ist. Läßt man Schleifen als Kanten zu, so steht in den entsprechenden Spalten nur eine Eins. Ohne Schleifen ergibt die Summe der Zeilenelemente in Zeile i genau den Knotengrad von x_i:

$$d(x_i) = \sum_{j=1}^{m} m_{ij}$$

Entsprechende Aussagen über gerichtete Graphen entnehme man den Aufgaben.

Die Gestalt der Matrix M(G) hängt natürlich von der Zeilen- und Spaltenanordnung, d.h. von der Knoten- und Kantennumerierung ab. Bei geeigneter Indizierung, d.h. nach eventuellem Vertauschen von Zeilen und Spalten, läßt sich M(G) überführen in eine "Blockmatrix" M'(G) mit quadratischen Nicht-Null-Matrizen B_i um die Diagonale und Nullen sonst, vgl.Abb.12. Besteht M'(G) nur aus einem Block B_1, ist der Graph G zusammenhängend. Sonst entspricht jedes B_i einer Komponente von G.

Definition

Sei ein schlichter (gerichteter oder ungerichteter) Graph mit Knotenmenge $X(G) = \{x_1,\ldots, x_n\}$. Seine *Adjazenzmatrix* A(G) ist eine n·n-Matrix mit Elementen

$a_{ij} = 1$, falls (x_i, x_j) bzw. $[x_i, x_j] \in V(G)$ gilt, und
 $= 0$ sonst.

1.2 Grundbegriffe und Beispiele

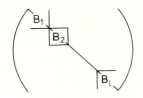

	x_1	x_2	x_3	x_4
x_1		1	1	1
x_2	1		1	
x_3	1	1		1
x_4	1		1	

	x_1	x_2	x_3	x_4
x_1		1		1
x_2			1	
x_3	1			
x_4			1	

Abb.12   Abb.13a   Abb.13b

Die Adjazenzmatrizen des Graphen aus Beispiel 1 ohne bzw. mit Berücksichtigung der Kantenrichtung sind in Abb.13a bzw. 13b angegeben.

Bemerkungen: Besitzt G keine Schleifen, sind die Diagonalelemente $a_{ii} = 0$. Mehrfachkanten könnte man erfassen, indem man für a_{ij} die Anzahl der Kanten zwischen x_i und x_j setzt. Die Adjazenzmatrix A(G) eines ungerichteten Graphen G ist symmetrisch, d.h. es gilt stets $a_{ij} = a_{ji}$. Auch aus der Adjazenzmatrix lassen sich die Knotengrade ablesen. Ist G ungerichtet und ohne Schleifen, so gilt:

$$d(x_i) = \sum_{j=1}^{n} a_{ij} = \sum_{j=1}^{n} a_{ji}$$

(Zeilensumme = Spaltensumme, da G symmetrisch). Bei einem gerichteten Graphen G gilt:

$$d^+(x_i) = \sum_{j=1}^{n} a_{ij}, \quad d^-(x_i) = \sum_{j=1}^{n} a_{ji}.$$

Durch Umindizierung kann man wie bei der Inzidenzmatrix eine Blockstruktur der Adjazenzmatrix erzeugen und daraus die Komponenten des Graphen ablesen.

Definition

Ist G ein schlichter bewerteter Graph, d.h. sind die Kanten (x_i, x_j) bzw. $[x_i, x_j]$ mit Bewertungen b_{ij} versehen, so läßt sich die *bewertete Adjazenzmatrix* $A_B(G)$ bilden mit

Elementen $a'_{ij} = b_{ij}$, falls (x_i, x_j) bzw. $[x_i, x_j] \in V(G)$, und $= 0$ sonst.

Da Netzwerke in der praktischen Anwendung oft Hunderte, ja Tausende von Knoten enthalten, können diese Matrizen sehr große Dimensionen annehmen. Daher ist zum Einsparen von Speicherplatz ihre spezielle Gestalt (z.B. symmetrisch; binär; dünn besetzt) zu berücksichtigen. Die Abspeicherung erfolgt zumeist in Listenform.

Eine wichtige Aussage liefern noch die *Potenzen* $A^k(G)$, $k > 1$, *der Adjazenzmatrix*. Ihre Elemente $a_{ij}^{(k)}$ geben nämlich darüber Auskunft, welche Knoten durch eine ungerichtete bzw. gerichtete Kantenfolge der Länge k miteinander verbunden sind ($a_{ij}^{(k)} \neq 0$), und wieviele verschiedene solche Kantenfolgen jeweils existieren (Anzahl = $a_{ij}^{(k)}$). Interessant ist die Untersuchung der Erreichbarkeit von Knoten eigentlich nur in gerichteten Graphen, da sie sich im anderen Fall auf das Bestimmen von Komponenten reduziert.

Satz

> Sei $A^k(G)$ mit Elementen $a_{ij}^{(k)}$ die k-te Potenz der Adjazenzmatrix $A(G)$ des gerichteten Graphen G. Dann geben die $a_{ij}^{(k)}$ die Anzahl verschiedener gerichteter Kantenfolgen der Länge k von x_i nach x_j an.

Beweis (durch vollständige Induktion nach k): Die Aussage gilt für die Induktionsbasis k = 1 nach Definition der Adjazenzmatrix. Zu zeigen ist: Der Satz ist richtig für k = r + 1 unter der Voraussetzung seiner Gültigkeit für alle $k \leq r$ (Induktionsannahme, $r \geq 1$).

Jede Kantenfolge der Länge r + 1 von x_i nach x_j besteht aus einer "ersten" Kante $(x_i, x_z) \in V(G)$ und einer Kantenfolge der Länge r von x_z nach x_j, wobei x_z irgendein Zwischenknoten aus X(G) ist. Nach Induktionsannahme gibt es für eine Kantenfolge der Länge r von x_z nach x_j $a_{zj}^{(r)}$ verschiedene Möglichkeiten. Durchläuft x_z die Knotenmenge X(G), so erhalten wir durch Kombination jeder Kante $(x_i, x_z) \in V(G)$ mit allen Kantenfolgen der Länge r von x_z nach x_j alle Kantenfolgen der Länge r + 1 von x_i nach x_j. Ihre Anzahl beträgt:

$$\sum_{z=1}^{n} a_{iz} \cdot a_{zj}^{(r)} = a_{ij}^{(r+1)}$$

nach den Rechenregeln der Matrizenmultiplikation für $A \cdot A^r = A^{r+1}$.

1.2 Grundbegriffe und Beispiele

Bemerkung: Nicht existierende Kanten (x_i, x_z) liefern wegen $a_{iz} = 0$ natürlich keinen Beitrag zur vorstehenden Summe.

Die Diagonalelemente $a_{ii}^{(k)}$ geben die Anzahl verschiedener geschlossener Kantenfolgen der Länge k durch den Knoten x_i an. Daraus läßt sich ein Verfahren zur Prüfung eines gerichteten Graphen auf Vorhandensein von Kreisen (z.B. wichtig bei Berechnung kürzester Wege oder der Prüfung, ob ein Graph ein Baum ist) ableiten. Sind nämlich Zyklen vorhanden, existieren Kantenfolgen beliebig großer Länge durch wiederholtes Durchlaufen der Zyklen. Umgekehrt bedingen Kantenfolgen einer Länge $\geq n$ (Anzahl der Knoten) wiederholtes Auftreten eines Knotens und damit Kreise.

Satz

> Ein gerichteter Graph G ist genau dann azyklisch, wenn für irgendeine Potenz $A^s(G)$ der Adjazenzmatrix, $1 \leq s < n$, gilt: $A^s(G) \neq$ Nullmatrix, $A^r(G) =$ Nullmatrix für alle $r > s$.

Für den gerichteten Graphen aus Beispiel 1 lauten die Potenzen der Adjazenzmatrix:

$$A(G) = \begin{pmatrix} 0101 \\ 0010 \\ 1000 \\ 0010 \end{pmatrix} \quad A^2(G) = \begin{pmatrix} 0020 \\ 1000 \\ 0101 \\ 1000 \end{pmatrix} \quad A^3(G) = \begin{pmatrix} 2000 \\ 0101 \\ 0020 \\ 0101 \end{pmatrix} \quad A^4(G) = \begin{pmatrix} 0202 \\ 0020 \\ 2000 \\ 0020 \end{pmatrix}.$$

Wir lesen z.B. ab, daß es zwei Kantenfolgen der Länge 2 von x_1 nach x_3 gibt: v_1, v_4 und v_3, v_5, ferner z.B. 2 Kreise der Länge 3 durch x_1: v_1, v_4, v_2 und v_3, v_5, v_2. Direkte Auskunft auf die Frage der Erreichbarkeit von Knoten gibt die Wegmatrix eines gerichteten Graphen.

Definition

> Die *Wegmatrix* $W(G)$ eines gerichteten Graphen G mit n Knoten $x_1, \ldots, x_n$ ist eine $n \cdot n$-Matrix mit Elementen
>
> $w_{ij} = 1$, falls ein Weg einer Länge $\neq 0$ von x_i nach x_j existiert, und
>
> $= 0$ sonst.

Da sich aus jeder Kantenfolge ein Weg gewinnen läßt (siehe Aufgaben zu 1.2.1), kann man die Wegmatrix mit Hilfe der Potenzen der Adjazenzmatrix aufstellen:

Satz

> Man erhält die Wegmatrix W(G) eines gerichteten Graphen G, indem man die Matrizensumme
>
> $$S = (s_{ij}) := \sum_{k=1}^{n} A^k(G)$$
>
> bildet und setzt: $w_{ij} = 1$, falls $s_{ij} > 0$, und $w_{ij} = 0$ sonst.

(Beweis siehe Aufgabe 3)

Für Beispiel 1 ergibt sich:

$$S = \begin{pmatrix} 2323 \\ 1131 \\ 3121 \\ 1131 \end{pmatrix}, \text{ d.h. } W = \begin{pmatrix} 1111 \\ 1111 \\ 1111 \\ 1111 \end{pmatrix}$$

Der Graph ist stark zusammenhängend. Bei großer Knotenzahl n ist der Aufwand bei diesem Vorgehen ganz erheblich (Bilden aller Potenzen der Adjazenzmatrix bis zur Potenz n und Aufsummieren). Sehr viel schneller läuft der folgende Algorithmus zur Bestimmung der Wegmatrix bzw. Knoten-Erreichbarkeit ab. Er verwendet Boolesche Verknüpfungen der binären Variablen w_{ij} (0+0=0, 1+0=0+1=1+1=1, 0·0=0·1=1·0=0, 1·1=1, vgl.I, 1.7) und geht von der Adjazenzmatrix aus:

Algorithmus: (1) Starte mit Matrix $W(G) = (w_{ij}) := (a_{ij})$ und $k = 1$.
               (2) Beginne mit $i = 1$.
               (3) Beginne mit $j = 1$.
               (4) Setze $w_{ij} = w_{ij} + (w_{ik} \cdot w_{kj})$.
               (5) Erhöhe j um 1 und gehe nach (4), sofern $j \leq n$, sonst nach (6).

1.2 Grundbegriffe und Beispiele

(6) Erhöhe i um 1 und gehe nach (3), sofern $i \leq n$, sonst nach (7).

(7) Erhöhe k um 1 und gehe nach (2), sofern $k \leq n$, sonst nach (8).

(8) Ende

Am Ende zeigt w_{ij} an, ob ein Weg von x_i nach x_j existiert. (4) ist dabei nicht als mathematische Gleichung zu verstehen, sondern als Wertzuweisung im Sinne einer Programmiersprache: w_{ij} bleibt unverändert, wenn es einmal gleich 1 geworden ist, und wird gegebenenfalls von 0 auf 1 gesetzt, wenn $w_{ik} = 1$ und $w_{kj} = 1$ ist, d.h. ein Weg von x_i nach x_k und von x_k nach x_j (und damit auch von x_i nach x_j) existiert.

Bemerkung: Zum Verständnis des Ablaufs des Algorithmus ist - wie auch bei den späteren Algorithmen - das Nachvollziehen an einem Beispiel (hier: Aufgabe 5) unbedingt notwendig. Eine Erweiterung dieses Algorithmus für die Bestimmung kürzester Wege werden wir in 1.3.3 kennenlernen.

Aufgaben zu 1.2.3

1. Zur Inzidenzmatrix eines gerichteten Graphen: a) Lassen sich Schleifen aufnehmen? b) Aussage über Spalten? c) Wie erhält man $d^+(x_i)$, $d^-(x_i)$, $d(x_i)$?

2. Wie sieht nach geeigneter Zeilenanordnung a) die Inzidenz- bzw. b) die Adjazenzmatrix eines ungerichteten bipartiten Graphen aus?

3. Beweisen Sie den Satz über die Wegmatrix.

4. Boolesche Summe oder Produkt von Matrizen, deren Elemente nur 0 oder 1 sein können, läßt sich unter Verwendung der entsprechenden elementweisen Verknüpfungen (s.o.) erklären.
   a) Welche Bedeutung haben die Booleschen Potenzen $A^k(G)$ und die Boolesche Summe $S = \Sigma A^k(G)$ - $k = 1, n$ - der Adjazenzmatrix $A(G)$? Berechnung für den gerichteten Graphen aus Beispiel 1!
   b) Welche Matrix erhält man, wenn man das Boolesche Produkt der Inzidenzmatrix $M(G)$ eines ungerichteten Graphen mit ihrer Transponierten $M'(G)$ (vgl.I, 2.4.2) bildet und die Diagonalelemente gleich 0 setzt?

5. Führen Sie den Wegalgorithmus für den Graphen der Abb.14 durch, indem Sie die W-Matrix jeweils nach dem k-ten Iterationsschritt notieren.

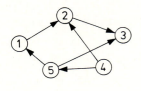

Abb. 14

1.3 Optimale Wege in Graphen

1.3.1 Problemstellung

Eines der wichtigsten graphentheoretischen Probleme ist die Bestimmung optimaler Wege zwischen Knoten eines Netzwerks. Dazu müssen die Kanten bewertet sein, d.h. ihnen sind Entfernungen, Zeiten oder Kosten zugeordnet, die sich bei Durchlaufen der Kante ergeben.

Legen wir z.B. ein Verkehrsnetz mit Orten bzw. Stationen als Knoten und Straßen bzw. Transportstrecken als Kanten zugrunde, so kann ein Reisender den kürzesten Weg von x nach y oder ein Lieferant am Ort x die kostengünstigsten Wege zu seinen Kunden (übrige Knoten des Netzwerks) oder ein Vertreter in seinem Vertriebsbereich den schnellsten Weg zwischen 2 beliebigen Knoten des Netzes suchen. Das ergibt folgende Probleme:
- optimale Wege zwischen 2 fest vorgegebenen Knoten
- optimale Wege zwischen einem festen Startknoten und allen übrigen Knoten
- optimale Wege zwischen allen Knoten

Wir werden einen Algorithmus vorstellen, der sich besonders für die beiden ersten Fragestellungen eignet, und einen, der sich für die Lösung des dritten Problems anbietet.

Grundsätzlich lassen sich zur Berechnung optimaler Wege alle möglichen (endlich vielen) Kombinationen ermitteln, von denen dann die beste ausgewählt wird. Die Anzahl der Rechenschritte würde aber bei entsprechend vielen Knoten viel zu groß werden. Die Algorithmen wählen unter den Kombinationen besonders erfolgversprechende aus und lassen solche, die erkennbar nicht zum Optimum führen, weg.

1.3 Optimale Wege in Graphen

Nur wenig ändert sich das Problem, wenn man längste (kritische) Wege in Netzplänen bestimmen will. Die Kanten können auch mit Wahrscheinlichkeiten bewertet sein, und es werden risikominimale Wege gesucht. Neben kürzesten Wegen interessieren oft zweitkürzeste Wege usw., z.B. bei der Planung von Verkehrsnetzen und Steuerung von Verkehrsströmen. Wenn die Zeiten nicht exakt festgelegt werden können, sind Zufallsschwankungen zu berücksichtigen, d.h. ist mit Zufallsvariablen im Sinne der Statistik zu arbeiten. Schließlich können Zeiten nicht nur beim Durchlaufen von Kanten anfallen, sondern auch als Verweilzeiten in den Knoten, z.B. Umsteigezeiten, Ampelwartezeiten an Kreuzungen usw., und zwar abhängig von der Ankunfts- und der Fortsetzungskante oder nicht.

Die Algorithmen werden für gerichtete Graphen dargestellt. Ungerichtete Kanten kann man durch entgegengesetzt parallele Kanten - mit evtl. verschiedenen Zeiten bzw. Kosten für die beiden Richtungen - ersetzen und das Problem damit auf den gerichteten Fall zurückführen. In diesem Abschnitt sei also G ein gerichteter Graph mit Kanten (x_i, x_j) und Kantenbewertungen $b_{ij} = b(x_i, x_j) \geq 0$.

Definition

Als *Länge des Weges* $W: \{(x_0, x_1), (x_1, x_2), \ldots, (x_{n-1}, x_n)\}$ des bewerteten Graphen G bezeichnet man die Summe der Kantenbewertungen des Weges:

$$l(W) := \sum_{(x_i, x_j) \in W} b_{ij}.$$

Für einen *kürzesten* Weg W_0 von x_0 nach x_n gilt: $l(W_0) \leq l(W)$ für alle Wege W von x_0 nach x_n.

<u>Bemerkung</u>: In der Praxis können evtl. auch negative Bewertungen (z.B. negative Kosten = Gewinne) auftreten. Dann lassen sich kürzeste Wege mit anderen Algorithmen berechnen, sofern nicht Kreise mit negativer Gesamtlänge existieren. Dieser - für die praktische Anwendung aber wohl nur hypothetische - Fall würde nämlich durch beliebig häufiges Durchlaufen dieser Kreise zu Wegen mit beliebig zu verkleinernder (negativer) Länge führen.

1.3.2 Der Dijkstra-Algorithmus

Dieser Algorithmus eignet sich zur Bestimmung des kürzesten Weges von einem Startknoten x_s zu einem Endknoten x_e oder allen anderen Knoten des Netzes und ist ein sogenannter *Markierungsalgorithmus*. Dabei werden die Knoten x_i vorläufig oder endgültig mit den vorläufig bzw. endgültig kürzesten Entfernungen $d(x_s, x_i)$ vom Startknoten markiert.

Gegeben sei ein gerichteter Graph G mit Knoten x_i und bewerteter Adjazenzmatrix $A_B(G) = (b_{ij}) = \left(b(x_i, x_j)\right)$. Wir stellen die Schritte des Algorithmus am Beispiel (B:) des Graphen der Abb.15 dar, in dem wir den kürzesten Weg von Knoten 1 nach Knoten 7 bzw. zu allen übrigen Knoten suchen.

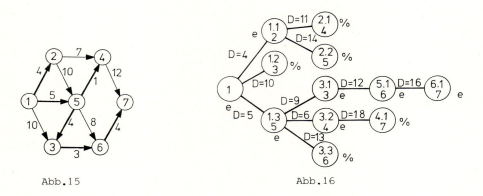

Abb.15   Abb.16

Ablauf des Algorithmus:

(0) Vorgabe des Startknotens x_s (endgültig markiert mit $d(x_s, x_s) = 0$) und gegebenenfalls des Endknotens x_e. B: $x_s = 1$, $x_e = 7$

(1) Markiere alle Nachfolgerknoten x_i von x_s mit ihren direkten Entfernungen $d(x_s, x_i) = b(x_s, x_i)$ vorläufig und notiere den Vorgänger $V(x_i) = x_s$ auf dem (vorläufig) kürzesten Weg. B: Markiere vorläufig 2, 3, 5 mit $d(1,2) = 4$ bzw. $d(1,3) = 10$ bzw. $d(1,5) = 5$ und $V(2) = V(3) = V(5) = 1$.

(2) Markiere den Knoten x_k kürzester Distanz unter den Nachfolgern endgültig. B: $x_k = 2$

(3) Suche alle Nachfolger x_j von x_k auf, die noch nicht oder nur vorläufig markiert sind und berechne ihre Distanz von x_s auf dem Weg über x_k:

$$d'(x_s, x_j) = d(x_s, x_k) + b(x_k, x_j)$$

1.3 Optimale Wege in Graphen

B: Nachfolger 4 mit $d'(1,4) = d(1,2) + b(2,4) = 4 + 7 = 11$
Nachfolger 5 mit $d'(1,5) = d(1,2) + b(2,5) = 4 + 10 = 14$

(4) Vergleiche $d'(x_s, x_j)$ jeweils mit der aktuellen Markierung $d(x_s, x_j)$ von x_j: Ist x_j noch nicht markiert oder $d(x_s, x_j) > d'(x_s, x_j)$, ersetze $d(x_s, x_j)$ durch die (vorläufige) neue Markierung $d'(x_s, x_j)$ und notiere x_k als neuen Vorgänger $V(x_j)$. B: 4 nicht markiert ⟹ Markiere 4 vorläufig mit $d'(1,4) = 11$ und setze $V(4) = 2$; es ist $d(1,5) \leqq d'(1,5)$

(5) Suche unter allen vorläufig markierten Knoten - also nicht nur unter den Nachfolgern von x_k - denjenigen kürzester Distanz von x_s (kleinste Markierung), markiere ihn endgültig und verfahre mit ihm wie mit x_k in (3). B: 3,4,5 vorläufig markiert mit Distanzen 10 bzw. 11 bzw. 5 ⟹ ⟹ Markiere 5 endgültig; $x_k = 5$; gehe nach (3) usw.

Das Verfahren ist abzubrechen, wenn der vorgegebene Endknoten x_e bzw. jeder Knoten endgültig markiert ist, sofern nicht wegen Nicht-Erreichbarkeit keine weiteren Nachfolgerknoten mehr gefunden werden. Setzt man in (0): $x_k = x_s$, kann man die - hier aus Verständnisgründen separat aufgeführten - Startschritte (1), (2) auch weglassen.

Erläuterungen zu (2): x_k kann endgültig markiert werden, da wegen $b_{ij} \geqq 0$ kein kürzerer Weg mehr gefunden werden kann; zu (4): Im ersten Fall ist der Weg über x_k nicht kürzer als der bisher kürzeste, im zweiten Fall ein erster Weg überhaupt oder ein kürzerer Weg über x_k gefunden worden. Die Distanz muß also notiert bzw. korrigiert werden, ebenso der Vorgänger, um schließlich den kürzesten Weg auch nachvollziehen zu können.

Der Algorithmus ist ein Beispiel einer (recht einfachen) Suchstrategie in einem (kombinatorischen) Verzweigungsproblem. Zur Wegbestimmung wird ein Entscheidungsbaum durchlaufen und jeweils ein Knoten minimaler Distanz für den nächsten Verzweigungsschritt ausgewählt, wobei in gewissen Auswahlknoten abgebrochen wird, weil kein kürzester Weg mehr möglich ist.

Abb.16 zeigt den zum Problem der Abb.15 gehörenden Auswahlbaum, wobei die 1. Verzweigung den Startschritten (1) und (2) des Algorithmus entspricht. Knoten 2 wird endgültig markiert ("e") und ist Verzweigungsknoten für den 2. Iterationsschritt (3) und (4), notiert als 2.1 : 4, d.h. 2. Iteration, 1. Nachfolger: Knoten 4 usw. D gibt die Distanz von 1 an, und o/o bedeutet Abbruch des Zweiges, weil bereits ein kürzerer Weg gefunden wurde, z.B. im Schritt 2.2 für Knoten 5. Man muß sich den Baum sukzessive aufgebaut denken.
Im Iterationsschritt 6 wird Knoten 7 endgültig markiert.

Der kürzeste Weg lautet also: 1-5-3-6-7 mit Länge 16. Das Verfahren liefert hier zugleich schon die kürzesten Wege zu allen übrigen Knoten, in Abb.15 als *optimaler Baum* fett gezeichnet.

Abschließend wird noch eine tabellarische Darstellung des Verfahrens gegeben, deren erste fünf Zeilen bereits im Ablauf des Algorithmus notiert wurden:

x_s bzw. x_k	Nach-folger x_j	$d(x_s,x_j)$ alt	$d(x_s,x_k) + b(x_k,x_j)$	$d(x_s,x_j)$ neu	$V(x_j)$	Marke
1	2	–	0+ 4= 4	4	1	e
	3	–	0+10=10	10	1	o/o
	5	–	0+ 5= 5	5	1	e
2	4	–	4+ 7=11	11	2	o/o
	5	5	4+10=14	–	–	o/o
5	3	10	5+ 4= 9	9	5	e
	4	11	5+ 1= 6	6	5	e
	6	–	5+ 8=13	13	5	o/o
4	7	–	6+12=18	18	4	o/o
3	6	13	9+ 3=12	12	⊗3	e
6	7	18	12+ 4=16	16	6	e

Besitzt ein gerichteter Graph keine Zyklen, wie unser Beispiel in Abb.15 oder ein CPM-Netzplan in der Netzplantechnik, kann man kürzeste oder längste, sogenannte kritische Wege im Rahmen einer *topologischen Sortierung* seiner Knoten mit noch weniger Aufwand ermitteln.

Man spricht von einer topologischen Sortierung, wenn die Knoten so numeriert sind, daß für alle Kanten (x_i, x_j) des Graphen gilt: $i < j$, d.h. (direkte) Nachfolger haben einen höheren Index als ihre Vorgänger. In unserem Beispiel ist das (noch) nicht der Fall, da z.B. $(5,3) \in V(G)$. Existieren Zyklen, ist eine solche Numerierung nicht möglich, da Nachfolger dann zugleich Vrgänger sein können.

Jeder azyklische Graph besitzt mindestens einen Knoten x mit $\bar{d}^-(x) = 0$ (Quelle). Denn ist y ein beliebiger Knoten und nicht selbst schon Quelle, gibt es (mindestens) eine direkten Vorgänger z. Ist z keine Quelle, besitzt z einen Vorgänger usw. Es ergibt sich eine Folge von - wegen der Zyklenfreiheit - lauter verschiedenen Knoten. Wegen der Endlichkeit der Knotenzahl muß die Folge mit einem Knoten abbrechen, der keinen Vorgänger mehr hat.

Algorithmus zur topologischen Sortierung eines gerichteten Graphen G (und zugleich Überprüfung auf Zyklenfreiheit):

1.3 Optimale Wege in Graphen   23

Numeriere eine Quelle mit 1. Lasse alle Kanten weg, die von dieser Quelle
ausgehen. Im verbleibenden (zyklenfreien) Teilgraphen gibt es wieder mindestens eine Quelle, welche die Nummer 2 erhält. Lasse wieder alle davon
ausgehenden Kanten weg, numeriere eine Quelle mit 3 usw. Können nicht alle
Knoten numeriert werden, besitzt der Graph Zyklen. Sonst sind am Ende die
Knoten topologisch sortiert.

Im Zuge der topologischen Sortierung können - wie erwähnt - kürzeste bzw.
längste Wege bestimmt werden in folgender Weise:

Beginnend mit dem Startknoten (Quelle) x_s mit kürzester bzw. längster Distanz
$d(x_s, x_s) = 0$ berechne bei Weglassen der von der jeweiligen Quelle x_k ausgehenden Kanten (x_k, x_j) mit Bewertungen $b(x_k, x_j)$ die Weglänge $d'(x_j) =$
$= d(x_s, x_k) + b(x_k, x_j)$. Ist diese kleiner bzw. größer als die bis dahin
ermittelte kürzeste bzw. längste Distanz $d(x_s, x_j)$, ersetze diese durch
$d'(x_j)$. In Abb.17 ist der Graph topologisch sortiert, Abb.18 zeigt, fett
markiert, den Baum längster Wege darin.

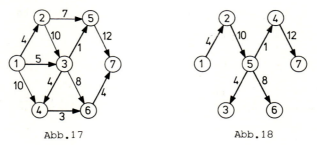

Abb.17   Abb.18

Abschließend betrachten wir einen Graphen, dessen Kanten (x_i, x_j) bzw.
$[x_i, x_j]$ Wahrscheinlichkeiten p_{ij}, $0 < p_{ij} \leq 1$, als Bewertungen besitzen. Sei
G z.B. das Informationsnetz der Abb.19 mit Knoten als Informationsempfängern
und -sendern und Kanten als Übertragungsleitungen, deren Bewertungen die
Wahrscheinlichkeit angeben, daß eine Nachricht korrekt übertragen wird. Wir
suchen den Übertragungsweg vom Sender 1 zum Empfänger 7 mit der größten
Wahrscheinlichkeit einer korrekten Übertragung.

Sofern - wie anzunehmen - das Störrisiko auf einer Kante unabhängig ist von
den zuvor und danach gewählten Kanten auf dem Übertragungsweg, multiplizieren
sich auf dem Weg die Kanten-Wahrscheinlichkeiten zur Gesamtwahrscheinlichkeit
einer korrekten Übertragung auf dem ganzen Weg. Der Dijkstra-Algorithmus
läßt sich nun auf zwei Weisen anwenden.

Entweder man sucht den Weg mit größtem Produkt der b_{ij} längs des Weges. Damit liegt ein "Längster-Weg-Problem" vor, bei dem nur die "Distanzen" multipliziert statt addiert werden.

Oder wir wählen die negativen Logarithmen der Wahrscheinlichkeiten ($-\ln p_{ij} > 0$, da $0 < p_{ij} \leq 1$) als Bewertungen und berechnen den kürzesten Weg von x_s nach x_e in ganz normaler Weise. Es gilt nämlich für die Wahrscheinlichkeiten längs eines Weges:

$$p_{si} \cdot p_{ij} \cdot \ldots \cdot p_{kl} = \text{Max} \Leftrightarrow \ln(p_{si} \cdot p_{ij} \cdot \ldots \cdot p_{kl}) =$$

$$= \ln p_{si} + \ln p_{ij} + \ldots + \ln p_{kl} = \text{Max} \Leftrightarrow -\ln p_{si} - \ln p_{ij} - \ldots - \ln p_{kl} = \text{Min}.$$

(Vorzeichenumkehr). Damit ist genau die Summe der negativen Logarithmen zu minimieren.

In der Abb.19 ist der optimale Übertragungsweg fett markiert. Die Lösung erfolgt in den Aufgaben.

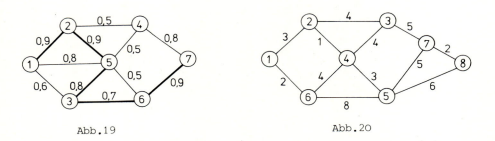

Abb.19   Abb.20

Aufgaben zu 1.3.2

1. Man überlege sich, wie man in einem mit Kantendurchlaufzeiten bewerteten Verkehrsnetz auch Knotenwartezeiten (z.B. für Umsteigen, Abbiegen) bei der Berechnung kürzester Wege berücksichtigen kann. Solche Aufenthaltszeiten können nur knotenabhängig (t_j in x_j) oder auch vom Vorgängerknoten x_i und Nachfolgerknoten x_k (also t_{ijk} in x_j) abhängig sein. Möglichkeiten: Erweiterung des Graphen um fiktive Kanten oder Abänderung des Dijkstra-Algorithmus!

2. Wie kann man unter Verwendung des Dijkstra-Algorithmus folgende Probleme lösen:
   a) Kürzester Weg (KW) zwischen x_s und x_e unter Vorgabe eines zu passierenden Knotens x_1, zweier zu passierender Knoten x_1, x_2, allgemein n zu passierender Knoten $x_1, \ldots, x_n$ in einem gerichteten Graphen

1.3 Optimale Wege in Graphen

b) 2 Geschäftsleute aus Städten A und B, die durch ein Verkehrsnetz (ungerichteter Graph) mit Zwischenstationen (Knoten) und bekannten Wegstrecken verbunden sind, suchen einen Treffpunkt (Knoten) C, so daß
- b_1) die von beiden zusammen zurückgelegte Distanz und gleichzeitig der Unterschied zwischen ihren Wegstrecken minimal ist bzw. -b_2) die größere der von beiden zurückgelegten Strecken minimal ist.

3. Erstellen Sie mit Hilfe des Dijkstra-Algorithmus den Entscheidungsbaum und die Wegtabelle des symmetrischen Graphen der Abb.20 für die Berechnung optimaler Wege von 1 zu allen übrigen Knoten. Optimaler Baum?

4. Lösen Sie das Übertragungsproblem aus Abb.19.

5. Stellen Sie folgendes Erneuerungsproblem als Kürzester-Weg-Problem dar: Ein Transportunternehmen kauft zu Beginn des Jahres 1 einen neuen LKW, den es bis zum Jahr j = 2, 3,..., behalten und dann durch einen neuen ersetzen kann, der wiederum bis zum Jahre j+1,... gehalten wird usw. Gegeben seien die geschätzten Anschaffungspreise a_i bei Kauf zu Beginn des Jahres i, i=1,2,..., die Wiederverkaufspreise w_j bei Verkauf nach j Besitzjahren sowie die laufenden Kosten k_j im j-ten Besitzjahr, j = 1,2,... und damit die Gesamtkosten c_{ik} bei Kauf im Jahre i bis incl. Verkauf im Jahre k. Es soll das kostenoptimale Verhalten bis zum Beginn des Jahres n ermittelt werden! Hinweis: Graph mit einem Knoten je Jahr; Gestalt der Adjazenzmatrix? Ermitteln Sie an Hand des Graphen durch "Draufschauen" für n = 5 und nachfolgende Kosten in TDM die kostenoptimale Lösung nach Berechnung der c_{ik}.

	1	2	3	4
a_i	50	55	60	65
w_j	30	20	12,5	5
k_j	25	30	37,5	45

1.3.3 Der Floyd-Algorithmus

Sollen für einen gerichteten Graphen kürzeste Wege zwischen allen seinen Knoten berechnet werden, kann man den Dijkstra-Algorithmus oder ein ähnliches Verfahren wiederholt anwenden, indem man der Reihe nach jeden Knoten als Startknoten wählt. Diese Vorgehensweise ist aber sehr aufwendig, wenn relativ viele Kanten zwischen den Knoten des Netzwerks existieren. Dann bietet sich ein sogenannter Matrixalgorithmus an, der aus der bewerteten Adjazenzmatrix sukzessive eine Matrix kürzester Weglängen aufbaut, und zwar in einem gegenüber dem Weg-Matrix-Algorithmus aus 1.2.3 leicht abgewandelten und erweiterten Verfahren.

Floyd-Algorithmus: Sei A = (a_{ij}) die bewertete Adjazenzmatrix des betrachteten Graphen G, wobei, falls keine Kante (x_i, x_j) existiert, die Elemente a_{ij} formal ∞ (im Rechner: Zahlenwert wesentlich größer als alle im Netzwerk auftretenden Distanzsummen) statt 0 gesetzt werden. $W = (w_{ij})$ sei die Matrix kürzester Weglängen. d.h. w_{ij} bedeutet die kürzeste Distanz von x_i nach x_j. Schließlich sei $N = (n_{ij})$ die Nachfolgerknotenmatrix, d.h. n_{ij} gibt den direkten Nachfolgerknoten von x_i auf dem kürzesten Weg von x_i nach x_j an. Beim sukzessiven Aufbau können W und N ständig verändert werden, bis zum Abschluß des Verfahrens die Elemente endgültig feststehen. n sei die Anzahl Knoten von G.

(1) Starte mit W = A und N mit Elementen $n_{ij} = j$, falls $(x_i, x_j) \in V(G)$, d.h. $a_{ij} \neq \infty$, und $n_{ij} = 0$ sonst. Setze k = 1.
(2) Beginne mit i=1. (2a) Ist i=k oder $w_{ik} = \infty$ gehe nach (6).
(3) Beginne mit j=1. (3a) Ist k=j oder $w_{kj} = \infty$ gehe nach (5).
(4) Berechne $w_{ij}' = w_{ik} + w_{kj}$. Ist $w_{ij}' \geq w_{ij}$, gehe nach (5). Sonst ersetze w_{ij} durch w_{ij}' und n_{ij} durch n_{ik}.
(5) Erhöhe j um 1 und gehe nach (3a), sofern j ≤ n, sonst nach (6).
(6) Erhöhe i um 1 und gehe nach (2a), sofern i ≤ n, sonst nach (7).
(7) Erhöhe k um 1 und gehe nach (2), sofern k ≤ n, sonst nach (8).
(8) Ende.

<u>Hinweis:</u> Man vollziehe den Algorithmus auf jeden Fall an dem unten folgenden Beispiel nach.

<u>Erläuterungen</u> zu (1): Für $a_{ij} \neq \infty$ ist Knoten x_j bzw. j der Nachfolger auf dem vorläufig kürzesten Weg von x_i nach x_j; zu (4): Ein Weg von x_i nach x_j über den "Umwegknoten" x_k existiert nur, wenn ein solcher von x_i nach x_k ($w_{ik} \neq \infty$, siehe (2)) und einer von x_k nach x_j ($w_{kj} \neq \infty$, siehe (3)) gefunden ist. Ist seine Länge w_{ij}' kleiner als die bisher kürzeste Distanz w_{ij}, ist ein neuer kürzester Weg gefunden. Direkter Nachfolger von x_i auf diesem Weg ist der entsprechende Knoten auf dem kürzesten Weg von x_i nach x_k (1. Teilwegstück).

Beispiel

Wir zeigen die schrittweise Veränderung der Weglängenmatrix und der Nachfolgerknotenmatrix an dem einfachen Beispiel der Abb.21. W_r bzw. N_r geben jeweils die Matrizen nach Durchlaufen der Schleife für k = r.

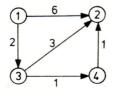

$$W_0 = \begin{pmatrix} 0 & 6 & 2 & \infty \\ \infty & 0 & \infty & \infty \\ \infty & 3 & 0 & 1 \\ \infty & 1 & \infty & 0 \end{pmatrix} \qquad N_0 = \begin{pmatrix} 0 & 2 & 3 & 0 \\ 0 & 0 & 0 & 0 \\ 0 & 2 & 0 & 4 \\ 0 & 2 & 0 & 0 \end{pmatrix}$$

Abb.21

1.3 Optimale Wege in Graphen

$k = 1,2$ bewirken keine Veränderung, da wegen $w_{i1} = \infty$ für $i = 2,3,4$ bei $k = 1$ und wegen $w_{2j} = \infty$ für $j = 1,3,4$ bei $k = 2$ Schritt (4) stets übersprungen wird. Also: $W_2 = W_1 = W_0$, $N_2 = N_1 = N_0$.

$k = 3$: Gesucht werden Wege über den Umwegknoten 3. $i = 1$: $w_{13} = 2$; $j = 1$: $w_{31} = \infty$; $j = 2$: $w_{32} = 3 \Rightarrow$ (4): $w_{12}' = w_{13} + w_{32} = 5 < w_{12} = 6 \Rightarrow w_{12} = 5$, $n_{12} = n_{13}$; $j = 4$: $w_{34} = 1 \Rightarrow$ (4): $w_{14}' = w_{13} + w_{34} = 3 < w_{14} = \infty \Rightarrow w_{14} = 3$, $n_{14} = n_{13}$.
Für $i = 2,4$ ergeben sich wegen $w_{23} = w_{43} = \infty$ keine weiteren Veränderungen. W_3 und N_3 findet man unten.

$k = 4$: $i = 1$: $w_{14} = 3$; $j = 1$: $w_{41} = \infty$; $j = 2$: $w_{42} = 1 \Rightarrow$ (4): $w_{12}' = w_{14} + w_{42} = 4 < w_{12} = 5 \Rightarrow w_{12} = 4$, $n_{12} = n_{14}$; $j = 3,4$: $w_{43} = \infty$
$i = 2$: $w_{24} = \infty$ $i = 3$: $w_{34} = 1$; $j = 1$: $w_{41} = \infty$; $j = 2$: $w_{42} = 1 \Rightarrow$
(4): $w_{32}' = w_{34} + w_{42} = 2 < w_{32} = 3 \Rightarrow w_{32} = 2$, $n_{32} = n_{34}$; $j = 3,4$: $w_{43} = \infty$

$$W_3 = \begin{pmatrix} 0 & 5 & 2 & 3 \\ \infty & 0 & \infty & \infty \\ \infty & 3 & 0 & 1 \\ \infty & 1 & \infty & 0 \end{pmatrix} \quad N_3 = \begin{pmatrix} 0 & 3 & 3 & 3 \\ 0 & 0 & 0 & 0 \\ 0 & 2 & 0 & 4 \\ 0 & 2 & 0 & 0 \end{pmatrix} \quad W = W_4 = \begin{pmatrix} 0 & 4 & 2 & 3 \\ \infty & 0 & \infty & \infty \\ \infty & 2 & 0 & 1 \\ \infty & 1 & \infty & 0 \end{pmatrix} \quad N = N_4 = \begin{pmatrix} 0 & 3 & 3 & 3 \\ 0 & 0 & 0 & 0 \\ 0 & 4 & 0 & 4 \\ 0 & 2 & 0 & 0 \end{pmatrix}$$

Sucht man z.B. den kürzesten Weg von 3 nach 2, entnimmt man N für 3 den Nachfolger 4 (n_{32}) und für 4 den Nachfolger 2 (n_{42}), d.h. 3-4-2 mit Länge $w_{32} = 2$.

Aufgabe zu 1.3.3

Vergleichen Sie den Aufwand zur Berechnung kürzester Wege zwischen *allen* Knoten eines gerichteten stark zusammenhängenden Graphen G mit n Knoten mittels Dijkstra-Algorithmus (DA) und mittels Floyd-Algorithmus (FA):

a) Wieviele Kanten hat G mindestens, wieviele höchstens?

b) Wieviele Rechenschritte (z.B. Tabellenzeilen, Kanten im Entscheidungsbaum) benötigt DA für einen bzw. alle Startknoten?

c) Schätzen Sie den entsprechenden Aufwand bei FA!

1.4 Flüsse in Netzwerken

1.4.1 Problemstellung

Während wir uns im vorigen Abschnitt mit Graphen, z.B. Verkehrsnetzen, beschäftigt haben, deren Kantenbewertungen Zeiten, Kosten, Entfernungen usw. waren und in denen wir im Sinne der Bewertung optimale Wege suchten, betrachten wir nun Netzwerke, deren Kanten Kapazitäten zugeordnet sind. Diese geben an, wieviele Einheiten eines bestimmten Gutes in einer Zeiteinheit durch eine Kante maximal (evtl. auch minimal) "fließen" oder transportiert werden können.

Hierbei kann es sich um Energie-, Kommunikations-, Transport- oder Verkehrsnetze handeln. Man spricht in diesem Zusammenhang von Flüssen in Netzwerken und untersucht Probleme maximaler Flüsse zwischen gewissen Knoten im Rahmen der vorgegebenen Kapazitäten (maximaler Durchsatz). Sind den Kanten außerdem Kosten für jede zu transportierende Einheit zugeordnet, stellt sich die Frage nach kostenminimalen Flüssen vorgegebener, z.B. maximaler Größe unter Einhaltung der Kapazitätsbeschränkungen. Sei jetzt also $N = (X(N), V(N))$ ein Netzwerk, gerichtet, ohne Schleifen und Mehrfachkanten sowie schwach zusammenhängend. Bei unzusammenhängenden Graphen hat man Flüsse in den einzelnen Komponenten zu betrachten. Mehrfachkanten kann man zusammenfassen, wobei allerdings evtl. unterschiedliche Kostenfaktoren zu berücksichtigen sind.

Definition
> Ist jeder Kante $(x, y) \in V(N)$ eine Zahl $k(x, y) \geq 0$ als maximal durch diese Kante zu transportierende Anzahl Einheiten (pro Zeiteinheit) zugeordnet, heißt N ein *Netzwerk mit Kapazitäten*. $k(x, y)$ heißt die *Kapazität* der Kante (x, y). Fließen $f(x, y) \geq 0$ Einheiten durch die Kante (x, y) vom Knoten x zum Knoten y – d.h. Flußrichtung gleich Kantenrichtung –, so spricht man von einem *Fluß der Stärke $f(x, y)$ durch die Kante (x, y)*.
> Gilt: $f(x, y) \leq k(x, y)$, so ist der Fluß *zulässig*, im Falle $f(x, y) = k(x, y)$ *maximal*, und die Kante heißt dann *gesättigt*.

Ist nun jeder Kante aus V(N) ein Fluß zugeordnet, liegt ein *Fluß in N* vor. Er ist zulässig, falls stets $f(x, y) \leq k(x, y)$ gilt. Wir unterscheiden zwischen Knoten, welche einen Fluß erzeugen oder erhöhen, absorbieren oder verringern und schließlich solchen, die ihn unverändert erhalten.

1.4 Flüsse in Netzwerken

Definition

Ein Knoten $x \in X(N)$ mit der Eigenschaft:

$$f(x) = \sum_{\substack{y \in X(N) \\ (x,y) \in V(N)}} f(x,y) - \sum_{\substack{z \in X(N) \\ (z,x) \in V(N)}} f(z,x) \begin{cases} > 0 & \text{heißt } \textit{(Fluß-)Quelle} \text{ (flußerzeugend)} \\ < 0 & \text{heißt } \textit{Senke} \text{ (flußabsorbierend)} \\ = 0 & \text{heißt } \textit{Durchgangsknoten} \text{ (flußerhaltend)} \end{cases}$$

Es ist $\sum_{x \in X(N)} f(x) = 0$, d.h. das Netzwerk insgesamt konserviert den Fluß, weil für jede Kante $(x, y) \in V(N)$ $f(x, y)$ einmal addiert und einmal subtrahiert wird.

Besonders wichtig ist der Fall, daß das Netzwerk nur eine Quelle x_Q und eine Senke x_S besitzt, die übrigen Knoten Durchgangsknoten sind und außerdem $d^-(x_Q) = 0$ und $d^+(x_S) = 0$ gilt, d.h. in x_Q keine Kanten enden und von x_S keine Kanten ausgehen. Man spricht dann von einem *Fluß der Stärke* $f(x_Q)$ von x_Q nach x_S. Diese Situation können wir durch eventuelle Erweiterung des Netzwerks (s.u.) stets erreichen.

Definition

Ein Fluß F von x_Q nach x_S heißt *maximal*, wenn F zulässig ist und maximale Stärke für $f(x_Q)$ hat.

Sind mehrere Quellen x_{Qi} für $i = 1,\ldots,r$ und Senken x_{Si} für $i = 1,\ldots,t$ vorhanden, in denen auch Kanten enden bzw. beginnen können, so läßt sich diese Konstellation auf den obigen Fall zurückführen. Dazu erweitert man das Netzwerk um einen Knoten x_Q ("fiktive Quelle") sowie Kanten (x_Q, x_{Qi}) für $i = 1,\ldots,r$ mit Flüssen $f(x_Q, x_{Qi}) := f(x_{Qi})$, analog um einen Knoten x_S ("fiktive Senke") sowie Kanten (x_{Si}, x_S) für $i = 1,\ldots,t$ mit Flüssen $f(x_{Si}, x_S) := f(x_{Si})$. Die Kapazitäten werden als unbegrenzt angesetzt, die Kosten (s.u.) bei Netzwerken mit Kostenbewertungen null gesetzt. Tatsächlich fließt ja nichts in diesen Kanten, dürfen also auch keine Kapazitätsbeschränkungen eintreten bzw. Kosten entstehen. Ein Beispiel finden Sie in den Aufgaben.

Bemerkung: Häufig liegen auch Netzwerke mit Kapazitätsuntergrenzen > 0 für gewisse Kanten vor (Transportmindestmenge), bei denen nach Maximalflüssen gefragt wird. Während sich aber die Suche nach einem zulässigen Fluß überhaupt bei nur vorhandenen Obergrenzen erübrigt - man kann f(x, y) = 0 wählen für alle Kanten und erhält damit einen zulässigen Fluß -, muß hier die Existenz irgendeines zulässigen Flusses erst nachgewiesen werden. Das Netzwerk, aus dem der Ausschnitt in Abb.22 stammt - a/b stehe für Kantenmindest- bzw. -höchstkapazität - besitzt z.B. keinen zulässigen Fluß. Es müssen nämlich mindestens 5 Einheiten in den Knoten hineinfließen, können aber nur maximal 4 Einheiten herausfließen.

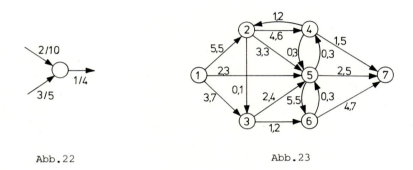

Abb.22   Abb.23

Aufgabe zu 1.4.1

Untersuchen Sie das Netzwerk aus Abb.23 mit Kantenmarkierungen f, k für Fluß bzw. Kapazität in der jeweiligen Kante:

a) Welche Kanten sind gesättigt?

b) Welches sind Quellen, Senken, Durchgangsknoten?

c) Wie sieht die Erweiterung um die fiktive Quelle x_Q und fiktive Senke x_S aus?

d) Ist der Fluß maximal? Wo wäre z.B. eine Flußerhöhung möglich?

1.4.2 Der Maximalflußalgorithmus von Ford-Fulkerson

Wir benötigen noch den - sehr anschaulichen - Begriff des Schnittes in einem Netzwerk.

1.4 Flüsse in Netzwerken

Definition

Zerlegt man die Knotenmenge $X(N)$ des Netzwerks in zwei disjunkte Teilmengen X_1 und X_2, hat man einen *Schnitt* (X_1, X_2) in N. Als *Kapazität des Schnittes* bezeichnet man die Summe der Kapazitäten aller von X_1 nach X_2 führenden Kanten:

$k(X_1, X_2) = \Sigma\, k(x, y)$ für $x \in X_1$, $y \in X_2$, $(x, y) \in V(N)$

Wir betrachten speziell Schnitte (X_1, X_2) mit $x_Q \in X_1$ und $x_S \in X_2$. Diese trennen x_Q und x_S in dem Sinne, daß nach Weglassen der Kanten zwischen X_1 und X_2 kein Weg mehr von x_Q nach x_S existiert. Daraus ergibt sich anschaulich sofort der

Satz

Die Stärke eines zulässigen Flusses von x_Q nach x_S ist höchstens gleich der minimalen Kapazität eines x_Q und x_S trennenden Schnittes.

"Es kann höchstens soviel fließen, wie an der engsten Stelle durchpaßt."

Es gilt nun aber auch der

Satz (Max-Flow-Min-Cut-Theorem)

Tatsächlich existiert ein Fluß von der Stärke der minimalen Schnittkapazität.

Zum Beweis geben wir einen Markierungsalgorithmus an, der nicht nur die Existenz nachweist, sondern zugleich diesen Fluß berechnet, der damit maximal ist. Wir beschränken uns dabei auf ganzzahlige Flüsse, d.h. natürliche Zahlen $f(x, y)$. Jedes praktische Problem läßt sich durch geeignete Wahl der Einheiten auf diesen Fall zurückführen. Die Knoten $x_1, \ldots, x_n$ seien so numeriert, daß x_1 die Quelle und x_n die Senke des Netzwerks N ist.

Das Verfahren erhöht einen zulässigen Ausgangsfluß sukzessive bis zum maximalen Wert, indem es von der Quelle zur Senke einen Weg sucht, auf dem eine Flußerhöhung erzielt werden kann (Flußvergrößerungskette). In diesen Weg können sowohl nicht gesättigte Kanten, in denen eine Flußerhöhung möglich ist, als auch Kanten mit Fluß größer als 0 aufgenommen werden, in denen sich der Fluß vermindern läßt. Gelangt man nicht mehr von der Quelle zur Senke, ist der Maximalfluß erreicht.

Maximalflußalgorithmus (Ford-Fulkerson):

(1) Starte mit einem zulässigen Ausgangsfluß F mit Kantenflüssen $f(x, y)$, z.B. $f(x, y) = 0$ für alle Kanten $(x, y) \in V(N)$.

(2) Markiere die Quelle x_1. Setze $i = 1$.

(3) Suche unter den Knoten x_j, $j = 2,\ldots,n$ einen direkten Nachfolger von x_i mit der Eigenschaft: x_j ist nicht markiert, und (x_i, x_j) ist nicht gesättigt. Wird kein solcher Knoten gefunden, gehe nach (4).

(3a) Markierung: Notiere sonst für den ersten gefundenen Knoten x_j seinen Vorgängerknoten $V(x_j) = x_i$ und $df_j = k(x_i, x_j) - f(x_i, x_j)$ (Differenz von Kapazität und Fluß als maximal mögliche Flußerhöhung in der Kante (x_i, x_j)). Ist $x_j = x_n$, gehe nach (5). Sonst setze $x_i = x_j$ und gehe nach (3).

(4) Suche unter den Knoten x_j, $j = 2,\ldots,n$ einen direkten Vorgänger von x_i mit der Eigenschaft: x_j ist nicht markiert, und es ist $f(x_j, x_i) > 0$. Wird kein solcher Knoten gefunden, gehe nach (6).

(4a) Markierung: Notiere sonst für den ersten gefundenen Knoten x_j seinen Nachfolgerknoten $N(x_j) = x_i$ und $df_j = f(x_j, x_i)$ (maximal mögliche Flußverminderung in Kante (x_j, x_i)). Setze $x_i = x_j$ und gehe nach (3).

(5) Ein Weg von x_1 nach x_n (Flußvergrößerungskette) ist gefunden. Durchlaufe diesen rückwärts in folgender Weise: Starte in x_n, gehe zum Knoten $x_k = V(x_n)$ und notiere df_n; gehe von x_k über zu $V(x_k)$ oder $N(x_k)$ (je nachdem, was notiert war) und merke df_k usw., bis x_1 erreicht ist.

Sei d = minimaler df_k-Wert auf diesem Weg. Dann ändere den Fluß F in folgender Weise ab:
$f(x, y)$ bleibt unverändert, wenn (x, y) nicht in der Flußvergrößerungskette liegt. Erhöhe $f(x, y)$ um d, wenn y mit $V(y)$ markiert ist (Flußerhöhungskante). Verringere $f(y, x)$ um d, wenn y mit $N(y)$ markiert ist (Flußverminderungskante). Lösche alle Markierungen und gehe nach (2).

(6) Eine weitere Markierung von x_i aus ist nicht mehr möglich. Markiere x_i als gestrichen. Ist $x_i = x_1$ gehe nach (7). Sonst fahre fort mit dem vorher markierten Knoten, d.h. setze $x_i := V(x_i)$ bzw. $N(x_i)$ und gehe nach (3).

(7) Abbruch des Verfahrens: x_n konnte nicht markiert, d.h. es konnte keine Flußerhöhungskette von der Quelle zur Senke gefunden werden. Der derzeitige Fluß F ist maximal.

1.4 Flüsse in Netzwerken

Ist X_1 die Menge der markierten (und gleichzeitig gestrichenen) Knoten und $X_2 = X \setminus X_1$, so ist (X_1, X_2) ein Schnitt minimaler Kapazität in N, denn es gilt: $k(X_1, X_2) = f(X_1)$, weil alle Kanten (x, y) mit $x \in X_1$, $y \in X_2$ gesättigt sind und alle Kanten (y, x) mit $x \in X_1$, $y \in X_2$ den Fluß $f(y, x) = 0$ haben.

Wegen der Ganzzahligkeit der Kapazitäten, der Flüsse in den Kanten und des Maximalflusses, sind die Flußerhöhungen jeweils natürliche Zahlen und muß der Fall (7) nach endlich vielen Schritten eintreten.

<u>Bemerkung</u>: Eventuelle Mehrfachkanten im Netzwerk können zu einer Kante mit Kapazität gleich Summe der Einzelkapazitäten zusammengefaßt werden. Wir demonstrieren den Ablauf des Algorithmus im nachfolgenden

Beispiel

Man bestimme den Maximalfluß im Netzwerk der Abb.24a mit Kantenbeschriftungen: Fluß, Kapazität. Im Nachfolgenden steht M für Markierung. In den Abbildungen sind gesättigte Kanten durch $||$ gekennzeichnet.

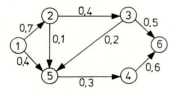
Abb.24a

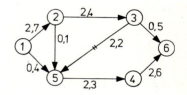
Abb.24b

1. Schritt: $f(x_1) = 0$; $x_i = x_1$

(3) $Mx_2:V(x_2) = x_1$ $df_2 = 7$ $x_i = x_2$
(3) $Mx_3:V(x_3) = x_2$ $df_3 = 4$ $x_i = x_3$
(3) $Mx_5:V(x_5) = x_3$ $df_5 = 2$ $x_i = x_5$
(3) $Mx_4:V(x_4) = x_5$ $df_4 = 3$ $x_i = x_4$
(3) $Mx_6:V(x_6) = x_4$ $df_6 = 6$

$\Rightarrow$ Kette x_6, x_4, x_5, x_3, x_2, x_1 mit $d = 2$; neuer Fluß mit $f(x_1) = 2$ vgl. Abb.24b

2. Schritt: $x_i = x_1$

(3) $Mx_2:V(x_2) = x_1$ $df_2 = 5$ $x_i = x_2$
(3) $Mx_3:V(x_3) = x_2$ $df_3 = 2$ $x_i = x_3$
(3) $Mx_6:V(x_6) = x_3$ $df_6 = 5$

$\Rightarrow$ Kette x_6, x_3, x_2, x_1 mit $d = 2$; neuer Fluß mit $f(x_1) = 4$ vgl. Abb.24c

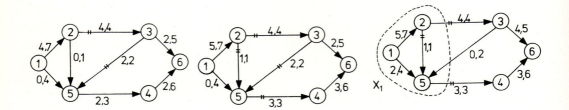

Abb.24c   Abb.24d   Abb.24e

3. Schritt: $x_i = x_1$ 4. Schritt: $x_i = x_1$

(3) $Mx_2:V(x_2) = x_1$ $df_2 = 3$ $x_i = x_2$ (3) $Mx_2:V(x_2) = x_1$ $df_2 = 2$ $x_i = x_2$
(3) $Mx_5:V(x_5) = x_2$ $df_5 = 1$ $x_i = x_5$ (6) Streiche x_2; $x_i = x_1$
(3) $Mx_4:V(x_4) = x_5$ $df_4 = 1$ $x_i = x_4$ (3) $Mx_5:V(x_5) = x_1$ $df_5 = 4$ $x_i = x_5$
(3) $Mx_6:V(x_6) = x_4$ $df_6 = 4$ (4) $Mx_3:N(x_3) = x_5$ $df_3 = 2$ $x_i = x_3$
                                           (3) $Mx_6:V(x_6) = x_3$ $df_6 = 2$

⇒ Kette x_6, x_4, x_5, x_2, x_1 mit $d = 1$;   ⇒ Kette x_6, x_3, x_5, x_1 mit $d = 2$;
neuer Fluß mit $f(x_1) = 5$, vgl.   neuer Fluß mit $f(x_1) = 7$ vgl. Abb.
Abb.24d   24e

5. Schritt: $x_i = x_1$ Eine weitere Flußerhöhung ist nicht mehr
                                         möglich. Abb.24e zeigt den Maximalfluß.
(3) und (6) wie im 4. Schritt
(3) $Mx_5:V(x_5) = x_1$ $df_5 = 2$ $x_i = x_5$ $(X_1, X_2) = (\{x_1, x_2, x_5\}, \{x_3, x_4, x_6\})$
(6) Streiche x_5; $x_i = x_1$ ist Schnitt minimaler Kapazität.
(6) Streiche x_1; (7) Ende

Aufgaben zu 1.4.2

1. Als *Zuwachsgraphen* N' des Netzwerks N (Kantenflüsse $f(x, y)$, Kapazitäten $k(x, y)$) bezeichnet man den Graphen mit der gleichen Knotenmenge wie N und der Kantenmenge $V(N') := \{(x, y) \in V(N) | f(x, y) < k(x, y)\} \cup \{(y, x) | (x, y) \in V(N) \land f(x, y) > 0\}$
Formulieren Sie das Flußerhöhungsproblem in N als Wegproblem in N'. Zeichnen Sie N' für die Netzwerke der Abb.24c und e. Interpretation?

2. Bestimmen Sie den Maximalfluß mit zulässigem Ausgangsfluß der Abb.25, indem Sie direkt in der Zeichnung nach Schritt (3) des Algorithmus gefundene Knoten der Flußerhöhungskette mit +, nach (4) gefundene Knoten mit − markieren und die Kantenflüsse für den nächsten Schritt verändern. Schnitt minimaler Kapazität?

1.4 Flüsse in Netzwerken

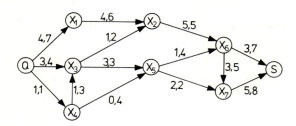

Abb. 25

1.4.3 Kostenminimale Flüsse

Häufig interessiert nicht nur bei gegebenen Kantenkapazitäten der maximale Fluß im Netzwerk, sondern bei zusätzlich vorliegenden Transportkosten je transportierter Einheit und Kante die Frage nach dem kostenminimalen Maximalfluß - der Maximalfluß muß ja keineswegs eindeutig sein - oder nach dem kostenminimalen Fluß einer vorgegebenen Stärke unterhalb der Maximalstärke von x_Q nach x_S.

Damit geraten wir in das Gebiet der sogenannten *Transportprobleme* (Teilgebiet des Operations Research als Spezialfall der linearen Optimierung), die unten noch näher erläutert werden. Zur Lösung der Probleme existieren zwei Arten von Algorithmen. Zum einen kann man zunächst den Maximalfluß ermitteln und anschließend versuchen, die Kosten zu senken. Dieses ist die Vorgehensweise der *Transportalgorithmen*, die hier nicht behandelt werden sollen.

Wir gehen von einem kostenminimalen Fluß bestimmter - noch nicht maximaler - Stärke aus und erhöhen ihn so, daß er kostenminimal bleibt. Das geschieht durch eine Kombination von einem Kürzesten-Weg-Algorithmus für Graphen mit negativ zugelassenen Kantenbewertungen und dem Ford-Fulkerson-Algorithmus. Sei nun jeder Kante (x, y) des Netzwerks N eine Kapazität $k(x, y)$ und ein Kostenfaktor je Einheit $c(x, y) \geq 0$ zugeordnet. Ein zulässiger Fluß F in N mit Kantenflüssen $f(x, y)$ erzeugt dann Kosten:

$$C(F) = \sum_{(x, y) \in V(N)} c(x, y) \cdot f(x, y)$$

Wir suchen zu vorgegebener Flußstärke $f_o(x_Q)$ denjenigen Fluß F, für den C(F) minimal wird.

Algorithmus

(1) Starte mit einem zulässigen Ausgangsfluß F, der für seine Stärke kostenminimal ist, z.B. mit $f(x, y) = 0$ für alle Kanten $(x, y) \in V(N)$, d.h. $f(x_Q) = 0$ und $C(F) = 0$.

(2) Bewerte den Zuwachsgraphen N' von N (vgl. Aufg. 1 zu 1.4.2) folgendermaßen: $b(x, y) = c(x, y)$, falls (x, y) nicht gesättigt ist, und $b(y, x) = -c(x, y)$, falls $f(x, y) > 0$ gilt.
Falls das Netzwerk N Mehrfachkanten mit unterschiedlichen Kosten besitzt, die man also nicht wie in 1.4.2 zusammenfassen kann, oder wenn entgegengesetzt parallele Kanten auftreten, kann auch N' Mehrfachkanten besitzen (vgl. das anschließende Beispiel). In diesem Fall wird nur die Kante minimaler Bewertung in N' aufgenommen (vgl. Beispiel).

(3) Suche den kürzesten – d.h. kostenoptimalen – Weg W in N' von x_Q nach x_S. Ist x_S von x_Q nicht erreichbar, gehe nach (6). Sonst notiere für die positiv bewerteten Kanten (x, y) auf W die maximale Flußerhöhung $d(x, y) = k(x, y) - f(x, y)$, für die negativ bewerteten Kanten (y, x) auf W die maximale Flußerniedrigung $d(y, x) = f(x, y)$ mit d gleich Minimum der $d(x, y)$ und $d(y, x)$ (d ist die maximale Flußerhöhung auf W).

(4) Ist wegen $f_o(x_Q) - f(x_Q) < d$ eine Flußerhöhung um d nicht mehr notwendig, um die geforderte Flußstärke $f_o(x_Q)$ zu erhalten, setze $d := f_o(x_Q) - f(x_Q)$; sonst gehe nach (5).

(5) Erhöhe bzw. vermindere den Fluß in allen Kanten (x, y) bzw. (y, x) auf W um d. Erhöhe Flußstärke $f(x_Q)$ um d. Erhöhe Kosten C(F) um $d \cdot \Sigma c(s, t)$ für Kanten $(s, t) \in W$. Ist $f(x_Q) = f_o(x_Q)$, habe kostenminimalen Fluß gefunden. Ende! Sonst fahre fort in (2).

(6) Die geforderte Flußstärke $f_o(x_Q)$ übersteigt die minimale Schnittkapazität. Das errechnete $f(x_Q)$ ist maximal bei minimalen Kosten C(F). Ende!

1.4 Flüsse in Netzwerken

Bemerkungen:

1. Bei Verwendung der bewerteten Adjazenzmatrix für N', kann man auch von der Symmetrisierung von N ausgehen und die nicht existenten Kanten mit ∞ bewerten.

2. Kreise negativer Länge treten im Zuwachsgraphen nicht auf, weil z.B. Flüsse $f(x, y) > 0$ und $f(y, x) > 0$ in entgegengesetzt parallelen Kanten niemals in einem kostenoptimalen Fluß bei positivem $c(x, y)$ möglich sind.

3. Soll der kostenoptimale Maximalfluß gesucht werden, wird $f_o(x_Q)$ nicht vorgegeben, entfällt die Abfrage in (4), und ist in (6) dieser Fluß gefunden.

Beispiel

Gesucht ist der kostenminimale Maximalfluß von x_Q nach x_S im Netzwerk N der Abb.26a mit Kantennotierungen (f,k,c) = (Fluß, Kapazität, Kosten). Den nach (2) bewerteten zugehörigen Zuwachsgraphen findet man in Abb.26b, wobei die gestrichelte Mehrfachkante von x_1 nach x_S wegen der höheren Bewertung entfällt. Der in (3) zu suchende kürzeste Weg W von x_Q nach x_S ist fett eingezeichnet. Da $f(x, y) = 0$ ist in allen Kanten, gilt: $d(x, y) = k(x, y)$ für die Kanten von W, also d = Min(4,3,2) = 2. (5) ergibt: $C(F) = 0 + 2 \cdot (3+1+2) = 12$. Der neue Fluß erscheint in Abb.26c, der entsprechende Zuwachsgraph in Abb. 26d, wobei die gestrichelte Kante von x_2 nach x_1 entfällt, weil wegen $f(x_1, x_2) > 0$ in Abb.26c N' eine Kante von x_2 nach x_1 mit Bewertung -1 enthält.

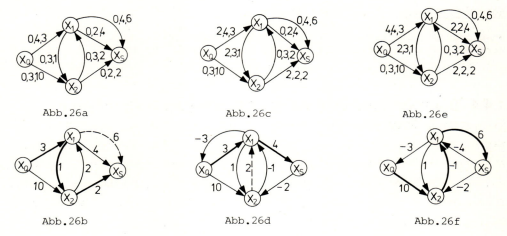

Abb.26a Abb.26c Abb.26e

Abb.26b Abb.26d Abb.26f

Der kürzeste Weg in Abb. 26d ist wieder fett gezeichnet. Man findet: d = Min(2,2) = 2 und C(F) = 12+2·(3+4) = 26. Der nächste Flußerhöhungsschritt ist in Abb.26e (N) und 26f (N') dargestellt und ergibt d = Min (3,2,4) = 2 sowie C(F) = 26+2·(10-1+6) = 56. Auf dem kürzesten Weg liegt eine Kante mit negativer Bewertung. Abb.26g und h zeigen die nächste Flußerhöhung. Man berechnet: d = Min(1,3,2) = 1 und C(F) = 56+1·(10+2+6) = 74 und erhält den Fluß von Abb.26i. Im zugehörigen Zuwachsgraphen der Abb.26k ist x_S von x_Q nicht mehr erreichbar. Der gefundene Fluß der Stärke $f(x_Q) = 7$ ist maximal. Die minimalen Kosten betragen 74 Einheiten.

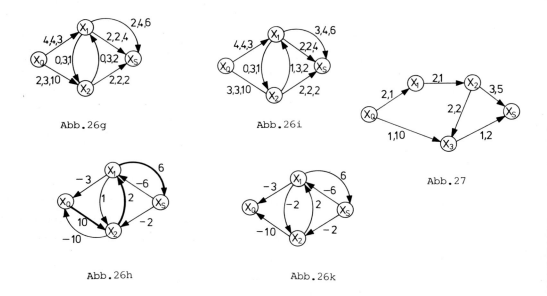

Abb.26g   Abb.26i   Abb.27

Abb.26h   Abb.26k

Aufgabe zu 1.4.3

Bestimmen Sie die kostenminimalen Flüsse zu allen möglichen Stärken im Netzwerk der Abb.27 mit Kantennotierungen für Kapazität und Kosten.

1.4.4 Transport- und Zuordnungsaufgaben als Flußprobleme

Wir wollen Transportprobleme als Minimalkosten-Flußprobleme darstellen. Dabei soll ein einheitliches Gut transportiert werden. Es gebe für diese Ware n Produktions- oder Angebotsorte $A_1,\ldots, A_n$ mit Angebotsmengen $a_1,\ldots, a_n$ sowie m Nachfrage- oder Bedarfsorte $B_1,\ldots, B_m$ mit Bedarfsmengen $b_1,\ldots, b_m$, ferner gewisse Transportwege von A_i nach B_j mit Kapazitäten k_{ij} und Kosten c_{ij} je transportierter Einheit.

1.4 Flüsse in Netzwerken

Dabei kann man auch alle Wege von A_i nach B_j für $i = 1,\ldots,n$ und $j = 1,\ldots,m$ zulassen und die tatsächlich nicht existierenden durch Setzen der Kapazität $k_{ij} = 0$ ausschließen. Ebenso kann $k_{ij} = \infty$ auftreten bei unbegrenzten Transportmöglichkeiten.

Gesucht sind diejenigen Transportmengen x_{ij} von A_i nach B_j, die durch die Angebotsmengen abgedeckt werden, den Bedarf befriedigen, die Kapazitätsgrenzen einhalten und minimale Kosten verursachen:

(Abtransport in A_i nicht höher als Angebot a_i und
Anlieferung in B_j mindestens so groß wie Bedarf b_j)

$$(1) \sum_{j=1}^{m} x_{ij} \leq a_i, \; i = 1,\ldots,n \qquad (2) \sum_{i=1}^{n} x_{ij} \geq b_j, \; j = 1,\ldots,m$$

$$0 \leq x_{ij} \leq k_{ij} \quad \text{und} \quad \sum x_{ij} \cdot c_{ij} = \text{Minimum}.$$

Diese Aufgabe bezeichnet man im Operations Research als ein *Transportproblem mit Kapazitäten*. Durch Einführen von sogenannten fiktiven Angebots- oder Bedarfsorten kann man ein Angebots- und Nachfragegleichgewicht (geschlossenes Transportproblem) erzielen: $\Sigma a_i = \Sigma b_j$. Dann werden die Ungleichungen (1) und (2) zu Gleichungen, d.h. es soll das gesamte Angebot abtransportiert und der gesamte Bedarf genau befriedigt werden. Zu den verschiedenen Problemstellungen und den Algorithmen für die Bestimmung von Ausgangslösungen (z.B. Nordwesteckenregel, Vogelsche Approximationsmethode) und Verbesserung dieser Lösungen (z.B. Stepping-Stone-Algorithmus) sei auf die entsprechende Literatur verwiesen. Das Transportproblem läßt sich auch als Flußproblem in einem paaren Graphen mit Knotenmengen $X_1 = \{A_i\}$ und $X_2 = \{B_j\}$ darstellen. Kanten sind die Transportwege mit Kapazitäten und Kosten, Kantenflüsse die gesuchten Transportmengen $x_{ij} \geq 0$. Damit werden die A_i Quellen und die B_j Senken im Transportnetzwerk. Wie in 1.4.1 erläutert, führt man eine fiktive Quelle Q mit Kanten (Q, A_i) und eine fiktive Senke S mit Kanten (B_j, S) ein. Zu den Kosten und Kapazitäten für diese Kanten und der Lösung des Transportproblems vgl. Aufgabe 1.

Zuordnungsproblem:

Ein Spezialfall des Transportproblems ist das Zuordnungsproblem. Für n freie Arbeitsplätze S_j, $j = 1,\ldots,n$, haben sich n Personen P_i, $i = 1,\ldots,n$, beworben, wobei durch einen Test die Eignung von Person P_i für die Stelle S_j ermittelt und durch eine Eignungszahl e_{ij} beschrieben wurde. Sei z.B. e_{ij} zwischen 0 und 1 gewählt und so, daß e_{ij} mit wachsender Eignung abnimmt, d.h. 1 = total ungeeignet, 0 = hervorragend geeignet. Gesucht ist eine bezüglich der Eignung insgesamt optimale Zuordnung der Personen zu den Stellen. Die Lösung durch ein Flußproblem sollen Sie in Aufgabe 2 finden. Im Operations Research kennt man als bekanntestes Lösungsverfahren die sogenannte *Ungarische Methode*.

Allgemein spricht man bei der Suche nach einer Kantenteilmenge $T \subset V(G)$ eines ungerichteten Graphen G, in der keine zwei Kanten adjazent sind, von einem *Matchingproblem*. Das Matching ist *maximal*, wenn T maximale Anzahl Kanten enthält. Sei jetzt G ein bewerteter paarer Graph. Ein Matching T heißt *vollständig*, wenn jeder Knoten $x \in X(G)$ mit einer Kante von T inzident ist, *optimal*, wenn dabei die Summe der Kantenbewertungen von T optimal ist. Lösung des Zuordnungsproblems bedeutet Suche nach einem optimalen Matching für einen paaren Graphen, wobei T bestehen kann aus Kanten (x_i, y_j) mit $x_i \in X_1$, $y_j \in X_2$, $X_1 \cup X_2 = X$, $X_1 \cap X_2 = \emptyset$. Das Matchingproblem spielt aber auch eine Rolle in nicht paaren Graphen, s. z.B. in 1.5 über Tourenprobleme. Auch hierfür wurden Algorithmen entwickelt.

Aufgaben zu 1.4.4

1. Formulieren Sie das - nicht notwendig geschlossene - Transportproblem als Minimalkosten-Flußproblem:
   a) Graph ohne bzw. mit fiktiver Quelle und Senke?
   b) Kapazitäten und Kosten der Kanten (Q, A_i) bzw. (B_j, S)?
   c) Obergrenze für Maximalfluß?
   Bei welchen Minimalschnitten (X_1, X_2) kann das gesamte Angebot abtransportiert bzw. der gesamte Bedarf befriedigt werden? Sonstige Fälle?

2. Analoge Formulierung des Zuordnungsproblems!

1.5 Tourenprobleme auf Graphen

1736 formulierte der Mathematiker Euler das *Königsberger Brückenproblem:*
In Königsberg waren die Ufer und Inseln im Fluß Pregel durch Brücken verbunden wie in Abb.28 dargestellt.

Frage: Ist es möglich, von einem beliebigen Ausgangspunkt startend jede Brücke genau einmal zu überschreiten und zum Startpunkt zurückzukehren? Wir können ein graphentheoretisches Modell für dieses Problem aufstellen, indem wir für Inseln und Ufer Knoten und für die Brücken Kanten zeichnen und so den ungerichteten Graphen G' (mit Mehrfachkanten) der Abb.29 erhalten.

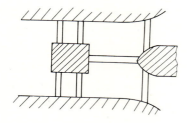
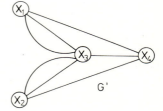

Abb.28   Abb.29

Definition
> Besitzt ein Graph G einen geschlossenen (nicht geschlossenen) Kantenzug E, welcher jede Kante aus V(G) genau einmal enthält, so nennt man E einen *Eulerschen Kreis (Eulerschen Kantenzug)* in G, G selbst bei Existenz eines Eulerschen Kreises einen *Eulerschen Graphen*.

Zur Lösung des Königsberger Brückenproblems haben wir also einen Eulerschen Kreis in G' zu suchen.

Satz
> Ein zusammenhängender ungerichteter Graph G ist Eulersch genau dann, wenn für alle Knoten $x \in X(G)$ gilt: $d(x)$ ist gerade.

Beweis: Die Notwendigkeit der Bedingung ist sofort klar. Durchläuft man einen Eulerschen Kreis, wird jeder Knoten genauso oft angelaufen wie verlassen. Da der Eulersche Kreis alle Kanten des Graphen genau einmal enthält, müssen im ungerichteten Graphen alle Knoten geraden Grad haben.

Daß unter den obigen Bedingungen stets ein Eulerscher Kreis existiert, beweisen wir durch Angabe eines Verfahrens, welches zugleich einen solchen konstruiert, und zwar durch Aneinanderhängen kantendisjunkter Kreise: Besitzt der Graph $n \geq 2$ Knoten, so beträgt die Summe seiner Knotengrade (stets gerade) mindestens $2n$. G kann kein Baum sein, weil ein Baum genau $n-1$ Kanten hat (vgl. Aufgaben zu 1.2.2) mit Summe der Knotengrade gleich $2n-2$. Damit enthält G einen Kreis C_1. Ist C_1 schon Eulersch, so ist man fertig. Sonst entferne man aus G die Kanten von C_1. Die Komponenten des so entstandenen Teilgraphen (Knoten von geradem Grad) sind entweder isolierte Knoten oder besitzen wiederum Kreise C_j. Das Verfahren wird fortgesetzt durch Herausnahme der Kanten von C_j usw., bis nur noch isolierte Knoten übrig bleiben.

Den Eulerschen Kreis erhält man durch Zusammensetzen der paarweise kantendisjunkten C_j: Beginne mit C_1. Weil G zusammenhängend ist, muß ein Knoten x_j eines Kreises $C_j \neq C_1$ auf C_1 liegen. Durchlaufen des Kreises C_1, dann des kantendisjunkten Kreises C_j von x_j aus ergibt einen geschlossenen Kantenzug. Entsprechend verfährt man mit den übrigen Kreisen C_i, bis alle Kanten erfaßt sind und eine Eulersche Linie bilden.

Satz

> Ein zusammenhängender gerichteter Graph G ist Eulersch genau dann, wenn für jeden Knoten $x \in X(G)$ gilt: $d^+(x) = d^-(x)$.

Denn bei Existenz eines Eulerschen Kreises muß jeder Knoten ebenso oft Anfangs- wie Endknoten einer gerichteten Kante sein. Das Finden des Kreises erfolgt wie im ungerichteten Fall. Im ungerichteten Graphen des Königsberger Brückenproblems sind sämtliche Knotengrade ungerade. Deshalb kann der gesuchte Spaziergang nicht existieren. Er ist nicht einmal möglich, wenn wir keine Rückkehr zum Ausgangspunkt, d.h. nur einen Eulerschen Kantenzug verlangen.

1.5 Tourenprobleme auf Graphen

Das ergibt sich aus der

Folgerung

Ein zusammenhängender ungerichteter Graph G besitzt genau dann einen Eulerschen Kantenzug, wenn $d(x)$ gerade ist für alle Knoten $x \in X(G)$ bis auf 2 Knoten $x_a \neq x_e$. Im gerichteten Graphen muß entsprechend gelten: $d^+(x) = d^-(x)$ für alle $x \neq x_a$, x_e und $d^+(x_a) - d^-(x_a) = 1$, $d^+(x_e) - d^-(x_e) = -1$.

<u>Beweis:</u> Einführen einer fiktiven Kante zwischen x_a und x_e garantiert die Existenz eines Eulerschen Kreises im erweiterten Graphen. Läßt man die fiktive Kante fort, bleibt ein Eulerscher Kantenzug zwischen x_a und x_e bzw. mit x_a als Anfangs- und x_e als Endknoten übrig.

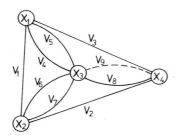

Abb. 30

Ergänzen wir unser Brückenbeispiel um eine direkte Verbindung zwischen den beiden Ufern (Knoten x_1, x_2), gilt $d(x_1) = d(x_2) = 4$, $d(x_3) = 5$, $d(x_4) = 3$, vgl. Abb.30, d.h. muß der gefragte Spaziergang zwischen x_3 und x_4 existieren. Wir führen die fiktive Kante V_9 zwischen x_3 und x_4 ein und suchen Kreise wie im obigen Satz beschrieben:
Starte in x_1. 1. Kreis z.B.: V_1, V_6, V_4. 2. Kreis nach Entfernen dieser Kanten z.B. V_5, V_9, V_3. 3. verbleibender Kreis: V_2, V_8, V_7. Aneinanderhängen mit Start in x_3: V_8, V_2, V_7, V_6, V_1, V_4, V_5, V_3, (V_9) ist Eulerscher Kantenzug von x_3 nach x_4.

Generell handelt es sich hier um das Problem, einen Graphen "in einem Zug zeichnen zu können". 2 weitere Beispiele dazu finden Sie in den Aufgaben.

Eine Erweiterung von erheblicher ökonomischer Bedeutung stellt das sogenannte *Briefträgerproblem* (chinese postman problem) in bewerteten Graphen dar.

Chinese postman problem: In einem (z.B. mit Entfernungen) bewerteten zusammenhängenden ungerichteten oder gerichteten Graphen G ist zu einem vorgegebenen Anfangsknoten eine solche geschlossene Kantenfolge ("Tour") gesucht, daß alle Kanten mindestens einmal durchlaufen werden, zum Anfangsknoten zurückgekehrt wird und die Summe der Bewertungen längs dieser Tour (Gesamtdistanz) minimal wird. Anwendungen sind gegeben bei dem Abfahren von Straßen eines Verkehrsnetzes mit Rückkehr zum Ausgangspunkt, also z.B. bei der Straßenreinigung, Müllabfuhr, Schneedienst, Postverteilung, Inspektion von Straßen- oder Leitungsnetzen usw. Häufig ist die Richtung nicht eingeschränkt. Bei Netzen mit Einbahnstraßen muß aber mit gerichteten Graphen gearbeitet werden.

Lösung des Problems bei gerichteten Graphen: Knoten x mit $d^+(x) > d^-(x)$ bezeichnen wir als Quellen, solche mit $d^+(x) < d^-(x)$ als Senken. Diese Bezeichnung entspricht der im vorigen Abschnitt, wenn wir uns jede Kante mit Fluß 1 versehen denken. Treten keine Quellen und Senken auf, d.h. sind alle Knoten Durchgangsknoten, existiert ein Eulerscher Kreis in G, welcher jede Kante genau einmal trifft und damit minimale Distanz besitzt. Sonst machen wir G zu einem Eulerschen Graphen, indem wir fiktive Kanten einführen, und zwar $d^+(Q_j) - d^-(Q_j)$ Stück in den Quellen Q_j endende und $d^-(S_i) - d^+(S_i)$ Stück von den Senken S_i ausgehende, wobei $\sum (d^-(S_i) - d^+(S_i)) = \sum (d^+(Q_j) - d^-(Q_j))$ gilt.

Man bestimmt dazu die kürzesten Wege und ihre Längen von allen Senken zu allen Quellen und löst das folgende geschlossene Transportproblem:
Angebotsorte sind die Senken S_i mit Angebot $d^-(S_i) - d^+(S_i)$, Bedarfsorte sind die Quellen Q_j mit Bedarf $d^+(Q_j) - d^-(Q_j)$, Kosten k_{ij} sind die kürzesten Distanzen zwischen S_i und Q_j. Die Lösung $\{x_{ij}\}$ des Transportproblems gibt an, wieviele fiktive Wege von S_i nach Q_j in das Verkehrsnetz einzuführen sind, um zu minimalen Kosten $K = \sum x_{ij} \cdot k_{ij}$ sowohl die S_i als auch die Q_j zu Durchgangsknoten zu machen. Diese unproduktiven Wege sorgen für mehrmaliges Durchlaufen gewisser Kanten in der optimalen Tour. Die "Kosten" sind die unproduktiv zurückgelegte Distanz. Die Tour selbst wird als Eulerscher Kreis im erweiterten Graphen gefunden. Ein Beispiel zur Anwendung des Lösungsverfahrens finden Sie in den Aufgaben.

Im ungerichteten Graphen müssen unproduktive Wege so eingeführt werden, daß in jedem Knoten von ungeradem Grad genau einer endet. Zu diesem Zweck sind

1.5 Tourenprobleme auf Graphen

je zwei von ihnen paarweise so zu verbinden, daß die zusätzliche Distanz minimal wird. Graphentheoretisch liegt somit ein Matchingproblem mit minimaler Bewertungssumme vor (siehe 1.4.4).

Ein Rundweg, auf dem jeder Knoten (statt jeder Kante) genau einmal aufgesucht werden soll, heißt ein *Hamiltonscher Kreis*. Ein einfaches Kriterium für die Existenz eines Hamiltonschen Kreises in einem Graphen ist - im Unterschied zum Eulerschen Kreis (s.o.) - nicht bekannt. Das enstprechende Analogon zum Chinese postman problem ist das

Handlungsreisendenproblem (travelling salesman problem):
In einem bewerteten zusammenhängenden Graphen G ist eine Tour mit Rückkehr zum Startknoten gesucht, die jeden Knoten mindestens einmal trifft und deren Gesamtlänge minimal ist.

Anwendung: Vertreterbesuch bei Kunden mit Rückkehr zum Ausgangsort, Inspektionstour bei Zweigstellen, Belieferung von Lagern, Minimierung Roboterbewegungen usw.

Bezeichnet man mit d_{ij} die Entfernung von Knoten i nach Knoten j und ist 1 der Startknoten bei insgesamt n Knoten, so ergibt jede Permutation der Knoten $(2,3,\ldots,n)$ eine mögliche Tour, z.B. $(1,2,3,\ldots,n,1)$ mit Distanz $D = d_{12} + d_{23} + \ldots + d_{n1}$. Die $(n-1)!$ Permutationen sorgen also beim gerichteten Graphen für $(n-1)!$ mögliche Touren, beim ungerichteten Graphen für $(n-1)!/2$ mögliche Touren, da hier eine Tour mit der umgekehrten Tour in der Distanz identisch ist. Zur Lösung kann z.B. die Methode Branch and Bound unter Verwendung der Distanzmatrix (d_{ij}) angewandt werden.

Aufgaben zu 1.5

1. Sie kennen sicher das Spiel des "Haus vom Nikolaus", bei dem es darauf ankommt, die Figur der Abb.31 in einem Zug zu zeichnen. Untersuchen Sie dieses Problem graphentheoretisch, indem Sie die Lösbarkeit analysieren und gegebenenfalls eine Lösung angeben.

2. Eine Zigarettenmarke veröffentlichte folgendes Spiel ("Flipper"): In der Abb. 32 verbinde man die Kreise mit geraden Linien (Überkreuzungen zugelassen) in einem Zug und addiere bei jeder Kreisberührung die im Kreis notierten Punkte. Zwei Kreise dürfen durch höchstens eine Linie miteinander verbunden sein. Welcher Linienzug bringt die meisten Punkte?
Hinweis zur Lösung: Graphenmodell, Suche nach Eulerschem Kantenzug.

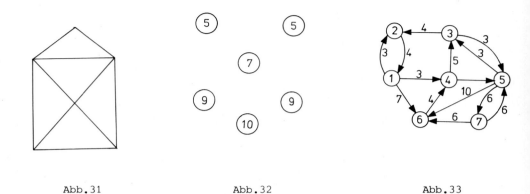

Abb.31　　　　　　　　　Abb.32　　　　　　　　　Abb.33

3. Im Verkehrsnetz der Abb.33 wird eine Lösung des Briefträgerproblems gesucht. Die Bewertungen sind Zeiten. Quellen bzw. Senken? Kürzeste Wege zwischen Senken und Quellen (direkt ablesen!)? Lösung des Transportproblems (direkt ablesen!)? Zeitdauer für optimale Tour?

Literatur zu 1.

1 Christofides, N.: Graph Theory. An Algorithmic Approach. London, New York, San Francisco: Academic Press 1975.

2 Domschke, W.: Logistik: Transport. München, Wien: Oldenbourg 1985.

3 Domschke, W.: Logistik: Rundreisen und Touren. München, Wien: Oldenbourg 1985.

4 Gal, T.: Grundlagen des Operations Research. Band 2 Kap. 6: Graphen und Netzwerke. Berlin, Heidelberg u.a.: Springer 1987.

5 Jungnickel, D.: Graphen, Netzwerke und Algorithmen. Mannheim, Wien, Zürich: Bibliographisches Institut 1987.

6 Walther, H.; Nägler, G.: Graphen-Algorithmen-Programme. Wien, New York: Springer 1987.

2 Wortstrukturen
G. Böhme

2.1 Einführung. Überblick

Die Entwicklung der Datenverarbeitung seit dem zweiten Weltkrieg hat auch auf die Mathematik unserer Tage entscheidenden Einfluß ausgeübt. Dabei spielen algebraische Verfahren eine besondere Rolle. Während man Aufgaben der klassischen Mechanik und Elektrodynamik mit den Methoden der Differential- und Integralrechnung behandeln konnte, erfordern Probleme der Datenstrukturierung, Systembeschreibung, Informationsumwandlung etc. ganz andere mathematische Hilfsmittel. Sie sind im Vergleich zum Kalkül der Analysis einfacher, ja elementarer Natur, jedoch vielen Lesern ungewohnt.

Wir beginnen mit der Erklärung von Zeichenketten (Wörter), die uns aus dem täglichen Leben bekannt sind: Wir reihen Buchstaben zu Worten aneinander, wählen eine bestimmte Ziffernfolge zum Telefonieren oder numerieren unsere Bundesstraßen zur besseren Orientierung. Bei der Übertragung von Informationen verschlüsseln wir gegebene Zeichenketten zu Codewörtern, und mit dem Computer verständigen wir uns durch Befehlswörter einer Programmiersprache. Der Rechner bewirkt eine Verarbeitung von Daten. Dabei wird eine eingegebene Zeichenkette nach bestimmten Programmvorschriften verändert und zum Schluß wieder eine Zeichenkette als gesuchte Lösung ausgegeben.

Solche praxisnahen Überlegungen haben wir im Auge, wenn wir im folgenden eine mathematische Beschreibung anstreben. Gewiß kann man Datenverarbeitung bis zu einer gewissen Stufe auch ohne Mathematik betreiben. Aber eben diese Entwicklungsstufe haben wir heute längst überschritten. Die Konzeption moderner Betriebssysteme, die Entwicklung leistungsfähiger Übersetzungsprogramme oder die Analyse natürlicher Sprachen für eine maschinelle Übersetzung - um nur einige Beispiele zu nennen - ist ohne mathematische Hilfsmittel undenkbar.

Wir werden hier keine umfassende Theorie entwickeln, sondern mit der Formalisierung von Zeichenketten beginnen. Bei den Beziehungen und Verknüpfungen von Worten lassen wir uns von der Anwendung leiten, d.h., wir geben die Erklärungen so, daß sie "auf die Praxis passen". Aufbauend auf den Wortstrukturen haben wir in diesem und dem folgenden Kapitel drei Hauptziele vor Augen:
- das Operieren mit Wörtern zum Zwecke der mathematischen Modellierung des eigentlichen Verarbeitungsprozesses im Computer, der zu einer systematischen Vorschrift zur Veränderung von Zeichenketten führt (Markov-Algorithmen),
- die Erzeugung und Verknüpfung von Wortmengen, die einen ersten Einblick in den Aufbau formaler Sprachen gestatten,
- die mathematische Beschreibung einfacher Automatentypen, ihre graphische und formale Darstellung und ihr Zusammenhang mit bestimmten Sprachklassen.

2.2 Wörter. Relationen und Operationen

2.2.1 Numerierte Paarmengen

Wir beginnen damit, Objekte (Dinge, Elemente etc.) bestimmter endlicher Mengen zu numerieren. Das tun wir so, daß wir jeder (ganzzahligen) Nummer ein Objekt eindeutig zuordnen (" $\mapsto$ "), so etwa

Bestellnummer $\mapsto$ Versandhausartikel

Steuernummer $\mapsto$ Lohn- oder Gehaltsempfänger

Immatrikulationsnummer $\mapsto$ Student einer Hochschule

Postleitzahl $\mapsto$ Postort der BRD

Für eine komplette Beschreibung bedarf es allerdings noch einer Präzisierung der obigen Zuordnungen durch Angabe der betreffenden "Grundmenge". Nur so liegt eindeutig fest, welche Objekte noch mit erfaßt werden bzw. nicht dazu gehören. In obigen Beispielen kann das durch Angabe des betreffenden Kataloges bzw. des jeweiligen Finanzamtes usw. geschehen. Am einfachsten ist es, die Menge der betreffenden Objekte mit ihren Nummern vollständig aufzuzählen.

Beispiel

Nach einem Vorschlag von Admiral Beaufort wurde 1926 eine internationale Windstärkeskala festgelegt, die 13 Klassen von Windstärken benennt. Jede

2.2 Wörter, Relationen und Operationen

Windstärke wird durch ein Intervall von Windgeschwindigkeiten (in m/s) bestimmt, die Numerierung erfolgt von 0 bis 12:

Windstärke-Nummer (i)	Benennung (t_i)	Windgeschwindigkeit (m/s)
0	still	< 0,5
1	sehr leicht	0,6 – 1,7
2	leicht	1,8 – 3,3
3	schwach	3,4 – 5,2
4	mäßig	5,3 – 7,4
5	frisch	7,5 – 9,8
6	stark	9,9 – 12,4
7	steif	12,5 – 15,2
8	stürmisch	15,3 – 18,2
9	Sturm	18,3 – 21,5
10	voller Sturm	21,6 – 25,1
11	schwerer Sturm	25,2 – 29,0
12	Orkan	> 29,0

Für die damit definierten 13 Zuordnungen 0 ↦ still, 1 ↦ sehr leicht,..., 12 ↦ Orkan schreiben wir <u>Paare,</u> die jeweils aus der Nummer und dem Namen des zugeordneten Objekts (hier der Windstärke) bestehen:

$$(0, \text{still}), (1, \text{sehr leicht}), \ldots, (12, \text{Orkan}).$$

Das mathematische Modell der obigen Zuordnungstafel ist damit die *Paarmenge*

$$\{(0, \text{still}), (1, \text{sehr leicht}), \ldots, (12, \text{Orkan})\}.$$

In diesem Beispiel ist die Zuordnung der Nummern zu den Objekten übrigens auch in umgekehrter Richtung eindeutig ("umkehrbar eindeutig"). Das muß aber nicht immer so sein!

Wir verallgemeinern nun den Sachverhalt und schreiben das Paar

$$(i, t_i) \text{ für } i \mapsto t_i$$

Beginnt dann die Numerierung bei i=k und besteht die Paarmenge aus m+1 Elementen (Paaren!), so bekommen wir die Paarmenge

$$\{(k,t_k), (k+1,t_{k+1}), \ldots, (k+m,t_{k+m})\}$$

Wir erinnern daran, daß man jede Menge als Vereinigung der einelementigen Mengen ihrer Elemente schreiben kann (vgl. Band 1 (Algebra)):

$$M = \{a_1, a_2, \ldots, a_n\} = \{a_1\} \cup \{a_2\} \cup \ldots \cup \{a_n\}$$

In Analogie zur Bedeutung des Summenzeichens für

$$S = a_1 + a_2 + \ldots + a_n = \sum_{i=1}^{n} a_i$$

können wir hier das Zeichen $\bigcup$ für die generalisierte Vereinigung benutzen und schreiben

$$M = \{a_1\} \cup \{a_2\} \cup \ldots \cup \{a_n\} = \bigcup_{i=1}^{n} \{a_i\}$$

Entsprechendes gilt für die Summe von n Paaren (a_i, b_i)

$$\sum_{i=1}^{n} (a_i, b_i) = (a_1, b_1) + (a_2, b_2) + \ldots + (a_n, b_n)$$

bzw. für die Vereinigung, sprich: Menge von n Paaren (a_i, b_i)

$$\bigcup_{i=1}^{n} \{(a_i, b_i)\} = \{(a_1, b_1)\} \cup \{(a_2, b_2)\} \cup \ldots \cup \{(a_n, b_n)\}$$
$$= \{(a_1, b_1), (a_2, b_2), \ldots, (a_n, b_n)\}$$

Definition

> Als *numerierte Paarmenge* t bezeichnen wir jede endliche Menge von Paaren (i, t_i), deren Nummern i ein beiderseits abgeschlossenes Intervall auf der Menge **Z** der ganzen Zahlen bilden

2.2 Wörter, Relationen und Operationen

$$t = \{(k,t_k), (k+1,t_{k+1}), \ldots, (k+m,t_{k+m})\}$$
$$= \bigcup_{i=k}^{k+m} \{(i,t_i)\} =: \bigcup_{i=k}^{k+m} (i,t_i)$$

Lies: Menge aller Paare (i,t_i), wobei i von der Nummer k bis zur Nummer k+m läuft ($i \in [k,k+m]$). Nur eine andere Redeweise dafür ist: t ist eine *rechtseindeutige, zweistellige Relation* mit $[k,k+m]$ als Vorbereich und $\{t_k, \ldots, t_{k+m}\}$ als Nachbereich, oder: t ist eine *Abbildung* des Intervalls $[k,k+m]$ von $\mathbb{Z}$ auf die Objektmenge der t_i.

In Erweiterung dieser Definition lassen wir im Hinblick auf kommende Anwendungen auch den Fall zu, daß der Index von t verschieden von der zugehörigen Nummer ist, so z.B. bei

$$\{(4,t_1), (5,t_2), (6,t_3)\} = \bigcup_{i=4}^{6} (i,t_{i-3}) = \bigcup_{i=1}^{3} (i+3,t_i)$$

t_1 hat hier den Index 1, jedoch die Nummer 4, entsprechendes gilt für t_2 und t_3.

Beispiel

Ein Versandhauskatalog enthalte ein altdeutsches Stilmöbel-Set. Dieses werde im Katalog für 1988 und im Katalog für 1989 angeboten, jedoch mit unterschiedlichen Bestellnummern

Objektname $t_i = t_j$	Nummer (1988)	Nummer (1989)	Index i=j
Auszugtisch	394 197	394 518	0
Geschirrschrank A	394 198	394 519	1
Geschirrschrank B	394 199	394 520	2
Truheneckbank	394 200	394 521	3
Stuhl	394 201	394 522	4
Armlehnstuhl	394 202	394 523	5
Sideboard	394 203	394 524	6

Damit entstehen zwei numerierte Paarmengen p und q, bei denen zu gleichen Objektnamen $t_i = t_j$ verschiedene Nummern gehören

$$p = \bigcup_{i=0}^{6} (394\ 197+i, t_i), \quad q = \bigcup_{j=0}^{6} (394\ 518+j, t_j)$$

Hierbei fällt auf, daß jeweils zum gleichen Objekt gehörende Nummern in q (Katalog 1989) um genau 321 größer sind als in p (Katalog 1988). Es hat demnach im neuen Katalog eine gleichmäßige, wir sagen: *lineare Umnumerierung* stattgefunden. Dieser Fall wird uns noch öfters begegnen, wir geben ihm deshalb eine allgemeine mathematische Fassung.

Definition

Seien t,s zwei numerierte Paarmengen mit gleichem Nachbereich $N_t = \{t_k, t_{k+1}, \ldots, t_{k+m}\}$:

$$t = \bigcup_{i=k}^{k+m} (i, t_i) = \{(k, t_k), (k+1, t_{k+1}), \ldots, (k+m, t_{k+m})\}$$

$$s = \bigcup_{i=k+1}^{k+1+m} (i, t_{i-1}) = \{(k+1, t_k), (k+1+1, t_{k+1}), \ldots, (k+1+m, t_{k+m})\},$$

deren Elemente in s eine zum $l \in \mathbb{Z}$ verschiedene Nummer haben gegenüber t. Wir sagen dann, s geht aus t hervor durch eine (lineare) Umnumerierung mit dem (linearen) *Umnumerierungsoperator* U_l und schreiben

$$\boxed{s = U_l(t)}$$

Im obigen Beispiel des Versandhauskataloges ist

$$q = U_{321}(p) \quad \text{mit } l = 321$$
$$\text{bzw.} \quad p = U_{-321}(q) \quad \text{mit } l = -321$$

2.2 Wörter, Relationen und Operationen

Satz

> Die Menge M aller Umnumerierungsoperatoren U_l bildet mit der Komposition (Verkettung, Hintereinanderschaltung) "*" als Verknüpfung eine abelsche Gruppe.

<u>Beweis:</u> Es sind die Gruppenaxiome zu prüfen (vgl. Band 1 (Algebra), 1.6) Zunächst zeigen wir, daß "*" eine innere Operation auf M, also (M,*) Verknüpfungsgebilde ist: numeriert man eine numerierte Paarmenge

$$t = \bigcup_{i=k}^{k+m} (i, t_i)$$

zuerst um l und darauf um l' Einheiten um, so erhält man die gleiche Menge, als wenn man t nur einmal um l+l' Einheiten umnumeriert:

$$U_l(t) = \bigcup_{i=k+l}^{k+l+m} (i, t_{i-l})$$

$$U_{l'} * U_l(t) = U_{l'}(U_l(t)) = \bigcup_{i=k+l+l'}^{k+l+l'+m} (i, t_{i-l-l'})$$

$$= \bigcup_{i=k+(l+l')}^{k+(l+l')+m} (i, t_{i-(l+l')}) = U_{l+l'}(t)$$

Damit übertragen sich Kommutativität und Assoziativität von "+" auf **Z** auf Kommutativität und Assoziativität von "*" auf M. Neutralelement ist U_o (l=0), denn es gilt $U_o(t) = t$ für alle t. Schließlich ist U_{-l} der zu U_l inverse Umnumerierungsoperator:

$$U_{-l} * U_l = U_{l+(-l)} = U_{(-l)+l} = U_o$$

Damit sind alle Eigenschaften für (M,*) als abelsche Gruppe nachgewiesen.

2. Wortstrukturen

Aufgaben zu 2.2.1

1. Nach DIN 1301 sind Vorsätze mit ihren Vorsatzzeichen durch Zehnerpotenzen als Faktoren vor den Einheiten erklärt. Bezeichnen Sie die Vorsätze Milli, Zenti, Dezi, Deka, Hekto und Kilo durch ihre Vorsatzzeichen und ordnen Sie ihnen die betreffenden Zehnerexponenten als Nummern zu. Der Nummer 0 werde die 1 zugeordnet.

   a) Schreiben Sie die damit bestimmte numerierte Paarmenge durch Aufzählen aller Elemente an!

   b) Darstellung als generalisierte Vereinigung mit t_1 für Milli, t_2 für Zenti, ..., t_7 für Kilo?

2. Bei Datenverarbeitungssystemen können wir die Zuordnung $i \mapsto t_i$ so verstehen, daß unter der absoluten Adresse i die Information t_i gespeichert ist. Zweckmäßigerweise wird i als Summe b+i' aus einer festen Basisadresse b und der relativen (Distanz-) Adresse i' dargestellt. Sei $000 \leq i' \leq 999$.

   a) Wie lautet die Adressen-Inhalts-Relation als numerierte Paarmenge t für die absoluten Adressen, beginnend bei der Basisadresse b, für alle i?

   b) Darstellung mit relativer Adressierung?

   c) Durch welchen Umnumerierungsoperator folgt die Paarmenge b) aus t?

   Hinweis: Die Paarmengen bestehen jeweils aus 1000 Elementen!

2.2.2 Wörter. Aufbau und Typisierung

Wir betrachten jetzt solche Paarmengen, deren Numerierung bei der Nummer 0 beginnt. Für diese erklären wir eine einfachere Schreibweise durch Aneinanderreihen der Zeichen.

Definition

Eine bei i=0 beginnende numerierte Paarmenge heiße ein *Wort* (synonym: *Zeichenkette*):

$$t = \bigcup_{i=0}^{n} (i, t_i) =: t_0 t_1 t_2 \ldots t_{n-1} t_n$$

Die Zielmenge A der Zeichen t_i heißt *Zeichenvorrat* oder *Alphabet*.

2.2 Wörter, Relationen und Operationen

Wörter (Zeichenketten) sind demnach numerierte Paarmengen mit einheitlichem Numerierungsanfang 0. Dennoch können auch hier Zeichennummer und Zeichenindex verschieden sein:

$$\bigcup_{i=0}^{n} (i, t_{i+k}) = \{(0, t_k), (1, t_{k+1}), \ldots, (n, t_{k+n})\} = t_k t_{k+1} \ldots t_{k+n}$$

Maßgebend für die Stellung des Zeichens innerhalb des Wortes ist also in jedem Fall seine Nummer (und nicht notwendig der Index!).

Jede numerierte Paarmenge kann durch Umnumerierung auf ein Wort abgebildet werden:

$$t = \bigcup_{i=k}^{k+m} (i, t_i) \qquad \text{(ist für } k \neq 0 \text{ kein Wort!)}$$

$$U_{-k}(t) = \bigcup_{i=0}^{m} (i, t_{i+k}) = t_k t_{k+1} \ldots t_{k+m} \qquad \text{(Wort!)}$$

Als Beispiele für bekannte Alphabete nennen wir

- die Ziffernmenge des Dezimalsystems $A = \{0,1,2,3,4,5,6,7,8,9\}$
- das Alphabet der kleinen lateinischen Buchstaben $A = \{a,b,c,d,e,f,g,h,i,j, k,l,m,n,o,p,q,r,s,t,u,v,w,x,y,z\}$
- die Menge der römischen Zahlzeichen $A = \{I,V,X,L,C,D,M\}$
- der Zeichenvorrat der Morseschrift $A = \{\cdot,-\}$
- der Zeichenvorrat der FORTRAN-Sprache

Im folgenden wollen wir die auf den ungarischen Mathematiker John von Neumann zurückgehende Definition natürlicher Zahlen 0,1,2,3,... verwenden, da sie gelegentlich noch eine Vereinfachung in der Darstellung der Numerierung gestattet. Die Grundidee lautet in vereinfachter Form: man stelle jede natürliche Zahl durch eine Menge dar, die genau so viele Elemente enthält als die betreffende Zahl angibt. Dabei wählt man die leere Menge $\emptyset$ als Definition der 0 (denn $\emptyset$ enthält null Elemente!) und verfährt nun, bei der Definition der darauffolgenden Zahlen, nach der "rekursiven Methode": es wird stets auf die zuvor definierten Begriffe zurückgegriffen:

$$0 := \emptyset$$
$$1 := \{0\} = \{\emptyset\}$$
$$2 := \{0,1\} = \{\emptyset, \{\emptyset\}\}$$
$$3 := \{0,1,2\} = \{\emptyset, \{\emptyset\}, \{\emptyset, \{\emptyset\}\}\}$$

$$n := \{0,1,2,\ldots, n-1\}$$
$$n+1 := \{0,1,2,\ldots, n-1,n\}$$

Dem Leser wird auffallen, daß hier gerade die Mengen zur Definition herangezogen werden, die wir als Nummernbereiche für unsere Wörter benötigen.

Beispiel

1. $5 = \{0,1,2,3,4\}$, also $3 \in 5$, $7 \notin 5$, $0 \in 5$
2. $\{0,1,2,\ldots,n\} = n+1 = [0,n]$, $n \in n+1$, $n+1 \notin n+1$
3. $[0,n-1] = \{0,1,2,\ldots,n-1\} = n$
4. $[0;9] = 10$ (Alphabet der Dezimalziffern)
5. $[0;1] = \{0;1\} = 2$ (Alphabet der Dualsystem-Ziffern)
6. $[3;7] = \{3,4,5,6,7\} = \{0,1,2,3,4,5,6,7\} \setminus \{0,1,2\} = 8 \setminus 3$
7. $[n,m] = (m+1) \setminus n$

Für Wörter mit n bzw. n+1 Zeichen können wir damit ab jetzt schreiben:

$$t = t_0 t_1 \ldots t_{n-1} = \bigcup_{i=0}^{n-1} (i,t_i) = \bigcup_{i \in n} (i,t_i)$$

$$t = t_0 t_1 \ldots t_n = \bigcup_{i=0}^{n} (i,t_i) = \bigcup_{i \in n+1} (i,t_i)$$

Ob eine Zahl in diesem Sinn als Menge zu verstehen ist oder als Zahlzeichen im üblichen Sinn, muß jeweils dem betreffenden Kontext entnommen werden.

Die Schreibweise $i \in n$ bzw. $i \in n+1$ läßt die Anzahl n bzw. n+1 der Zeichen des Wortes sofort erkennen. Dafür geben wir noch die

2.2 Wörter, Relationen und Operationen

Definition

Die Anzahl der Zeichen eines Wortes t (einer Zeichenkette t) heißt die *Länge* $|t|$ des Wortes

$$t = t_0 t_1 \ldots t_{n-1} \iff : |t| = n$$

Das Wort der Länge null heißt *leeres Wort* ε:

$$t = \varepsilon : \iff |t| = 0$$

Nach der Länge können wir nun eine *Typisierung* von Zeichenketten vornehmen. Typisieren heißt hier: Angabe einer Menge, als deren Element ein betreffendes Wort auftritt. Es bedeutet aber nicht, daß jedes Element der angegebenen Menge in der Praxis vorkommen muß (vergleiche die Beispiele 8 bis 17). Solche Mengen von Wörtern heißen auch Wortmengen

Definition

1. Für die Menge aller Wörter über dem Alphabet A* (lies: A-Stern) geschrieben.

2. Die Menge aller Wörter der festen Länge n über dem Alphabet A werde mit A_n^* bezeichnet

$$A_n^* := \{t \mid t \in A^* \land |t| = n\}$$

3. Mit $A_{\in n}^*$ werde die Menge aller Wörter über dem Alphabet A, deren Länge kleiner als n ist, bezeichnet

$$A_{\in n}^* := \{t \mid t \in A^* \land |t| < n\}$$

Zum 3. Teil der Definition: der Index "$\in n$" soll zum Ausdruck bringen, daß hier (als Länge des Wortes) ein Element der Menge n stehen kann, also eine der Zahlen $0, 1, 2, \ldots, n-1$. Diese bezeichnen aber gerade die Wortlängen kleiner als n. Anders formuliert: ist t ein Wort dieser Menge, so folgt

$$t \in A_0^* \text{ oder } t \in A_1^* \text{ oder } \ldots \text{ oder } t \in A_{n-1}^*$$

$$\iff$$

$$t \in A_0^* \cup A_1^* \cup \ldots \cup A_{n-1}^* = \bigcup_{i \in n} A_i^* = A_{\in n}^*$$

Gelegentlich schreiben wir noch A^+ für $A^* \setminus \{\varepsilon\}$, d.i. die Menge der nichtleeren Wörter über A.

Beispiele

8. $A = \{0,1\}$, $A^* = \{\varepsilon, 0, 1, 00, 01, 10, 11, 000, 001, \ldots\}$
9. $A = \{a,b\}$, $A_2^* = \{aa, ab, ba, bb\}$
10. Vierstellige Telefonnummer: $t \in 10_4^*$
11. Tippreihe beim Fußballtoto: $t \in 3_{11}^*$
12. Byte (8-Bit-Kette) im Binärcode: $t \in 2_8^*$
13. Morsewort: $t \in \{\cdot, -\}_{\in 6}^*$
14. Postleitzahl ohne Folgenullen: $t \in 10_{\in 5}^*$
15. KFZ-Abkürzung für Kreisstädte: $t \in A_{\in 4}^*$
    (A bedeutet hier das Alphabet der großen lateinischen Buchstaben einschließlich Ä, Ö, Ü)
16. Monatsname (A gemäß Beispiel 15): $t \in A_{\in 10}^*$
17. Dezimalziffer im Dualcode: $t \in 2_{\in 5}^*$

Typisierungen dieser Art sind besonders bei der Festlegung von Bereichs- und Formatangaben für numerische oder alphanumerische Zeichenketten nützlich, so etwa bei Darstellungen für Datenstrukturen oder in der Praxis der Datenorganisation.

<u>Anwendung auf Zahlwörter</u>

Es ist üblich, vorzeichenlose ganze positive Dezimalzahlen in Form einer Dezimalziffern-Kette zu schreiben, also etwa das Zahlwort "viertausendfünfhunderteinunddreißig" in der Kurzform 4531 darzustellen. Dabei sind wir uns bewußt, daß jedes Zeichen hier einen Ziffernwert und einen Stellenwert besitzt:

$$4531 = 4 \cdot 1000 + 5 \cdot 100 + 3 \cdot 10 + 1 \cdot 1$$

und allgemein für jede solche Dezimalzahl

$$t_0 t_1 \ldots t_n = t_0 \cdot 10^n + t_1 \cdot 10^{n-1} + \ldots + t_n \cdot 10^0 = \sum_{i=0}^{n} t_i \cdot 10^{n-i} \qquad (*)$$

gilt ($t_i \in 10$). Entsprechendes gilt für Zahlen anderer Stellenwertsysteme. Damit besitzen diese Zeichenketten eine bestimmte Interpretation, die eben durch (*) definiert ist. Die allgemeine Definition von "Wort" (s.o.) ist hingegen rein syntaktisch. Wir erklären eine Abbildung φ, die formal den Zusammenhang herstellt. Allgemein haben wir numerierte Zeichen und eine

2.2 Wörter, Relationen und Operationen

Vereinigung von Zahlenpaaren $\{(i,t_i)\}$; bei den Dezimalziffernketten haben wir mit t_i gewichtete (multiplizierte) Zehnerpotenzen 10^{n-i}, und diese werden addiert. Demnach liegt es nahe, eine Abbildung φ so zu erklären, daß die Zuordnung

$$\{(i,t_i)\} \mapsto t_i \cdot 10^{n-i} \quad \text{bzw.} \quad \varphi\{(i,t_i)\} = t_i \cdot 10^{n-i}$$

erfolgt; ferner fordern wir für φ die "Verknüpfungstreue"

$$\varphi\{(i,t_i), (j,t_j)\} = \varphi(\{(i,t_i)\} \cup \{(j,t_j)\})$$
$$= \varphi\{(i,t_i)\} + \varphi\{(j,t_j)\} = t_i \cdot 10^{n-i} + t_j \cdot 10^{n-j}$$

Damit erreichen wir nämlich, daß φ eine Zeichenkette unserer Definition auf eine Dezimalziffernkette gleicher Länge (und gleicher Zeichen t_i) abbildet:

$$\varphi\left(\bigcup_{i=0}^{n} (i,t_i)\right) = \sum_{i=0}^{n} \varphi\{(i,t_i)\} = \sum_{i=0}^{n} t_i \cdot 10^{n-i}$$

Wenn sich für beide Gebilde die Schreibweise $t_0 t_1 \ldots t_n$ eingebürgert hat, so liegt dies an ihrer Zweckmäßigkeit. Welche Bedeutung im konkreten Beispiel gemeint ist, muß man, wie gesagt, dem Kontext entnehmen.

<u>Anwendung auf Wörter der Ljapunow-Sprache</u>

Die von dem sowjetischen Mathematiker Ljapunow in den fünfziger Jahren entwickelten "logischen Programm-Schemata" gestatten eine besonders elegante, weil mit wenig Zeichen auskommende Darstellung eines Algorithmus als Zeichenkette. Mit Algorithmus meinen wir an dieser Stelle eine systematische Verfahrens- (speziell: Rechen-) Vorschrift zur Lösung einer Klasse von Problemen. Eine Präzisierung dieses Begriffs erfolgt in Abschnitt 2.4.3. Die Ljapunow-Sprache verwendet vier Sorten von *Zeichen*:

$A, B, C, \ldots$ für alle Operationen, Ein und Ausgaben
$p_1, q_2, r, \ldots$ für JA-NEIN-Entscheidungen
$\uparrow^1, \downarrow_1, \uparrow^2, \ldots$ für die Kennzeichnung bedingter Sprünge
$\cdot$ für das logische Ende

Die Anwendung geschieht nach folgenden *Regeln:*

1. Die Zeichenkette wird von links nach rechts entwickelt und gelesen.

2. Nach jeder binären Entscheidung steht ein auslaufender numerierter Pfeil, z.B. $\uparrow^1$; dieser wird jedoch nur dann befolgt, wenn die Bedingung erfüllt ist (JA). In diesem Fall wird die Zeichenkette an der Stelle weiter gelesen, an der der einlaufende Pfeil $\downarrow_1$ gleicher Nummer steht.

3. Ist eine Bedingung nicht erfüllt (NEIN), so wird der auslaufende Pfeil nicht beachtet, d.h. die Zeichenkette ohne Unterbrechung weitergelesen.

4. Kommt man ohne Sprung an einen einlaufenden Pfeil $\downarrow$, so wird dieser nicht beachtet.

5. Nach einem Punkt "." wird die Zeichenkette nicht weiter gelesen (Ende der Verarbeitung)

Wir erläutern die Ljapunow-Sprache am Beispiel der Schaltjahr-Regel (Papst Gregor XIII., 1582): Ein Jahr ist Schaltjahr (366 Tage), wenn die Jahreszahl durch 4 teilbar ist, ausgenommen die nicht durch 400 teilbaren Jahrhunderte. Sonst hat das Jahr 365 Tage. Die algorithmische Analyse des Textes führt auf drei Operationen (A: Eingabe der Jahreszahl J, B: Ausgabe "J ist kein Schaltjahr", C: Ausgabe "J ist Schaltjahr") und drei JA-NEIN-Entscheidungen (p: ist J teilbar durch 4?, q: ist J teilbar durch 100?, r: ist J teilbar durch 400?) Abbildung 34 zeigt den Ablaufplan (das Flußdiagramm). Damit läßt sich der Algorithmus als ein Wort (eine Zeichenkette) der Länge 16 in der Ljapunow-Sprache anschreiben:

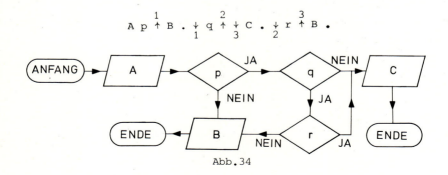

Abb. 34

2.2 Wörter, Relationen und Operationen

Aufgaben zu 2.2.2

1. Typisieren Sie folgende Worte t:

    a) Postleitzahl mit Folgenullen
    b) Name eines Wochentages
    c) Tetrade (Binärcode)
    d) Ortsnetz-Kennzahl der Fernsprechvermittlung
    e) Name einer FORTRAN-Variablen

2. Geben Sie folgende Wortmengen durch Aufzählen sämtlicher Elemente an:

    a) $\{x, y, z\}_3^*$ b) $\{x, y, z\}_{\in 3}^*$

3. Mit welchem Wort der Ljapunow-Sprache kann ein Algorithmus für die Bestimmung der größten von drei (paarweise verschiedenen reellen) Zahlen x, y, z beschrieben werden?

2.2.3 Relationen zwischen Wörtern

Wir haben Wörter als Mengen erklärt. Zwischen Mengen kennen wir die Gleichheits- und Teilmengenrelation. Beide wollen wir in geeigneter Weise auf Zeichenketten übertragen.

Die Gleichheit zweier numerierter Paarmengen, deren Nummern beide bei 0 beginnen, zieht die Gleichheit von je zwei Paaren gleicher Nummer nach sich und damit die Gleichheit gleichnumerierter Zeichen:

$$\{(0,s_0), (1,s_1), \ldots, (m,s_m)\} = \{(0,t_0), (1,t_1), \ldots, (n,t_n)\}$$

$$\Rightarrow (0,s_0) = (0,t_0) \Rightarrow s_0 = t_0$$
$$\Rightarrow (1,s_1) = (1,t_1) \Rightarrow s_1 = t_1 \quad \text{etc.}$$

Ferner muß die Anzahl der Paare in beiden Mengen gleich sein. Diese Überlegungen führen zu der

Definition

> Zwei Wörter (Zeichenketten) s, t über dem Alphabet A
>
> $$s = s_0 s_1 \ldots s_m, \qquad t = t_0 t_1 \ldots t_n$$
>
> heißen gleich, s = t, wenn sie

> 1. *gleiche Länge* haben: $|s|=|t|$ (d.h. m=n) und
> 2. *zeichenweise übereinstimmen*: $s_i = t_i$ für alle $i \in n+1$.

Den Begriff des Teilwortes kennt der Leser von den natürlichen Sprachen her. So ist etwa LAUB ein Teilwort von GLAUBE, WORT ein Teilwort von TEILWORT. Bei unseren Betrachtungen sehen wir von einer inhaltlichen Bedeutung ab und nennen z.B. bca ein Teilwort von aabcab, weil die Zeichen b, c und a dort in der gleichen Anordnung auftreten. Man beachte aber, daß bca keine Teil*menge* von aabcab ist, da die Numerierung in beiden Wörtern verschieden ist:

$$bca = \{(0,b), (1,c), (2,a)\};$$
$$aabcab = \{(0,a), (1,a), (2,b), (3,c), (4,a), (5,b)\}$$

Für die Teilwortbeziehung genügt es, die Übereinstimmung der Zeichen von bca mit einem Teil (oder allen) der Zeichen in aabcab zu verlangen.

Definition

> Seien $s = s_0 s_1 \ldots s_{m-1}$ und $t = t_0 t_1 \ldots t_{n-1}$ zwei Wörter über dem Alphabet A. Dann heißt s ein *Teilwort* von t, geschrieben $s \sqsubset t$, wenn es eine Stelle k in t so gibt, daß ab k in t alle Zeichen von s mit den nächsten m Zeichen von t übereinstimmen:
>
> $$\boxed{s \sqsubset t :\Longleftrightarrow s_i = t_{i+k} \text{ für ein } k \in n \text{ und alle } i \in m}$$

Zum besseren Verständnis schreiben wir beide Zeichenketten noch einmal ausführlich auf, wobei wir gleiche Zeichen untereinander setzen:

$$t = t_0 t_1 t_2 \ldots t_{k-1} \; t_k \; t_{k+1} \ldots t_{k+m-1} \; t_{k+m} \ldots t_{n-1}$$
$$s = \qquad\qquad\qquad s_0 \; s_1 \; \ldots s_{m-1}$$

Man sieht, daß bei gegebenen Längen m für s und n für t die Teilwort-Relation $s \sqsubset t$ nur dann bestehen kann, wenn die Ungleichung

$$k+m-1 \leq n-1 \Longleftrightarrow k \leq n-m$$

gilt. Übrigens kann ein und dasselbe Teilwort an mehreren Stellen eines Wortes auftreten, so etwa cbc in acbcbcbcb für k=1, k=3 und k=5.

2.2 Wörter, Relationen und Operationen

Beispiel

Die "Internationale Standard Buch Nummer" ISBN ist vereinbarungsgemäß ein Wort der Länge 10 über der Menge 10 ∪ {x} der Dezimalziffern und des Zeichens x

$$t \in (10 \cup \{x\})^*_{10}$$

typisiert. Sie lautet für Band 1 (Algebra, 5.Auflage) dieses Buches

$$3540174796 \ [1)$$

Folgende Teilwörter haben eine selbständige Bedeutung:

$$t_0 = \bigcup_{i \in 1} (i, t_i) = 3 \ : \text{Gruppennummer für nationale Sprachgruppen (hier: deutschsprachig)}$$

$$t_1 t_2 t_3 = \bigcup_{i \in 3} (i, t_{i+1}) = 540 \ : \text{Verlagsnummer (hier: Springer-Verlag Berlin - Heidelberg - New York)}$$

$$t_4 t_5 t_6 t_7 t_8 = \bigcup_{i \in 5} (i, t_{i+4}) = 17479 \ : \text{Titelnummer (hier: Anwendungsorientierte Mathematik, Band 1 (Algebra))}$$

$$t_9 = \bigcup_{i \in 1} (i, t_{i+9}) = 6 \ : \text{Kontrollziffer (Prüfsymbol)}$$

Satz

Ist s Teilwort von t, so gibt es stets einen Umnumerierungsoperator U_k, dessen Anwendung auf s eine *Teilmenge* von t erzeugt.

<u>Beweis</u>: Sei $s = s_0 s_1 \ldots s_{m-1} = \bigcup_{i \in m} (i, s_i) = \bigcup_{i \in m} (i, t_{i+k})$

und $t = t_0 t_1 \ldots t_{n-1} = \bigcup_{i \in n} (i, t_i)$ mit $m + k \leq n$

$$\Rightarrow U_k(s) = \bigcup_{i=k}^{k+m-1} (i, s_{i-k}) = \bigcup_{i \in (k+m) \setminus k} (i, t_i) \subset \bigcup_{i \in n} (i, t_i) = t$$

[1) Zur besseren Lesbarkeit werden die Teilwörter oft durch Bindestrich getrennt, hier: 3-540-17479-6

Man beachte, daß $U_k(s)$ zwar eine numerierte Teilmenge, aber nur für k=0 auch ein Wort ist. Anders formuliert: ein Teilwort s von t ist zugleich auch Teilmenge von t, s ⊂ t, dann und nur dann, wenn die Übereinstimmung der Zeichen ab Nummer k=0 erfolgt.

Satz

Auf der Menge A* aller Wörter über dem Alphabet A liefert die Teilmengen-Relation "⊂" eine (nichtstrenge) Ordnungsrelation.

Beweis: Jedes Wort ist Teilwort von sich selbst: t ⊂ t (Reflexivität). Wechselseitige Teilwortbeziehung ist äquivalent der Wortgleichheit:
t ⊂ t' ∧ t' ⊂ t ⟺ t = t' (Identitivität). Schließlich ist "⊂" transitiv:
t ⊂ t' ∧ t' ⊂ t'' ⟹ t ⊂ t''. Damit sind alle Eigenschaften einer Ordnungsrelation nachgewiesen (vgl.I,1.2.4)[1].

Beispiel

Man stelle sämtliche nicht-leeren Teilwörter des Wortes t = abcd in einem Hasse-Diagramm (vgl.I,1.2.4) dar! Lösung: Abbildung 35. Jede Teilwortbeziehung s ⊂ t wird durch eine Kante von s nach t, die aufwärts gerichtet zu denken ist, dargestellt. Schlaufen (Reflexivität!) und mittelbare Beziehungen (Transitivität!) werden beim Hasse-Diagramm weggelassen.

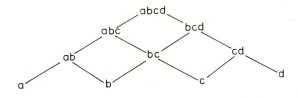

Abb. 35

Definition

Ein Teilwort s von t heißt *echtes Teilwort* von t, s ⊏ t, wenn s ≠ t ist:

$$s \sqsubset t :\Longleftrightarrow s \subset t \land s \neq t$$

---

[1] Mit dieser Symbolik wird hier und im folgenden auf den Band 1 (Algebra) dieser Reihe, Abschnitt 1.2.4, verwiesen

2.2 Wörter, Relationen und Operationen

Satz

Auf der Menge A* aller Wörter über dem Alphabet A ist die Relation "⊏" eine strenge Ordnungsrelation.

Beweis: Gilt s ⊏ t, so kann niemals zugleich t ⊏ s gelten (Asymmetrie). Ferner ist "⊏", ebenso wie "⊂", transitiv: t ⊏ t' ∧ t' ⊏ t" ⟹ t ⊏ t". Damit sind alle Eigenschaften einer strengen Ordnungsrelation nachgewiesen. Man vergleiche die nämliche Eigenschaft für die "Echte-Teilmengen-Relation".

Definition

Seien $s = s_0 s_1 \ldots s_{m-1}$, $t = t_0 t_1 \ldots t_{n-1}$, s ⊏ t mit $s_i = t_{i+k}$ für alle i∈m. Dann heißt das Teilwort s
1) ein *Präfix* von t, falls k = 0 ist
2) ein *Postfix* von t, falls k = n-m ist.

Anschaulich: Ein Teilwort ist Präfix von t, wenn die Übereinstimmung der Zeichen links vorn bei t beginnt (es ist dann zugleich Teilmenge von t); während ein Postfix von t die Übereinstimmung der Zeichen bis zum (rechten) Ende von t besitzt (Abb.36).

Abb.36

A = {a,b,c}, t = cbabccbba. Präfixe sind z.B. c, cb, cba, aber auch t selbst. Postfixe sind z.B. a, ba, bba, aber auch t selbst.

Beispiel

Sei A das Alphabet der großen und kleinen lateinischen und griechischen Buchstaben, vereinigt mit der Menge der Dezimalziffern und der mathematischen Sonderzeichen. Dann ist jeder mathematische Term als Wort über A darstellbar. Bezüglich der Schreibweise bei Operationen unterscheidet man:
1. die *Präfixnotation* (umgekehrte polnische Notation), bei der die Operationsvorschrift Präfix der Termzeichenkette ist, z.B.

   sin x, -a, MAX (a,b,c), ln 3, Df(x), ¬ q

2. die *Postfixnotation* (polnische Notation), bei der die Operationsvorschrift als Postfix der Termzeichenkette steht, z.B.

$$x^3, A^*, y', f'', f_x, f_{xy}, a-$$

3. die *Infixnotation*, bei welcher das Verknüpfungszeichen zwischen den Operanden steht (also weder Präfix noch Postfix der Zeichenkette ist), z.B.

$$a+b, a-b, a:b, a*b, a{\wedge}b, a{\vee}b$$

Anwendung auf Codierungsprobleme

Vorgelegt sei eine Abbildung π des Alphabets A = {a,b,c,d} in die Wortmenge B* = {0,1}* mit folgender Zuordnung

$$a \mapsto 00, b \mapsto 01, c \mapsto 100, d \mapsto 111$$

π heißt eine (Binär-) Codierung, die Wörter 00, 01, 100, 111 werden Codewörter (oftmals nur "Code") genannt. Solche Codierungen werden z.B. erforderlich, wenn Informationen von einem Gerät auf ein anderes zu übertragen sind und beide Geräte aus technischen Gründen mit verschiedenen Alphabeten arbeiten. Abb.37 zeigt die graphentheoretische Darstellung von π als "Codierbaum".

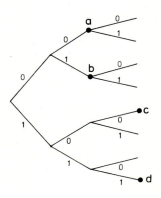
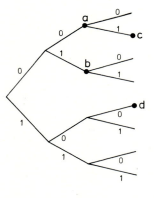

Abb.37   Abb.38

2.2 Wörter, Relationen und Operationen

Von der *Decodierung* fordert man, daß beliebigen Wörtern aus B* = {0,1}* jeweils höchstens ein Wort aus A* zugeordnet wird. In unserem Beispiel sind etwa die Codeworte 000, 11, 101, 1111, 0101001 nicht decodierbar, ihnen läßt sich kein Wort aus A* zuordnen. Hingegen findet man

$$100010011110000 \mapsto cbadca$$

Man lese das Codewort von links nach rechts und decodiere nacheinander das Präfix des noch nicht decodierten Teilcodewortes. Eine einfach überprüfbare, hinreichende Bedingung für eine nicht-mehrdeutige Decodierung liefert das *Fano-Kriterium*:

| Einem Codewort aus B* wird höchstens ein Wort aus A* zugeordnet, wenn π so gewählt wird, daß kein Codewort Präfix eines anderen Codewortes ist.

Das Fano-Kriterium ist in unserem Beispiel erfüllt, also kann niemals der Fall eintreten, daß einem Codewort aus B mehr als ein Wort aus A zugeordnet wird. Am Codebaum erkennt man das Bestehen der Fano-Bedingung daran, daß kein Element aus A sich auf einem Ast befindet, in dessen weiterer Verästelung noch ein Element von A liegt. Das bedeutet: die Eindeutigkeit der Decodierung ist bei Verletzung des Fano-Kriteriums nicht mehr in jedem Fall gesichert. Auch dazu ein Beispiel (Abb.38)

$$\pi' : A \to B^* \text{ mit } a \mapsto 00, b \mapsto 01, c \mapsto 001, d \mapsto 100$$

Damit läßt sich z.B. dem Wort 1000010001 sowohl das Wort dadb als auch das Wort dcab zuordnen, d.h. die Eindeutigkeit der Decodierung besteht jetzt nicht mehr. Bei π' ist nämlich $\pi'(a) = 00$ Präfix des Codewortes $\pi'(c) = 001$. Im Codebaum für π' (Abb.38) liegt c auf der Verlängerung des Astes, auf dem sich bereits a befindet.

Aufgaben zu 2.2.3

1. Geben Sie die Menge aller nicht-leeren Teilwörter von folgenden Wörtern in aufzählender Form an:

    a) abcd,   b) aaabb,   c) aaaa

2. Bezeichne T_n die Anzahl aller nicht-leeren Teilwörter eines Wortes t der Länge n.

a) Stellen Sie eine Rekursionsformel zwischen T_n und T_{n-1} auf, falls t aus lauter (paarweise) verschiedenen Zeichen besteht.

b) Berechnen Sie T_n aus a). Formel für T_n?

c) Beantworten Sie die Aufgaben a) und b) für den Fall, daß t aus lauter gleichen Zeichen besteht!

3. Gegeben seien drei Binär-Codierungen π, π', π":
π: {a,b,c,d,e,f,g,h} → {0,1}* mit a ↦ 00, b ↦ 01, c ↦ 100, d ↦ 101, e ↦ 1100, f ↦ 1101, g ↦ 1010, h ↦ 1111

π': {a,b,c,d,e,f,g,h} → {0,1}* mit a ↦ 00, b ↦ 01, c ↦ 100, d ↦ 101, e ↦ 1100, f ↦ 1101, g ↦ 1110, h ↦ 1111

π": {a,b} → {0,1}* mit a ↦ 0, b ↦ 01.

Zeichnen Sie sich die zugehörigen Codebäume auf!

Welche der drei Codierungen

a) erfüllen das Fano-Kriterium?

b) sind eindeutig decodierbar?

2.2.4 Einstellige Wortoperationen

Wir haben den Aufbau und die wichtigsten Beziehungen von Wörtern kennegelernt. Jetzt wollen wir mit Wörtern *operieren*. Damit bekommen wir ein Mittel in die Hand, den Prozeß der Datenumwandlung und -verarbeitung mathematisch zu beschreiben. Es wird sich zeigen, daß man mit ganz wenigen Wortoperationen auskommt, um eine gegebene Zeichenkette in eine andere umzuformen. Zur Veranschaulichung denken Sie sich bitte eine quadratische Gleichung $ax^2+bx+c = 0$, deren reelle Lösungen gesucht sind. Falls man dann etwa vereinbart, die Koeffizienten a,b,c als vorzeichenbehaftete ganze Zahlen zweistellig einzugeben und die Lösungen im gleichen Format auszudrücken, würde z.B. die Zeichenkette +01-06-91 umgewandelt in das Wort +13-07. Oder: Man läßt vom Rechner aus einer Folge dreistelliger vorzeichenloser Zahlen die größte heraussuchen. Dann würde z.B. das Wort 427167007513206 umgewandelt in das Wort 513. Das ist übrigens eine Abbildung des gegebenen Wortes auf ein Teilwort und damit bereits ein Beispiel für eine der unten erklärten einstelligen Wortoperationen. Wir werden solche Abbildungen von A^* in sich (oder auf sich) durch *Operatoren* beschreiben. Ein solcher Operator ordnet einem Wort aus A^* wieder ein Wort aus A^* zu. Zwei Wort-Operatoren werden im folgenden erklärt. Beide gehen davon aus, daß aus einem Wort t ein Teilwort p herausgezogen ("extrahiert") wird.

2.2 Wörter, Relationen und Operationen

Bei der Extraktion - bewirkt durch den E-Operator - wird t dieses Teilwort p zugeordnet. Bei der Kontraktion - bewirkt durch den K-Operator - ziehen wir die nach der Extraktion verbliebenen Restzeichen zusammen und konstruieren daraus das Wort s. Betrachten Sie dazu Abb.39! Gleiche Zeichen stehen jeweils untereinander. Bitte lesen Sie daraus die in den folgenden Definitionen gegebenen Zuordnungsvorschriften direkt ab!

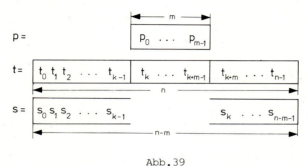

Abb.39

Definition

Als *Extraktion* eines Wortes p der Länge m aus einem Wort t der Länge n ab Stelle $k \in n$ erklären wir den *Operator* $E_{k,m}$, der t das Teilwort p zuordnet:

$$E_{k,m} : A^* \to A^* \text{ mit } t \mapsto E_{k,m}(t) = p = \bigcup_{i \in m} (i, p_i) = \bigcup_{i \in m} (i, t_{i+k})$$

Für die Nummer k muß auch hier die Ungleichung $k \leq n-m$ erfüllt sein. Ihr Bestehen setzen wir im folgenden stets voraus. Als Sonderfälle beachte man die Extraktion $E_{k,0}$ (m=0), die jedes Wort auf das leere Wort ε abbildet:

$$E_{k,0}(t) = \varepsilon,$$

ferner die Extraktion $E_{0,n}$ für $n = |t|$, die jedes Wort auf sich selbst abbildet und damit für jedes solches n eine identische Extraktion bedeutet.

$$E_{0,|t|}(t) = t$$

Beispiel

Das von den Sparkassen der Bundesrepublik Deutschland benutzte "Einheitliche Konten-Nummern-System" EKONS verwendet achtstellige Dezimalziffern-Ketten zur Kontonummer-Beschreibung. Die Typisierung eines EKONS-Wortes lautet damit

$$t \in 10_8^*$$

Verabredungsgemäß besitzen folgende Teilwörter eine selbständige Bedeutung:

$$E_{0,2}(t) = t_0 t_1 \quad \text{(Gruppennummer)}$$
$$E_{2,1}(t) = t_2 \quad \text{(Reservenummer)}$$
$$E_{3,4}(t) = t_3 t_4 t_5 t_6 \quad \text{(Stammkontonummer)}$$
$$E_{7,1}(t) = t_7 \quad \text{(Kontrollziffer)}$$

Satz

Die Extraktion aus einem extrahierten Wort, also die Nacheinanderausführung "*" zweier Extraktionen, kann als eine einzige Extraktion ausgeführt werden:

$$\boxed{E_{k',m'} * E_{k,m} = E_{k+k',m'} \quad (m' \leq m)}$$

"*" ist *assoziativ*, d.h. für $m'' \leq m' \leq m$ gilt

$$(E_{k'',m''} * E_{k',m'}) * E_{k,m} = E_{k'',m''} * (E_{k',m'} * E_{k,m})$$

Der Beweis bleibe dem Leser überlassen. Man beachte noch, daß auf jeder Teilmenge A_n^* der Operator $E_{0,n}$ die Rolle des Neutralelementes bezüglich der Verkettung "*" spielt.

Definition

Als *Kontraktion* des Wortes t der Länge n ab Stelle $k \in n$ erklären wir den *Operator* $K_{k,m}$, der dem Wort t die nach Extraktion des Teilwortes p der Länge m verbliebene Zeichenkette wie folgt zuordnet (vgl.Abb.39)

$$K_{k,m}: A^* \to A^* \text{ mit } t \mapsto K_{k,m}(t) =: s = \bigcup_{i \in n-m} (i, s_i)$$

$$= \bigcup_{i \in k} (i, t_i) \cup \bigcup_{i \in (n-m) \setminus k} (i, t_{i+m})$$

2.2 Wörter, Relationen und Operationen

Eine direkte Folgerung aus dieser Definition sind die Formeln

$$K_{0,n}(t) = \varepsilon \text{ für } |t| = n$$
$$K_{k,0}(t) = t \text{ für alle } t \in A^*$$

Kontraktionen kommen zur Anwendung, wenn aus Stapeln, Warteschlangen etc. bestimmte Elemente herausgenommen und die verbliebenen Elemente wieder zu einer Zeichenkette zusammengezogen werden.

Beispiel

Das Wort t = NUMMERRIERUNG kann auf zwei Wegen durch zweimalige Anwendung des K-Operators in das (orthographisch richtige) Wort t" = NUMERIERUNG umgewandelt werden. Lösung:

a) $K_{2,1}(t)$ = NUMERRIERUNG, t" = $K_{4,1}(K_{2,1}(t))$
b) $K_{5,1}(t)$ = NUMERRIERUNG, t" = $K_{2,1}(K_{5,1}(t))$

Aufgaben zu 2.2.4

1. Der Ladebefehl einer Ein-Adreß-Maschine sei ein Kurzbefehl fester Länge von 16 Bits, also durch $t \in 2_{16}^*$ typisiert. Um die Wirkungsweise des Befehls zu erkennen, sind folgende Teilwörter selbständig erklärt und zwar:

   Bit 0 bis 4   : der Operationsschlüssel
   Bit 5   : Kennbit für direkte (indirekte) Adressierung
   Bit 6 bis 7   : Anzeiger für Indexregister
   Bit 8 bis 15   : Relative Adresse des Operanden

   a) Darstellung der Teilwörter als Extraktionen aus t?
   b) Darstellung der Teilwörter durch Kontraktionen von t?

2. Ein Wort t bestehe aus einem Präfix der Länge k, einem "Mittelstück" (Infix) der Länge m und einem Postfix der Länge l. Stellen Sie die Formel für das Mittelstück auf, die sich nach zwei Möglichkeiten durch doppelte Anwendung des K-Operators ergibt! Darstellung als Extraktion?

3. In einer durch

   $$t \in 10_n^*$$

   typisierten Dezimalzahl sollen die führenden Nullen unterdrückt werden. Man erhält dabei eine durch

   $$t' \in 10_{\varepsilon n+1}^*$$

   typisierte Dezimalzahl. Sei t_k ($k \in n$) die vorderste von null verschiedene Ziffer. Beschreiben Sie t' durch den E und K-Operator. Welche allgemeine Formel folgt daraus?

2.2.5 Zweistellige Wortoperationen

In vielen Fällen muß man bei Dateiänderungen eine Zeichenkette t an einer Stelle k aufbrechen, um von dieser Nummer ab eine zweite Zeichenkette p einzuschmelzen. Das neu entstandene Wort s ist dabei das Ergebnis einer zweistelligen Wortverknüpfung: <u>p wird in t eingefügt, und dabei ergibt sich das neue Wort</u> s. Anhand der folgenden Abb.40 liest man sofort ab, wie sich die Zeichen s_i aus den t_i und p_i ergeben

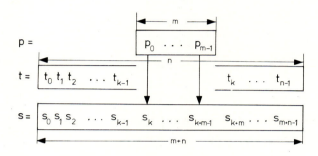

Abb.40

Das neue Wort s ist demnach die Vereinigung dreier Mengen:

1. das Präfix von s bis zur Nummer k-1 ist identisch mit dem gleichlangen Präfix von t:

$$s_i = t_i \text{ für } i \in [0,k-1] = k$$

2. das Mittelstück (Infix) von s mit den Nummern k bis k+m-1 ist identisch mit der eingeschmolzenen Zeichenkette p der Länge m:

$$s_i = p_{i-k} \text{ für } i \in [k,k+m-1] = (k+m) \setminus k$$

3. das Postfix von s mit den Nummern k+m bis m+n-1 ist identisch mit dem Postfix von t:

$$s_i = t_{i-m} \text{ für } i \in [k+m,m+n-1] = (m+n) \setminus (k+m)$$

Man beachte, daß hier für k die Ungleichung $0 \leq k \leq n$ gelten soll.

2.2 Wörter, Relationen und Operationen

Definition

Als *Einschmelzung* eines Wortes $p \in A_m^*$ in ein Wort $t \in A_n^*$ ab einer Stelle k verstehen wir die zweistellige Wortoperation φ_k gemäß

$$\varphi_k : A_n^* \times A_m^* \to A^* \text{ mit } (t,p) \mapsto s := \varphi_k(t,p)$$

$$= \bigcup_{i \in k} (i, t_i) \cup \bigcup_{i \in (k+m) \setminus k} (i, p_{i-k}) \cup \bigcup_{i \in (m+n) \setminus (k+m)} (i, t_{i-m})$$

Beispiel

$A = \{a,b,c,d,e\}$, $t = acbbda$, $p = eda$

1. Einschmelzung erfolge ab Stelle k=4 (d.h. p kommt vor t_4):

   $\varphi_4(t,p) = acbbedada$

2. Einschmelzung erfolge ab Stelle k=0 (d.h. p wird t links vorangesetzt, p ist neues Präfix von t): $\varphi_0(t,p) = edaacbbda$

3. Einschmelzung erfolge ab Stelle k=6 (=n) (d.h. p wird t rechts hintenangesetzt, p ist neues Postfix von t): $\varphi_6(t,p) = acbbdaeda$

Satz

Extraktion, Kontraktion und Einschmelzung sind durch die folgende Identität miteinander verbunden

$$\varphi_k(K_{k,m}(t), E_{k,m}(t)) \equiv t$$

Dies gilt für alle $t \in A^*$ mit $|t| \geq m+k$

Beweis: $t = t_0 \ldots t_{k-1} t_k \ldots t_{k+m-1} t_{k+m} \ldots t_{n-1}$

$\Rightarrow E_{k,m}(t) = t_k \ldots t_{k+m-1}$,
$\Rightarrow K_{k,m}(t) = t_0 \ldots t_{k-1} t_{k+m} \ldots t_{n-1}$ (t_{k+m} hat die Nummer k)
$\Rightarrow \varphi_k(K_{k,m}(t), E_{k,m}(t)) = t_0 \ldots t_{k-1} t_k \ldots t_{k+m-1} t_{k+m} \ldots t_{n-1} \equiv t$.

Für unsere weiteren Betrachtungen, die Theorie der Worthalbgruppen, Semi-Thue-Systeme, Algorithmen und Sprachen spielt der Sonderfall k=n der Einschmelzung, also die <u>Rechts-Hintenansetzung</u> des Wortes p an das Wort t, die entscheidende Rolle.

Definition

> Die Einschmelzung von $p \in A_m^*$ in $t \in A_n^*$ ab Stelle n heißt *Konkatenation* von t und p (in dieser Reihenfolge) und wird geschrieben
>
> $$\varphi_n(t,p) =: t \cdot p =: tp$$

Beispiel

Bei der Fernsprechvermittlung von Großbetrieben können folgende Verknüpfungen von Telefon-Nummern auftreten

- die Ortsnetz-Kennzahl $p \in 10^*_{\in 7}$
- die örtliche Rufnummer der Zentrale $s \in 10^*_{\in 8}$
- die Nebenstellen-Rufnummer (Hausapparat) $t \in 10^*_{\in 6}$

1. Anwählen der Zentrale von auswärts: $t' = ps$
2. Örtliche Durchwahl zur Nebenstelle: $t'' = K_{|s|-1,1}(s) \cdot t$
3. Durchwahl zur Nebenstelle von auswärts: $t''' = pt''$

Satz

> Die Konkatenation ist auf A^* eine assoziative Verknüpfung mit Neutralelement.

<u>Beweis:</u> 1. Es ist zu zeigen, daß für je drei Wörter $p,s,t \in A^*$ die Beziehung $p(st) = (ps)t =: pst$ gilt[1]

Sei $p = p_0 \ldots p_l$, $s = s_0 \ldots s_m$, $t = t_0 \ldots t_n$. Dann folgt
$st = s_0 \ldots s_m t_0 \ldots t_n$, $p(st) = p_0 \ldots p_l s_0 \ldots s_m t_0 \ldots t_n$
$ps = p_0 \ldots p_l s_0 \ldots s_m$, $(ps)t = p_0 \ldots p_l s_0 \ldots s_m t_0 \ldots t_n$

2. Neutralelement ist das leere Wort ε, denn es gilt für alle Worte t über A die Beziehung $\varepsilon t = t\varepsilon = t$.

---

[1] Der Leser beachte auch hier, daß diese Beziehungen und Eigenschaften rein syntaktisch gemeint sind. Semantisch gilt die Assoziativität der Konkatenation nicht: "Elf(Meterschüsse)" sind nicht das Gleiche wie "(Elfmeter)Schüsse"!

2.2 Wörter, Relationen und Operationen

Dieser Satz hat noch zwei wichtige *Folgerungen*

1. Das leere Wort ist eine Teilwort jeden Wortes: $\varepsilon \sqsubset t$ für alle $t \in A^*$.
   (vgl. den entsprechenden Satz für leere Mengen!)
2. Gilt $s \sqsubset t$, $t \in A^*$, so gibt es stets zwei Wörter $t', t'' \in A^*$ mit der Darstellung $t = t'st''$. Für $t' = \varepsilon$ ist s Präfix von t, für $t'' = \varepsilon$ ist s Postfix von t.

Aufgaben zu 2.2.5

1. Eine Stadtbuslinie möge mit drei Bussen a,b,c befahren werden: t = abc. In den Hauptverkehrszeiten werden die Wagen durch drei "Einlegerbusse" a', b', c' entlastet, die mit den a,b,c verzahnt fahren: s = aa'bb'cc'. Stellen Sie s als Term in t, a', b' und c' dar!

2. Im Kernspreicher eines Rechners seien die n Informationen $t_0 \ldots t_{n-1}$ unter den Adressen $0 \ldots n-1$ gespeichert. Diese Belegung $t := t_0 \ldots t_i \ldots t_j \ldots t_{n-1}$ soll nun so verändert werden, daß lediglich t_i und t_j ihre Plätze wechselseitig tauschen. Wie kann man die neue Belegung $t' := t_0 \ldots t_j \ldots t_i \ldots t_{n-1}$ durch die alte darstellen?

3. Ist $t = t_0 \ldots t_{n-1} \in A^*$ ein gegebenes Wort, so heißt $t^R := t_{n-1} \ldots t_0$ das invers indizierte oder "Spiegelwort" zu t. f bilde jedes Wort aus A^* auf sein Spiegelwort ab.
   1. Geben Sie zwei Eigenschaften von f an!
   2. Zeigen Sie: das Spiegelwort der Konkatenation zweier Wörter ist gleich der Konkatenation der Spiegelwörter in umgekehrter Reihenfolge!

2.2.6 Boolesche Wortoperationen

Wir arbeiten jetzt mit einem binären Alphabet $A = \{0,1\} = 2$. Die damit gebildeten Wörter heißen Bitketten. Sie spielen in der Datenverarbeitung eine besondere Rolle: jede Information wird rechnerintern letztlich als Bitkette verarbeitet. Alle Bitketten mögen die gleiche Länge n besitzen:

$$s = s_0 \ldots s_{n-1} = \bigcup_{i \in n} (i, s_i), \quad t = t_0 \ldots t_{n-1} = \bigcup_{i \in n} (i, t_i)$$

Definition

> Als *Konjunktion* zweier Bitketten der Länge n erklären wir die zweistellige Wortoperation "$\wedge$" gemäß
>
> $$(s,t) \mapsto s \wedge t =: p = \bigcup_{i \in n} (i, p_i) \text{ mit } \bigwedge_{i \in n} p_i = s_i \wedge t_i$$

Hierbei ist die Konjunktion "∧" der Zeichen gemäß

s_i	t_i	$s_i \wedge t_i$
0	0	0
0	1	0
1	0	0
1	1	1

festgelegt. Der Allquantor $\bigwedge\limits_{i \in n}$ wird gelesen: "für alle i∈n gilt"

Die durch diese (und die folgenden) Definition(en) bestimmte Vorgehensweise ist so charakterisierbar: die <u>Ketten</u>-Verknüpfungen (Konjunktion "∧" etc.) werden per definitionem zurückgeführt auf die "entsprechenden" <u>Zeichen</u>-Verknüpfungen (Konjunktion "∧" etc.) bzw.: die aus der BOOLEschen Algebra bekannten Zeichenoperationen werden (verknüpfungstreu) <u>fortgesetzt</u> auf Kettenoperationen. Deshalb bleiben die Eigenschaften der Verknüpfungen erhalten.

Satz

Die Bitketten-Konjunktion ist kommutativ, assoziativ und mit Neutralelement versehen.

<u>Beweis:</u> Wir greifen zurück auf die gleichnamigen Eigenschaften der Konjunktion "∧" zwischen den Zeichen, die aus I,1.7.1 bekannt sind:

1) $s \dot\wedge t = \bigcup\limits_{i \in n} (i, s_i \wedge t_i) = \bigcup\limits_{i \in n} (i, t_i \wedge s_i) = t \dot\wedge s$

2) $s \dot\wedge (t \dot\wedge w) = \bigcup\limits_{i \in n} (i, s_i \wedge (t_i \wedge w_i)) = \bigcup\limits_{i \in n} (i, (s_i \wedge t_i) \wedge w_i) = (s \dot\wedge t) \dot\wedge w$

3) Neutralelement ist die Einsenkette $e_\wedge := 11...1. \Longrightarrow e_\wedge \dot\wedge t = t \dot\wedge e_\wedge = t$, denn es ist $1 \wedge t_i = t_i \wedge 1 = t_i$ für jedes $t_i \in 2$.

Definition

Als *Disjunktion* zweier Bitketten der Länge n erklären wir die zweistellige Wortoperation "∨" gemäß

$$(s,t) \mapsto s \dot\vee t =: p = \bigcup\limits_{i \in n} (i, p_i) \text{ mit } \bigwedge\limits_{i \in n} p_i = s_i \vee t_i$$

2.2 Wörter, Relationen und Operationen

Hierbei ist die Disjunktion der Zeichen gemäß

s_i	t_i	$s_i \vee t_i$
0	0	0
0	1	1
1	0	1
1	1	1

festgelegt.

Satz

Die Bitketten-Disjunktion ist kommutativ, assoziativ und mit Neutralelement versehen.

Beweis: Aus I,1.7.1 sind die gleichnamigen Eigenschaften für die Disjunktion "$\wedge$" der Zeichen 0,1 bekannt. Sie übertragen sich wie folgt auf die Wort-Disjunktion:

1) $s \underset{.}{\vee} t = \bigcup_{i \in n} (i, s_i \vee t_i) = \bigcup_{i \in n} (i, t_i \vee s_i) = t \underset{.}{\vee} s$

2) $s \underset{.}{\vee} (t \underset{.}{\vee} w) = \bigcup_{i \in n} (i, s_i \vee (t_i \vee w_i)) = \bigcup_{i \in n} (i, (s_i \vee t_i) \vee w_i) = (s \underset{.}{\vee} t) \underset{.}{\vee} w$

3) Neutralelement ist die Nullenkette $e_{\underset{.}{\vee}} := 00\ldots0 \Rightarrow$
   $e_{\underset{.}{\vee}} \underset{.}{\vee} t = t \underset{.}{\vee} e_{\underset{.}{\vee}} = t$, denn es ist $0 \vee t_i = t_i \vee 0 = t_i$ für jedes $t_i \in 2$.

Definition

Als *Negation* einer Bitkette verstehen wir die einstellige Wortoperation "$\underset{.}{\neg}$" gemäß

$$\underset{.}{\neg} : 2_n^* \mapsto 2_n^* \text{ mit } t \mapsto \underset{.}{\neg} t := \bigcup_{i \in n} (i, \neg t_i)$$

wobei für die Negation "$\neg$" der Zeichen $\neg 0 = 1$ und $\neg 1 = 0$ gilt.

Beispiel

Es sind $s = 10010110$ und $t = 01011100$ zwei achtstellige Bitketten; für ihre Verknüpfungen ergibt sich $s \underset{.}{\wedge} t = 00010100$, $s \underset{.}{\vee} t = 11011110$, $\underset{.}{\neg} t = 10100011$

Satz

Die algebraische Struktur $(2_n^*; \dot\wedge, \dot\vee, \dot\neg)$ aller Bitketten der Länge n ist eine Boolesche Algebra der Mächtigkeit 2^n.

Beweis: Wir prüfen die Gültigkeit der Axiome der Booleschen Algebra (vgl.I,1.7.1). Dabei wurde die Kommutativität von "$\dot\wedge$" und "$\dot\vee$" sowie die Existenz der zugehörigen Neutralelemente bereits gezeigt. Für die Distributivität von "$\dot\wedge$" über "$\dot\vee$" folgt

$$s \dot\wedge (t \dot\vee w) = \bigcup_{i \in n}(i, s_i \wedge (t_i \vee w_i)) = \bigcup_{i \in n}(i, (s_i \wedge t_i) \vee (s_i \wedge w_i))$$
$$= (s \dot\wedge t) \dot\vee (s \dot\wedge w)$$

und entsprechend zeigt man die Distributivität von "$\dot\vee$" über "$\dot\wedge$". Beidemale braucht man nur auf die gleichnamigen Eigenschaften zwischen den Zeichen zurückgreifen. Demnach gilt auch das vierte Axiom

$$t \dot\wedge \dot\neg t = e_\vee, \quad t \dot\vee \dot\neg t = e_\wedge \quad \text{für alle } t \in 2_n^*$$

Die Mächtigkeit ergibt sich direkt aus der Überlegung, daß die Anzahl aller Bitketten der Länge n übereinstimmt mit der Anzahl aller Variationen (mit Wiederholung) von 2 Elementen, nämlich 0 und 1, zu "Klassen" von je n Stück, und diese beträgt nach den Gesetzen der Kombinatorik genau 2^n.

Aufgabe zu 2.2.6

Zwei Bitketten s,t der Länge n sind so zu verknüpfen, daß die resultierende Bitkette $f(s,t) =: p$ wie folgt entsteht:

$$p_i = 1 \text{ für } s_i = t_i, \quad p_i = 0 \text{ für } s_i \neq t_i$$

Es ist p auszudrücken durch die oben erklärten Bitketten-Operationen. Welchen Term bekommt man für $g(s,t) := \dot\neg f(s,t)$?

2.3 Worthalbgruppen

2.3.1 Eigenschaften von Halbgruppen

An mehreren Stellen begegneten wir bereits Mengen, auf denen eine assoziative innere Operation erklärt war. Erinnert sei an die Menge der Umnumerierungsoperatoren, die Menge der Extraktionen (beide bezüglich der Komposition als Verknüpfung), die Menge A^* aller Worte über einem Alphabet A bezüglich der Konkatenation oder die Menge 2_n^* aller Bitketten mit Wortkonjunktion oder -disjunktion als Operationen.

Solche assoziativen Systeme, heute Halbgruppen genannt, bilden die grundlegende algebraische Struktur bei der mathematischen Beschreibung von Algorithmen, Sprachen und Automaten. Wir wollen zunächst einige wichtige Eigenschaften von Halbgruppen im allgemeinen vorstellen und dann den zentralen Zusammenhang mit den Worthalbgruppen herausarbeiten.

Definition

> Eine algebraische Struktur (H,*) mit einer assoziativen Operation "*" heißt eine *Halbgruppe*. Bei Vorhandensein eines Neutralelements spricht man von einem *Monoid*. Kommutative Halbgruppen bzw. Monoide heißen *abelsch*.

Ein Vergleich mit den Gruppenaxiomen (Assoziativität und Auflösbarkeit) zeigt, daß man bei Halbgruppen gleichsam nur "halb so viel" fordert, womit sich die Bezeichnung "Halb"-Gruppe erklärt. Statt der Auflösbarkeit kann man die Existenz eines Neutralelements sowie eines Inversen zu jedem Element der Trägermenge zeigen. Deshalb ist ein Monoid genau dann bereits eine Gruppe, wenn jedes Element ein Inverses besitzt.

Beispiel

1. Bekannte Halbgruppen mit unendlich vielen Elementen sind die Menge $(\mathbb{N},+)$ der natürlichen Zahlen bezüglich der Addition oder die Menge $(\mathbb{Z},\cdot)$ der ganzen Zahlen mit der Multiplikation. Beide Operationen sind als assoziativ bekannt, d.h., es gilt

    $(a+b)+c = a+(b+c) =: a+b+c$ für alle $a,b,c \in \mathbb{N}$
    $(a \cdot b) \cdot c = a \cdot (b \cdot c) =: a \cdot b \cdot c$ für alle $a,b,c \in \mathbb{Z}$

Ferner ist ($\mathbb{Z}$,·) ein Monoid (1 ist Neutralelement!), ($\mathbb{N}$,+) jedoch kein Monoid (0∉$\mathbb{N}$).

2. Endliche Halbgruppen werden gern durch ihre Verknüpfungstafel vorgestellt. In dieser erkennt man zunächst, daß es sich um eine innere Operation handelt: in diesem Fall dürfen innerhalb der Tafel nur wieder die Elemente auftreten, die in der Außenspalte (linker Operand!) bzw. Kopfzeile (rechter Operand!) stehen. Nicht so ohne weiteres sieht man, ob die Verknüpfung assoziativ ist. Ein allgemeines Verfahren werden Sie im Abschnitt 2.3.2 kennenlernen. Bei den folgenden Verknüpfungstafeln führen andere Überlegungen schneller zum Ziel:

a)

*	1	2	3	4
1	1	1	1	1
2	1	2	2	2
3	1	2	3	3
4	1	2	3	4

b)

*	1	2	3	4
1	2	1	3	4
2	3	2	4	1
3	1	4	3	2
4	4	3	1	3

Bei Tafel a) wird zwei Zahlen die kleinere der beiden als Verknüpfungsergebnis zugeordnet:

$$a*b = \text{Min}(a,b),$$

wobei Min(a,a) = a ist. Von dieser Minimum-Verknüpfung ist die Assoziativität gesichert: bestünde sie nämlich nicht, so könnte man die Frage nach der kleinsten von n reellen Zahlen, Min($a_1, a_2, \ldots, a_n$), für n>2 nicht eindeutig beantworten! Dieser Sachverhalt gilt übrigens ganz allgemein: "Fortsetzungen" von zweistelligen inneren Verknüpfungen auf mehr als zwei Operanden sind nur dann ohne zusätzliche Erklärungen möglich, wenn die betreffenden Operationen assoziativ sind. Bekannte Beispiele sind die Summe von n reellen Zahlen a_i, die generalisierte Vereinigung von n Mengen A_i oder das UND-Gatter mit n Eingängen x_i:

$$\sum_{i=1}^{n} a_i \; , \quad \bigcup_{i=1}^{n} A_i \; , \quad \text{UND}(x_1, x_2, \ldots, x_n)$$

d.h. "+", "∪" und "∧" sind assoziative Operationen. Die Schreibweise a*b*c

2.3 Worthalbgruppen

ohne Klammern bringt ja gerade zum Ausdruck, daß es gleichgültig ist, wie man Klammern setzt. Tafel a) zeigt ferner auf einen Blick, daß 4 Neutralelement ist (die 4. Zeile wiederholt die Kopfzeile, die 4. Spalte ist gleich der Außenspalte) und daß "*" kommutativ ist (die Tafelmatrix ist symmetrisch zur "Hauptdiagonalen" von links oben nach rechts unten!) - Im Gegensatz dazu ist die Verknüpfung der Tafel b) *nicht* assoziativ:

$$(3*2)*4 = 4*4 = 3; \quad 3*(2*4) = 3*1 = 1$$

ungleich, also nicht assoziativ

Zusammengefaßt: a) ist ein abelscher Monoid, b) ist keine Halbgruppe.

3. Auf der Menge $\mathbb{R}$ der reellen Zahlen erklären wir die Quadratwurzel aus der Summe zweier Quadrate, die "pythagoräische Summe" PYT als Operation:

$$a*b = \sqrt{a^2+b^2} =: \text{PYT}(a,b) \quad \text{für } a,b \in \mathbb{R}$$

Hier können wir die Assoziativität rechnerisch überprüfen:

1. Fall
$$(a*b)*c = \text{PYT}(\text{PYT}(a,b),c) = \sqrt{(a*b)^2+c^2}$$
$$= \sqrt{(\sqrt{a^2+b^2})^2+c^2} = \sqrt{(a^2+b^2)+c^2} = \sqrt{a^2+b^2+c^2}$$

2. Fall
$$a*(b*c) = \text{PYT}(a,\text{PYT}(b,c)) = \sqrt{a^2+(b*c)^2}$$
$$= \sqrt{a^2+(\sqrt{b^2+c^2})^2} = \sqrt{a^2+(b^2+c^2)} = \sqrt{a^2+b^2+c^2}$$

Dabei haben wir die Assoziativität der Addition "+" auf $\mathbb{R}$ verwendet. Wegen

$$\text{PYT}(a,b) = \sqrt{a^2+b^2} = \sqrt{b^2+a^2} = \text{PYT}(b,a)$$

ist die Halbgruppe $(\mathbb{R}, \text{PYT})$ sogar abelsch, jedoch kein Monoid! Es ist nämlich

$$\text{PYT}(a,0) = \sqrt{a^2+0^2} = \sqrt{a^2} = a \quad \text{für } a \geq 0$$
$$\text{aber PYT}(a,0) = \sqrt{a^2+0^2} = \sqrt{a^2} = -a \quad \text{für } a < 0$$

Beschränkt man sich demnach auf die Menge $\mathbb{R}_0^+$ der nicht-negativen reellen Zahlen, so erhält man mit 0 als Neutralelement einen abelschen Monoid.

4. Bei Monoiden liegt die Frage nach der Existenz *inverser Elemente* nahe. Falls nämlich jedes Monoidelement ein Inverses besitzt, so haben wir es mit einer Gruppe zu tun. Drei Fälle sind bei Monoiden möglich:

   - nur das Neutralelement hat ein Inverses (Tafel a)
   - mehrere, aber nicht alle Elemente haben Inverse (Tafel b)
   - alle Elemente haben Inverse (⟹Gruppe! Tafel c)

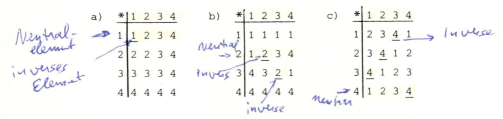

In der Verknüpfungstafel eines Monoids erkennt man ein Paar zueinander inverser Elemente daran, daß im Schnittpunkt ihrer Zeile und Spalte das Neutralelement steht (hier unterstrichen!). Bezeichnet man das Inverse zu a mit a^{-1}, so ersieht man aus Tafel c): 1*3 = 3*1 = 4, also 1^{-1} = 3 bzw. 3^{-1} = 1; 2*2 = 4, also 2^{-1} = 2; 4*4 = 4, also 4^{-1} = 4.

Aufgaben zu 2.3.1

1. Auf der Menge $\mathbb{Q}$ der rationalen Zahlen werde eine zweistellige Verknüpfung "*" gemäß

$$a * b := a - a \cdot b + b$$

erklärt. Zeigen Sie, daß $(\mathbb{Q},*)$ ein abelscher Monoid ist. Welche Elemente besitzen ein Inverses? Wie lauten diese? Ist $(\mathbb{Q},*)$ demnach bereits eine Gruppe?

2. Zeigen Sie, daß von den Operationstafeln

a)
*	1	2	3	4
1	1	2	3	4
2	1	2	3	4
3	1	2	3	4
4	1	2	3	4

b)
·	1	j	-1	-j
1	1	j	-1	-j
j	j	-1	-j	1
-1	-1	-j	1	j
-j	-j	1	j	-1

c)
*	1	2	3	4
1	4	1	2	3
2	3	2	1	4
3	2	3	4	1
4	1	4	3	2

a) eine Halbgruppe, b) einen abelschen Monoid und sogar eine Gruppe, c) keine Halbgruppe darstellt (Hinweis: j bezeichnet die imaginäre Einheit; vgl.I,3.1)

2.3 Worthalbgruppen

2.3.2 Erzeugendensysteme. Nachweis der Assoziativität

Wir haben bisher die Assoziativität einer Verknüpfung "*" damit nachweisen können, daß wir bekannte Eigenschaften anderer Operationen heranziehen konnten oder daß wir es mit einfach gebauten Sonderfällen zu tun hatten. Im allgemeinen Fall bereitet der Beweis für die Assoziativität aber schon bei einer Trägermenge von vier Elementen einen erheblichen Arbeitsaufwand, muß man doch sämtliche Kombinationen von Dreierprodukten a*(b*c) und (a*b)*c durchprüfen. Der Leser wird deshalb zu Recht fragen, ob es dafür ein arbeitsersparendes und übersichtliches Verfahren gibt. Wir werden eine solche Methode vorstellen, müssen dafür jedoch zunächst auf den Begriff der Erzeugenden einer Halbgruppe eingehen.

Definition

> Sei (H,*) Halbgruppe. Dann heißt jede Teilmenge E von H ein Erzeugendensystem für die Halbgruppe, wenn die Verknüpfungen der E-Elemente (der "Erzeugenden") bezüglich "*" bereits alle Elemente von H liefern.

Beispiele

1. Die Halbgruppe $(\mathbb{N},+)$ hat $E = \{1\}$ als Erzeugendensystem: jede natürliche Zahl läßt sich als Summe von Einsern schreiben!
   Bemerkung: Die von *ein*elementigen Erzeugendensystemen gebildeten Halbgruppen heißen zyklische Halbgruppen.

2. Bekanntlich läßt sich jede natürliche Zahl n größer als 1 als Potenzprodukt von Primzahlen p_i darstellen

$$n \in \mathbb{N} \setminus \{1\}: \quad n = p_1^{m_1} p_2^{m_2} \ldots p_k^{m_k} \quad (p_i \in E, \; m_i \in \mathbb{N})$$

wenn E die Menge $\{2,3,5,7,11,\ldots\}$ aller Primzahlen bezeichnet. So ist etwa

$$120 = 2^3 \cdot 3 \cdot 5, \quad 2401 = 7^4, \quad 1023 = 3 \cdot 11 \cdot 31$$

Demnach besitzt der Monoid $(\mathbb{N},\cdot)$ die Menge der Primzahlen als Erzeugendensystem, falls man zusätzlich erklärt, daß das Neutralelement 1 zur Menge $\mathbb{N} \setminus \{1\}$ der von E erzeugten Elemente "adoptiert" wird.

3. Von den drei folgenden Halbgruppen (H,*)

a)

*	a b c d
a	a a a a
b	b b b b
c	c c c c
d	d d d d

b)

*	a b c d
a	a a a a
b	a b c d
c	d c b a
d	d d d d

c)

*	a b c d
a	a b c d
b	b d a c
c	c a d b
d	d c b a

hat a) nur H selbst als Erzeugendensystem: H=E; b) die Menge E = {c,d} als Erzeugendensystem: c*c = b, c*d = a; c) die einelementigen Erzeugendensysteme E = {b}: b^2 = d, b^3 = c, b^4 = a und E = {c}: c^2 = d, c^3 = b, c^4 = a.

Der nachfolgende Satz zeigt die Bedeutung des Erzeugendensystems für den Nachweis der Assoziativität und stellt damit die Grundlage für unser Verfahren dar.

Satz

> Sind die Erzeugenden einer algebraischen Struktur (H,*) assoziativ mit allen Elementen aus H, so sind auch alle Verknüpfungen der Erzeugenden assoziativ mit den H-Elementen, d.h. (H,*) ist dann bereits Halbgruppe.

Beweis: Seien u,v∈E Erzeugende für H, dann gilt voraussetzungsgemäß für alle a, b∈H

$$(a*u)*b = a*(u*b), \quad (a*v)*b = a*(v*b)$$

Zu zeigen ist damit, daß auch die Verknüpfung u*v mit allen Elementen aus H assoziativ ist:

$$[a*(u*v)]*b = [(a*u)*v]*b = (a*u)*(v*b)$$
$$= a*[u*(v*b)] = a*[(u*v)*b].$$

Es genügt demnach, für die Elemente eines Erzeugendensystems die Assoziativität mit allen Elementen der Trägermenge H nachzuweisen. Für endliche Mengen H kann dies wie folgt geschehen: Sind p, q ∈ H (Tafel a), so bilde man die Tafel b) dadurch, daß man p durch p*u in der Außenspalte ersetzt und schließlich die Tafel c) dadurch, daß man q in der Kopfzeile durch u*q ersetzt. Falls u dann mit p und q assoziativ ist, so muß in der gleichen Position der Tafeln b)

2.3 Worthalbgruppen

und c) das gleiche Element zustandekommen, nämlich $(p*u)*q = p*(u*q)$:

*	... q ...	*	... q ...	*	... u*q ...
.		.		.	
.		.		.	
.		.		.	
p	p*q	p*u	(p*u)*q	p	p*(u*q)
.		.		.	
.		.		.	
.		.		.	
	a)		b)		c)

In der Tafel b) tritt also die u-Spalte an die Stelle der Außenspalte (die Kopfzeile bleibt unverändert), während in der Tafel c) die Außenspalte unverändert bleibt und die Kopfzeile durch die u-Zeile ersetzt wird. u ist mit allen Elementen von H assoziativ genau dann, wenn die Tafelmatrizen b) und c) gleich ausfallen. Dies führe man für alle Erzeugenden durch: erhält man dann ausschließlich gleiche Matrizenpaare, so ist "*" assoziativ, also (H,*) Halbgruppe.

Beispiel

Die Verknüpfungstafel

*	a b c d
a	d b c a
b	c b c b
c	b b c c
d	a b c d

definiert eine algebraische Struktur (H,*) mit H = {a,b,c,d}, die E = {a,c} als Erzeugendensystem besitzt: es ist a*a = d und c*a = b. Zum Nachweis der Assoziativität sind somit zwei Paare von Tafeln aufzustellen:

1. für das Erzeugende a:

*	a b c d		*	d b c a
d	a b c d		a	a b c d
c	b b c c		b	b b c c
b	c b c b		c	c b c b
a	d b c a		d	d b c a

$\Longrightarrow$ a ist mit allen Elementen aus H assoziativ

2. für das Erzeugende c:

*	a b c d
c	b b c c
c	b b c c
c	b b c c
c	b b c c

*	b b c c
a	b b c c
b	b b c c
c	b b c c
d	b b c c

$\Rightarrow$ c ist mit allen Elementen von H assoziativ

1. $\wedge$ 2. $\Rightarrow$ (H,*) ist Halbgruppe und sogar Monoid, da d Neutralelement ist. Keine vom Neutralelement verschiedenen Elemente besitzen Inverse!

Aufgaben zu 2.3.2

1. Drei Verknüpfungsgebilde seien durch die Operationstafeln a), b) und c) gemäß

a)
*	a b c d
a	c d a b
b	d c b a
c	a b c d
d	b a d c

b)
*	a b c d e f
a	a b c d e f
b	b c d e f a
c	c d e f a b
d	d e f a b c
e	e f a b c d
f	f a b c d e

c)
*	a b c
a	a b c
b	b b c
c	c c c

gegeben. Ermitteln Sie jeweils ein Erzeugendensystem minimaler Mächtigkeit und weisen Sie dann die Assoziativität der Operationen nach!

2. Vorgelegt sei die Menge **C'** aller komplexen Zahlen mit positivem ganzen Realteil und ebensolchem Imaginärteil, ferner die Menge **C"** aller komplexen Zahlen mit ganzem Realteil und ganzem Imaginärteil. Geben Sie ein Erzeugendensystem E' für (**C'**,+) und ein E" für (**C"**,+) mit jeweils möglichst wenig Elementen an!

2.3.3 Freie Halbgruppen

Wir kehren noch einmal zum letzten Beispiel des Unterabschnittes 2.3.2 zurück und schreiben die Halbgruppentafel zunächst so an, daß wir unter Ausnutzung der Gleichungen a*a = d und c*a = b alle Elemente und ihre Verknüpfungen durch die Elemente a und c des Erzeugendensystems ausdrücken:

2.3 Worthalbgruppen

*	a	b	c	d
a	d	b	c	a
b	c	b	c	b
c	b	b	c	c
d	a	b	c	d

$\Rightarrow$

*	a	c*a	c	a^2
a	a^2	a*c*a	a*c	a^3
c*a	$c*a^2$	$(c*a)^2$	c*a*c	$c*a^3$
c	c*a	c^2*a	c^2	$c*a^2$
a^2	a^3	a^2*c*a	a^2*c	a^4

Ein Vergleich positionsgleicher Elemente in beiden Tafeln liefert uns eine ganze Reihe von weiteren Beziehungen zwischen den Erzeugenden, so etwa

$$a^4 = a^2, \ a^3 = a, \ c^2 = c, \ c*a^2 = a^2*c = c$$
$$(c*a)^2 = c*a, \ a^2*c*a = c*a \text{ etc.}$$

Hierbei beachte der Leser, daß diese Relationen nicht alle unabhängig voneinander sind. So folgt z.B. aus a*c = c und $c^2 = c$ die Beziehung c*a*c = c. Es leuchtet ein, daß solche Relationen zwischen den Erzeugenden in jeder Halbgruppe mit *endlich* vielen Elementen vorkommen, sie werden durch die Verknüpfungstafel geradezu festgelegt. Fragen wir also nach Halbgruppen *ohne Beziehungen* zwischen den Erzeugenden, so müssen wir diese unter den *unendlichen* Halbgruppen suchen. Bestehen keine Relationen zwischen den Erzeugenden, so bedeutet das anschaulich, daß durch Verknüpfung der Erzeugenden stets wieder neue Elemente entstehen und daß dieser Prozeß niemals endet. Diese "freien" Halbgruppen sind in zweifacher Hinsicht interessant für uns: sie führen uns wieder zurück zu den Wortmengen, und sie liefern einen unerwarteten Zusammenhang mit allen übrigen Halbgruppen.

Definition

> Ein Erzeugendensystem ohne Relationen zwischen den Erzeugenden heißt ein *freies Erzeugendensystem*.
> Die von einem freien Erzeugendensystem gebildeten Halbgruppen heißen *freie Halbgruppen*.

Beispiele

1. Die Halbgruppe $(\mathbb{N},+)$ hat das einelementige Erzeugendensystem $E = \{1\}$. Bezeichnen wir, wie üblich, mit 1^n die n-malige Verknüpfung der 1 mit sich selbst, hier also die Summe von n Einsen, so könnten Relationen auf E überhaupt nur die Form $1^n = 1^m$ haben. Da wir es hier mit einer unendlichen Halbgruppe zu tun haben, folgt aus $1^n = 1^m$ sofort n = m, bzw. es ist für n $\neq$ m stets auch $1^n \neq 1^m$.

Somit gibt es keine Beziehungen auf E, (N,+) ist eine freie Halbgruppe.

2. Wir wählen E = {a,b,c} als Erzeugendensystem für eine Halbgruppe mit der Konkatenation als Verknüpfung (vgl.IV,2.2.5). Es übernimmt dann die Rolle des Alphabets und erzeugt eine unendliche Menge von Wörtern

$$a, b, c, aa, ab, ac, ba, bb, bc, ca, cb, cc, aaa, \ldots$$

Auch hier gibt es keine Beziehungen zwischen den Zeichen des Alphabets, so daß eine freie Halbgruppe erzeugt wird.

Das zweite Beispiel ist insofern von besonderer Bedeutung, als es verallgemeinerungsfähig ist: jede durch Konkatenation erzeugte Halbgruppe über einem Alphabet als freiem Erzeugendensystem ist eine freie Halbgruppe. Wir geben für sie die

Definition

> Die von den Zeichen eines Alphabets als freiem Erzeugendensystem bezüglich der Konkatenation "·" als Verknüpfung gebildete freie Halbgruppe $(A^+, \cdot)$ heißt *Worthalbgruppe*. Hierbei bezeichnet A^+ die Menge aller nicht-leeren Wörter über A
>
> $$A^+ = A^* \setminus \{\varepsilon\},$$
>
> während A^* gemäß IV, 2.2.2 für die Menge aller Wörter über A steht:
>
> $$A^* = A^+ \cup \{\varepsilon\}.$$

Vereinbarungsgemäß sagen wir ferner, daß der *Wortmonoid* $(A^*, \cdot)$ von A erzeugt wird. Da das leere Wort ε nicht formal durch Konkatenation der Zeichen aus A gebildet werden kann, wird es gemäß der Vereinigung von A^+ mit $\{\varepsilon\}$ hinzugenommen.

Es läßt sich zeigen, daß alle freien Halbgruppen mit gleichmächtigen Erzeugendensystemen untereinander isomorph sind. Unter ihnen ist auch die Worthalbgruppe über einem Alphabet der betreffenden Mächtigkeit, und sie kann als Repräsentant dieser Äquivalenzklasse fungieren. Sieht man also von der Isomorphie ab, so kann man die freien Halbgruppen mit den Worthalbgruppen identifizieren.

2.3 Worthalbgruppen

Beispiel

Die freie Halbgruppe $(\mathbb{N},+)$ wird von 1 als einzigem erzeugenden Element aufgebaut: $\mathbb{N} = \{1, 1+1, 1+1+1,\ldots\}$. Ebenso wird die Worthalbgruppe $(\{a\}^+,\cdot)$ von Worten gebildet, die nur aus a-Zeichen bestehen: $\{a\}^+ = \{a, aa, aaa, \ldots\}$. Die Isomorphie erkennt man bei Zuordnung der Erzeugenden:

$$\pi(1) = a, \quad \pi(1+1) = aa, \quad \ldots, \quad \pi(n) = aa\ldots a =: a^n$$

Für zwei Zahlen $n, m \in \mathbb{N}$ gilt dann nämlich

$$\pi(n+m) = a^{n+m} = a^n a^m = \pi(n)\pi(m).$$

Mit dieser Verknüpfungstreue und der Bijektivität von $\pi: \mathbb{N} \to \{a\}^+$ ist π als Isomorphismus nachgewiesen.

Beispiel

Wir wollen jetzt, zunächst exemplarisch, eine Beziehung zwischen beliebigen endlichen Halbgruppen und Worthalbgruppen erläutern. Dazu betrachten wir noch einmal die am Anfang des Abschnittes 2.3.3 vorgestellte Halbgruppe $(H,*)$ gemäß

*	a	b	c	d
a	d	b	c	a
b	c	b	c	b
c	b	b	c	c
d	a	b	c	d

Sie hat $E = \{a,c\}$ als Erzeugendensystem. Für die Worthalbgruppe $(A^+,\cdot)$ wählen wir ein gleichmächtiges Alphabet: $A = \{a', c'\}$. Wir werden zeigen, daß sich eine Abbildung h zwischen den Erzeugendensystemen eindeutig zu einer verknüpfungstreuen Abbildung (einem Homomorphismus; vgl.I,1.4.2) zwischen den erzeugten Mengen A^+ und H fortsetzen läßt:

$$\begin{array}{ccc} A & \xrightarrow{h} & E \\ \downarrow & & \downarrow \\ A^+ & \xrightarrow{h} & H \end{array} \quad *$$

Seien $s = s_o s_1 \ldots s_m$, $t = t_o t_1 \ldots t_n$ zwei beliebige Wörter über dem Alphabet A. Dann konstruieren wir h wie folgt: es sei

1. $h: A \to E$ mit $h(a') = a$, $h(c') = c$
2. $h: A^+ \to H$ mit $h(t) = h(t_o t_1 \ldots t_n)$
   $= h(t_o) * h(t_1) * \ldots * h(t_n)$

Dann folgt nämlich für die Konkatenation st:

$$h(st) = h(s_o s_1 \ldots s_m t_o t_1 \ldots t_n)$$
$$= h(s_o) * h(s_1) * \ldots * h(s_m) * h(t_o) * h(t_1) * \ldots * h(t_n)$$
$$= [h(s_o) * h(s_1) * \ldots * h(s_m)] * [h(t_o) * h(t_1) * \ldots * h(t_n)]$$
$$= h(s) * h(t)$$

und diese Gleichung bringt genau die Verknüpfungstreue zwischen den Halbgruppen $(A^+, \cdot)$ und $(H, *)$ zum Ausdruck. Sehen wir uns noch einige Bilder von Wörtern an:

$h(c'a'a'c'a') = h(c') * h(a') * h(a') * h(c') * h(a')$
$\qquad = c * a * a * c * a = (c * a^2) * (c * a) = c * b = b$
$h(a'a'a'a') = h(a'^4) = h(a') * h(a') * h(a') * h(a') = [h(a')]^4$
$\qquad = a^4 = a^2 * a^2 = d * d = d$
$h(c'^n) = [h(c')]^n = c^n = c$ für alle $n \in \mathbb{N}$.

Satz

> Jede Halbgruppe $(H, *)$ mit k Erzeugenden ist das homomorphe Bild einer Worthalbgruppe $(A^+, \cdot)$ über einem Alphabet A von k Zeichen.

<u>Beweis:</u> Entsprechend den vorangegangenen Überlegungen und Bezeichnungen ist hier $|E| = |A| = k$ und die Abbildung $h: A \to E$ wird als Bijektion gemäß

$$h(t_i) = e_i \quad \text{für alle } t_i \in A, \, e_i \in E$$

gewählt. Dann setzen wir h zu einer Abbildung von A^+ nach H so fort, daß die Beziehung

$$h(t_{i_1} \ldots t_{i_m}) = h(t_{i_1}) * \ldots * h(t_{i_m}) \; ; \; i_1, \ldots, i_m \in [1, k]$$

gewährleistet ist.

2.3 Worthalbgruppen 91

Damit folgt dann wieder

$$h(st) = h(s)*h(t)$$

für alle Wörter $s,t \in A^+$, also die Homomorphieeigenschaft für die Abbildung h.

Aufgaben zu 2.3.3

1. Schreiben Sie die Verknüpfungstafeln

a)
*	a b c d
a	a a a a
b	a b c d
c	d c b a
d	d d d d

b)
*	a b c d
a	a b c d
b	b d a c
c	c a d b
d	d c b a

(vgl. Beispiel 3 in 2.3.2) so um, daß nur noch die Erzeugenden auftreten und leiten Sie daraus einige Beziehungen zwischen den Erzeugenden her.

2. Welche Worthalbgruppe $(A^+, \cdot)$ hat die durch die Tafel a) der Aufgabe 1 bestimmte Halbgruppe zum homomorphen Bild?
Geben Sie folgende h-Bilder an:
a) h(c'c'd'd'c'd'c'd'd'), b) h(c'd'd'c'), c) $h(c'^6)$, d) $h(c'^5)$!

2.4 Wortveränderungen

2.4.1 Einführende Überlegungen

In den vorangehenden Abschnitten haben wir alle Hilfsmittel zusammengestellt, um jetzt folgende Frage zu erläutern: Gibt es ein mathematisches Modell für den (sequentiellen) Prozeß der Datenverarbeitung? Genauer: Können wir für alle berechenbaren bzw. maschinell lösbaren Probleme - unabhängig vom Rechnertyp, seiner Hard- und Software - eine mathematische Beschreibung des Vorganges angeben, der von der Aufgabenstellung über das Verfahren zur Aufgabenlösung führt?

Der Universalanspruch der Aufgabe scheint eine Beantwortung unvorstellbar schwer, wenn nicht überhaupt unmöglich zu machen. Umso mehr wird es den Leser verblüffen, daß es den Mathematikern schon in den dreißiger Jahren, also vor Beginn der eigentlichen (automatisierten) Datenverarbeitung, gelungen ist, Lösungen für dieses Problem vorzulegen. Dabei liefen alle Ansätze und Überlegungen auf ein Ziel hinaus: wie kann man das, was wir "berechenbar" bzw.

"maschinell lösbar" nennen, wissenschaftlich zufriedenstellend präzisieren, so daß man sämtliche (!) auf diese Weise behandelbaren Aufgaben ein und für allemale erfaßt.

Der Leser beachte die hier vorgenommene Abgrenzung der verfahrenstechnisch (sprich: algorithmisch) lösbaren Aufgaben von solchen Problemen, deren Lösungen durch neue Ideen oder doch wenigstens durch nicht vorprogrammierbare Überlegungen (sprich: heuristisch) gefunden werden müssen. Die Fähigkeit, neue Gedanken zu entwickeln, wird auch in Zukunft in erster Linie dem menschlichen Gehirn vorbehalten bleiben. Auch die Systeme der sog. 5. Generation ("Künstliche Intelligenz") bedürfen zunächst menschlicher Einfälle und Ideen, um dann in wohlabgegrenzten Bereichen intelligente Leistungen zu vollbringen. Das Bestreben des Menschen, bestimmte Problemklassen abzugrenzen und den zugehörigen Lösungsalgorithmus anzugeben, reicht bis ins Altertum zurück (Sieb des Erathostenes zur Bestimmung von Primzahlen, Euklidischer Algorithmus zur Berechnung des größten gemeinsamen Teilers zweier natürlicher Zahlen). Aber erst mit der Entwicklung leistungsfähiger Datenverarbeitungsanlagen seit etwa drei Jahrzehnten gewannen Algorithmen in Form von Softwaresystemen eine allumfassende Bedeutung in nahezu sämtlichen Bereichen unseres Lebens.

Wir wollen hier ein mathematisches Modell vorstellen, das in den Anfängen auf Arbeiten des Norwegers Axel Thue (1912), im Kern aber auf den sowjetrussischen Mathematiker A.A. Markow (1951) zurückgeht. Es basiert auf der Überlegung, daß jeder DV-Prozeß als Eingabe, Veränderung und Ausgabe einer Zeichenkette betrachtet werden kann. Damit können wir an unsere Ausführung über Zeichenketten im Abschnitt 2.2 anschließen.

2.4.2 Semi-Thue-Systeme

Alle Veränderungen von Zeichenketten erfolgen nach der gleichen Vorschrift (Abb.41): aus einem Wort t wird ein Teilwort p herausgezogen und durch ein Wort q ersetzt. Man schreibt dafür p → q (lies: "p wird ersetzt durch q"); bei Anwendung dieser "Produktionsregel" auf ein Wort t schreiben wir p → q(t).

2.4 Wortveränderungen

Diese Vorschrift läßt sich mit den in 2.2 erklärten Operatoren und der Einschmelzungsoperation formalisieren: bei Ausführung von $p \to q(t)$ wird in das nach Extraktion von p ab Stelle k kontrahierte Wort t ebenfalls ab Stelle k das Wort q eingeschmolzen, wobei das Wort s entsteht.

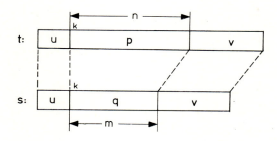

Abb.41

Definition

Seien $p, q, t \in A^*$, $p \sqsubset t$ mit $|p| = n$. Dann ist die Anwendung der *Produktionsregel* $p \to q$ auf das Wort t erklärt gemäß

$$p \to q(t) = \varphi_k(K_{k,n}(t), q) =: s$$

Das Wort $t = upv$ wird damit in das Wort $s = uqv$ umgewandelt. Präfix u und Postfix v bleiben unverändert. Ist p kein Teilwort von t, so ist die Produktionsregel $p \to q$ auf t nicht anwendbar.

Beispiel

Mit der Produktionsregel $ab \to ca$ kann das Wort $t = abbabca \in \{a,b,c\}^*$ umgewandelt werden

        1. in das Wort $s := cababca$ (k=o)
        2. in das Wort $r := abbcaca$ (k=3)

Hingegen ist eine Anwendung der gleichen Regel auf das Wort $t' = caacbbac$ nicht möglich, da ab kein Teilwort von t' ist.

Im allgemeinen genügt eine Produktionsregel allein noch nicht, um bestimmte Wortveränderungen zu bewirken. Als Grundstruktur wählt man deshalb die Worthalbgruppe (bzw. die freie Halbgruppe) über einem Alphabet A und ein System solcher Produktionsregeln.

Definition

Eine endliche Menge P von Produktionsregeln

$$p_1 \rightarrow q_1, \; p_2 \rightarrow q_2, \; \ldots, \; p_n \rightarrow q_n \quad (p_i, q_i \in A^*)$$

heißt ein *Produktionssystem* und, zusammen mit der Worthalbgruppe $(A^*, \cdot)$, ein *Semi-Thue-System* (A, P)

Definition

Vorgelegt sei ein Semi-Thue-System (A, P). Läßt sich ein Wort $t \in A^*$ durch *einmalige Anwendung* einer Produktionsregel von P in ein Wort $s \in A^*$ umwandeln, so heißt t *unmittelbar überführbar* in s und man schreibt

$$t \Rightarrow s$$

Läßt sich t durch *endlich viele Anwendungen* der Produktionsregeln von P in s umwandeln, so heißt t *überführbar* in s und man schreibt dann

$$t \overset{*}{\Rightarrow} s$$

Beispiel

1. Es ist ein Semi-Thue-System (A, P) über dem Alphabet $A = \{a, b, c\}$ anzugeben, mit dem man jedes Wort $t \in A^*$ so umwandeln kann, daß seine Zeichen in der lexikographischen Reihenfolge stehen!

   Lösung: Das neue Wort ist eine Permutation der gegebenen Zeichenkette, die durch endlich viele Vertauschungen zweier benachbarter Zeichen realisierbar ist. P ist demnach durch drei Produktionsregeln bestimmt:

   $$ba \rightarrow ab, \quad cb \rightarrow bc, \quad ca \rightarrow ac$$

   Anwendung auf $t = cabba$ liefert folgende Kette von Überführungen:
   $cabba \Rightarrow acbba \Rightarrow abcba \Rightarrow abbca \Rightarrow abbac \Rightarrow ababc \Rightarrow aabbc$.

2.4 Wortveränderungen

2. Vorgelegt sei das Semi-Thue-System (A,P) mit dem Alphabet A = {a,b,c,d,e,f} und dem Produktionssystem P gemäß

$$a \to e, \; ae \to ff, \; b \to a, \; cc \to \varepsilon, \; d \to ba$$

a) Ist damit das Wort decca in das Wort affe überführbar?
   Lösung: decca $\Rightarrow$ decce $\Rightarrow$ dee $\Rightarrow$ baee $\Rightarrow$ aaee $\Rightarrow$ affe. Also gilt decca $\stackrel{*}{\Rightarrow}$ affe.

b) Gilt auch fabccffec $\stackrel{*}{\Rightarrow}$ acbfecde? Antwort: nein! Die einzige, sich auf das Zeichen c beziehende Produktionsregel "cc→ε" löscht das Paar cc. Notwendig für $\stackrel{*}{\Rightarrow}$ ist deshalb, daß das neue Wort sich um eine *gerade* Anzahl von c-Zeichen vom gegebenen unterscheidet. Diese Bedingung ist hier nicht erfüllt!

Satz

Die Relation "$\stackrel{*}{\Rightarrow}$" ist in einem Semi-Thue-System (A,P) transitiv.

<u>Beweis:</u> zu zeigen ist, daß aus t $\stackrel{*}{\Rightarrow}$ s und s $\stackrel{*}{\Rightarrow}$ r die Beziehung t $\stackrel{*}{\Rightarrow}$ r folgt (für beliebige r,s,t∈A*). t $\stackrel{*}{\Rightarrow}$ s impliziert das Bestehen einer Folge von endlich vielen unmittelbaren Überführungen, etwa t $\Rightarrow t_1 \Rightarrow t_2 \Rightarrow \ldots \Rightarrow$ s. Ebenso besteht wegen s $\stackrel{*}{\Rightarrow}$ r die Folge s $\Rightarrow s_1 \Rightarrow s_2 \Rightarrow \ldots \Rightarrow$ r (alle t_i, $s_i \in A^*$). Versteht man die zweite Folge als Fortsetzung der ersten, so entsteht t $\Rightarrow t_1 \Rightarrow \ldots \Rightarrow$ s $\Rightarrow s_1 \Rightarrow \ldots \Rightarrow$ r, also ist t in r überführbar: t $\stackrel{*}{\Rightarrow}$ r.

Charakteristisch für die Produktionsregeln "p → q" war ihre *einseitige* Orientierung (deshalb auch die Formulierung "Semi"-Thue Systeme!): p kann durch q, aber nicht umgekehrt q auch durch p ersetzt werden. Läßt man für jede Produktionsregel auch die umgekehrte Substitution q → p zu, so schreibt man zusammenfassend p $\leftrightarrow$ q und gelangt dann zu den "Thue-Systemen".

Definition

Produktionssysteme P der Gestalt

$$p_1 \leftrightarrow q_1, \; p_2 \leftrightarrow q_2, \; \ldots, \; p_n \leftrightarrow q_n$$

auf einer Worthalbgruppe $(A^*, \cdot)$ heißen *Thue-Systeme* (A,P).

Beispiel

Es soll ein Thue-System angegeben werden, das jedes Wort über dem Alphabet
$A = \{a,b,c\}$ so verändert, daß es als Kette über einer einelementigen Teilmenge
von A erscheint. Lösung: Es genügen die beiden Produktionsregeln a $\leftrightarrow$ c,
b $\leftrightarrow$ c. Beispiel: Darstellung von t = bccbba als Kette von a-Zeichen?
bccbba $\Rightarrow$ cccbba $\Rightarrow$ ccccba $\Rightarrow$ cccccа $\Rightarrow$ c^4a^2 $\Rightarrow$ c^3a^3 $\Rightarrow$ c^2a^4 $\Rightarrow$ ca^5 $\Rightarrow$ a^6 =
aaaaaa.

Satz

1. In einem Thue System (A,P) ist die Relation "$\overset{*}{\Rightarrow}$" transitiv und symmetrisch.
2. Ist $\bar{A}^*$ die Menge aller Worte über A, auf die wenigstens eine Produktionsregel aus P anwendbar ist, so ist "$\Rightarrow$" auf $\bar{A}^*$ eine Äquivalenzrelation.

<u>Beweis:</u> Gilt $t \overset{*}{\Rightarrow} s$, so ist die Kette der unmittelbaren Überführungen
$t \Rightarrow t_1 \Rightarrow \ldots \Rightarrow s$ auch in der umgekehrten Richtung gültig:
$s \Rightarrow \ldots \Rightarrow t_1 \Rightarrow t$, d.h. $s \overset{*}{\Rightarrow} t$ (Symmetrie!). Die Transitivität von "$\overset{*}{\Rightarrow}$"
besteht, da sie bereits in Semi-Thue-Systemen gilt. Auf $\bar{A}^*$ ist ferner jedes
Wort in sich selbst überführbar, indem man eine Produktionsregel hin und zurück anwendet: $t \overset{*}{\Rightarrow} t$ (Reflexivität!) Damit ist "$\overset{*}{\Rightarrow}$" auf $\bar{A}^*$ als Äquivalenzrelation nachgewiesen. $\bar{A}^*$ zerfällt damit in eine Menge disjunkter (elementefremder), nicht-leerer Klassen, die jeweils aus der Menge aller ineinander überführbaren Worte bestehen.

<u>Bemerkung:</u> Gelegentlich wird in der Literatur A^* mit $\bar{A}^*$ identifiziert, indem man verabredet, daß $t \overset{*}{\Rightarrow} t$ in jedem Fall gilt, speziell also auch dann, wenn keine Produktionsregel auf t anwendbar ist.

Aufgaben zu 2.4.2 [1]

1. Ein Semi-Thue-System (A,P) sei gegeben durch $A = \{a,b,c\}$ und P: ba $\to$ c, ac $\to$ b, cb $\to$ a. Geben Sie drei Wörter der Länge 2 an, in die sich das Wort babbcbaccab überführen läßt!
2. Mit welchen Produktionsregeln eines Semi-Thue-Systems mit dem Alphabet $A = \{0;1\}$ lassen sich Bitketten so umwandeln, daß sie weder führende Nullen noch Folgenullen mehr besitzen?

---

[1] Weitere Aufgaben (mit Lösungen) finder der Leser in G.Böhme (Hrsg.):
Prüfungsaufgaben Informatik. Springer-Verlag, Berlin-Heidelberg-New York-Tokyo 1984. (Kapitel 17)

2.4.3 Markov-Algorithmen

Dem Leser wird aufgefallen sein, daß die Anwendung der Regeln $p_i \to q_i$ eines Produktionssystems auf Wörter t über einem Alphabet A noch keine eindeutige Vorschrift darstellt. Es bleibt dabei offen, in welcher Reihenfolge und mit welcher Haüfigkeit die Regeln zu benutzen sind. Ferner hat man für den Fall, daß ein Teilwort mehrfach in t auftritt, freie Wahl der Substitution. Die Folge dieser Freizügigkeit ist eine Vielfalt von möglichen Umwandlungen eines Wortes, unterschiedliche Folgen von Überführungen können zu ganz verschiedenen Ergebnissen führen.

Wir wollen jetzt diese Freiheitsgrade aufheben und eine Anwendung eindeutig festlegen. Durch die folgenden, im Grunde höchst einfach zu handhabenden Erklärungen konnte Markov ein mathematisches Modell für den Algorithmusbegriff entwickeln, das den Anspruch erhebt, alle berechenbaren bzw. maschinell lösbaren Probleme zu umfassen.

Dazu treffen wir folgende *Verabredungen* vorab:

1. Die Produktionsregeln werden in einer bestimmten Reihenfolge angeordnet (d.h. numeriert). Diese Anordnung ist wesentlich und darf nicht verändert werden.

2. Es wird unterschieden zwischen "abbrechenden Produktionsregeln" (Schreibweise: $p_i \to. q_i$) und "nicht-abbrechenden Produktionsregeln" (Schreibweise: $p_i \to q_i$). Die Anwendung auf ein Wort t ist bei beiden Regeln die gleiche. Kommt jedoch eine abbrechende Regel zur Anwendung, so ist damit der Prozeß der Umwandlung beendet, d.h. nach ihr kommen keine weiteren Regeln zur Anwendung. Dagegen definieren nicht-abbrechende Regeln kein automatisches Ende, der Prozeß kann danach fortgesetzt werden.

3. Da man in der allgemeinen Darstellung beide Regeltypen vereinigt, wählt man die Schreibweise

$$\begin{array}{l} p_1 \to (.)q_1 \\ p_2 \to (.)q_2 \\ \quad \vdots \\ p_n \to (.)q_n \end{array}$$

Die Einklammerung (.) soll zum Ausdruck bringen, daß dies eine abbrechende oder nicht-abbrechende Regel sein kann. Im konkreten Fall stehen selbstverständlich diese Klammern nicht - und entweder ein Punkt oder kein Punkt. Es ist wohlbemerkt $\cdot \notin A$!

4. Die Anwendung $p_i \rightarrow q_i(t)$ bzw. $p_i \rightarrow . q_i(t)$ wird eindeutig gemacht durch die Vorschrift, daß das *vorderste* Teilwort p_i von t durch q_i zu ersetzen ist: von allen Darstellungen

$$t = t'p_i t'',$$

die wegen des Bestehens der Teilwort-Relation $p_i \sqsubset t$ möglich sind, wird also diejenige zur Substitution herangezogen, deren Präfix t' die kleinste Länge hat.

Definition

Sei (A,P) ein Semi-Thue-System. Dann heißt die folgende Anwendung von P auf ein Wort $t \in A^*$ eine *Markov-Vorschrift* M:

1. Ist keines der p_i Teilwort von t, so bleibt t unverändert (ENDE 1 in Abb.42)
2. Ist wenigstens ein p_i Teilwort von t, so wähle man dasjenige p_i mit der <u>kleinsten Nummer</u> i. Dies sei p_k.
   a) Ist $p_k \rightarrow . q_k$ eine abbrechende Regel, so ist $p_k \rightarrow . q_k(t) =: s$ das Ergebnis (ENDE 2 in Abb.42). Keine weitere Regel kommt zum Zuge.
   b) Ist $p_k \rightarrow q_k$ eine nicht-abbrechende Regel, so wird auf das entstehende Wort $s = p_k \rightarrow q_k(t)$ die Vorschrift M erneut angewandt.

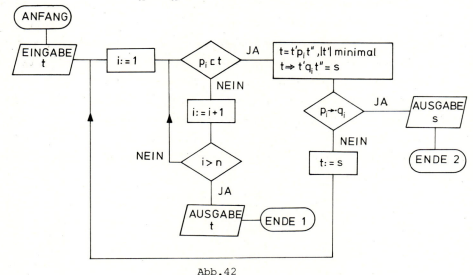

Abb.42

2.4 Wortveränderungen

Definition

Das Tripel (A,P,M) aus Alphabet A, Produktionssystem P und Markov-Vorschrift M heißt ein *Markov-Algorithmus*.

Die Bezeichnung "*Algorithmus*" soll zum Ausdruck bringen, daß, analog zur gleichen Vokabel bei gewissen Programmiersprachen, ein eindeutiger Ablauf in der Datenumwandlung gegeben ist – nicht jedoch in jedem Fall ein Ergebnis! Das ist nur bei solchen Algorithmen der Fall, die für *jedes* Wort in ENDE 1 oder ENDE 2 (Abb.42) hineinlaufen. Wir sprechen dann von "abbrechenden" Algorithmen.

Beispiele

1. Sei A = {a,b,c} und P gegeben gemäß

$$\begin{aligned} ab &\rightarrow ac \\ cc &\rightarrow c \\ bc &\rightarrow bbc \\ a &\rightarrow \cdot b \end{aligned}$$

a) Anwendung von P mit der Markov-Vorschrift M auf das Wort t = ccabbc liefert:
ccabbc $\Rightarrow$ ccacbc $\Rightarrow$ cacbc $\Rightarrow$ cacbbc $\Rightarrow$ cacb^{3}c $\Rightarrow$ cacb^{4}c $\Rightarrow$ ...
Die Prozedur bricht niemals ab, es liegt ein nicht-abbrechender Algorithmus vor.

b) Anwendung auf das Wort t = cababcc ergibt:
cababcc $\Rightarrow$ cacabcc $\Rightarrow$ cacaccc $\Rightarrow$ cacacc $\Rightarrow$ cacac $\Rightarrow$ cbcac. Die Prozedur hält in ENDE 2 an, da eine abbrechende Regel zur Anwendung kam: cababcc $\stackrel{*}{\Rightarrow}$ cbcac (Ergebniswort).

c) Anwendung auf das Wort t = ccccb liefert:
ccccb $\Rightarrow$ cccb $\Rightarrow$ ccb $\Rightarrow$ cb. Die Prozedur läuft in ENDE 1, da keines der p_i des Produktionssystems Teilwort von cb ist: ccccb $\stackrel{*}{\Rightarrow}$ cb (Ergebniswort).

2. Sei A = {a,b,c,d,e} und P gegeben gemäß

$$\begin{aligned} b &\rightarrow d \\ c &\rightarrow d \\ e &\rightarrow d \\ dd &\rightarrow \cdot a \\ d &\rightarrow \cdot a \end{aligned}$$

Anwendung auf das Wort t = decca liefert:

decca $\Rightarrow$ dedca $\Rightarrow$ dedda $\Rightarrow$ dddda $\Rightarrow$ adda. Man sieht, daß in diesem Beispiel die Prozedur für *jedes* Eingabewort t $\in$ A* notwendig anhält: entweder treten in t nur a-Zeichen auf, dann ist das Ergebniswort gleich dem Eingabewort (ENDE 1), oder es kommen außer a noch andere Zeichen vor, dann führen die Umwandlungen stets auf eine Kette aus d und/oder a-Zeichen und es kommt die 4. oder 5. Produktionsregel zur Anwendung (ENDE 2). Wir haben es also mit einem abbrechenden Markov-Algorithmus zu tun.

Im folgenden stellen wir einige numerische Markov-Algorithmen vor, die die Grundlage für kompliziertere Probleme bilden. Höhere Rechenoperationen lassen sich stets auf elementare Verknüpfungen wie Addition, Subtraktion etc. zurückführen. Dabei wird hier von der Methode der Codierung Gebrauch gemacht: man verwendet nicht die bekannten Zahlzeichen selbst, sondern verschlüsselt diese so, daß der Umfang des Alphabets möglichst klein gehalten wird. Eine natürliche Zahl n $\in$ $\mathbb{N}$ werden wir durch n Schrägstriche "/" codieren, also

$$1 \mapsto /,\ 2 \mapsto //,\ 3 \mapsto ///,\ \ldots,\ n \mapsto ///\ldots/$$

Beispiele

1. Man stelle einen Markov-Algorithmus für die Addition zweier natürlichen Zahlen n, m auf!

   Lösung: Codierung von n und m wie oben angegeben. Das Pluszeichen "+" belassen wir als Trennzeichen zwischen den Strichketten. Alphabet A = $\{/,+\}$, Produktionssystem P:

   $$/+ \rightarrow /$$
   $$/ \rightarrow ./$$

   Anwendung auf das Wort t = ///+// (d.i. also die Aufgabe, 3+2 zu berechnen!) liefert:

   $$///+// \Rightarrow ///// \Rightarrow /////\ \text{(Abbruch bei ENDE 2)}$$

   Die Decodierung des Ergebniswortes ergibt 5 als Resultat.

2.4 Wortveränderungen

2. Es ist ein Markov-Algorithmus für die Berechnung der Differenz m-n zweier natürlichen Zahlen m,n ∈ **N** aufzustellen. Die Eingabe (die Anfangszeichenkette) bestehe aus m Strichen "/" für m, dem Minuszeichen und n Strichen für n. Die Ausgabe (die Endzeichenkette) sei
   - bei m > n: Pluszeichen "+", gefolgt von m-n Strichen "/"
   - bei m < n: Minuszeichen "-", gefolgt von n-m Strichen "/"
   - bei m = n: Zeichen "O" für Null.

   <u>Lösung:</u> Alphabet A = {/,+,-,O}, geordnetes Produktionssystem P:

   P = (/-/→-, -/→.-/, /-→/, /→.+/, - →O)

   Der Leser teste den Algorithmus selbst an drei geeigneten Beispielen!

3. Es ist ein Markov Algorithmus für die Berechnung der "Integer-Division" $\left[\frac{n}{5}\right]$ aufzustellen (n ∈ **N**). $\left[\frac{n}{5}\right]$ bedeutet die größte ganze Zahl höchstens gleich $\frac{n}{5}$: $\left[\frac{7}{5}\right]$ = 1, $\left[\frac{5}{5}\right]$ = 1, $\left[\frac{2}{5}\right]$ = O, $\left[\frac{16}{5}\right]$ = 3.

   <u>Lösung:</u> Alphabet A = { /,*}, geordnetes Produktionssystem P:

   P = (*/////→/*, */→*, * →.ε, ε →*)

   Erläuterung am Beispiel $\left[\frac{12}{5}\right]$: Eingabe ist 12 als 12 Striche "/"

   //////////// ⇒ *//////////// ⇒ /*//////// ⇒ //*//// ⇒ //*/ ⇒ //* ⇒ //

   Der "Trick" besteht in der 4. Regel, die als erste zur Anwendung kommt: das leere Wort ε ist Neutralelement bezgl. der Konkatenation und kann deshalb an beliebiger Stelle in einer Zeichenkette stehen. Nach der Markov-Vorschrift kommt es als <u>vorderstes</u> Teilwort zuerst zum Zuge und bringt so den "*" vor die zwölf Striche. Jetzt kann die 1. Regel angewandt werden. Der "*" ist ein Hilfszeichen, das durch das Eingabewort hindurchgezogen wird. Jede Anwendung der 1. Regel entspricht einer Subtraktion der 5 vom Zähler (12) und dem Setzen eines Zählstriches <u>vor</u> dem Stern. Nach zwei solchen Subtraktionen ist //*// erreicht; nun müssen nur noch die Reststriche (rechts von "*") mit Regel 2 und der "*" selbst mit Regel 3 (Abbruchregel!) beseitigt werden. Die Zählstriche bleiben als Ergebnis stehen. Sie geben an, wie viele Male der Nenner (hier:5) vom Zähler (hier:12) mit nicht-negativem Rest subtrahiert werden konnte.

Aufgaben zu 2.4.3 [1]

1. $A = \{a,b,c\}$, P bestehe aus den vier Regeln (1): ab → c, (2): bc → a, (3): ac → acb, (4): aa → a. Zur Entscheidung, ob der Markov-Algorithmus abbrechend ist, wende man P an auf folgende Wörter: a) t = bcbcaaa, b) t = ccbbba, c) t = acabbc, d) t = bbcbcab.
2. Entwerfen Sie einen Markov-Algorithmus für die Addition zweier natürlichen Zahlen, der ein anderes Produktionssystem besitzt als der in Beispiel 1 beschriebene (es gibt im allgemeinen zu jedem Problem mehrere untereinander "äquivalente" Algorithmen!).
3. Wenden Sie den folgenden Markov-Algorithmus über dem Alphabet $A = \{/,*,a,b,c\}$ und P gemäß (1) /a → a/, (2) /*/ → a*, (3) /* → *b, (4) b → /, (5) a → c, (6) c → /, (7) * → ε (*,a,b,c sind Hilfszeichen!) zur Bestimmung des größten gemeinsamen Teilers zweier natürlichen Zahlen n, m an auf die Berechnung für n = 6, m = 4. Eingabewort sei //////*////.

2.4.4 Das Wortproblem in Halbgruppen

Die Beschäftigung mit Thue- und Semi-Thue-Systemen führt zwangsläufig auf ein zentrales Problem, das von Thue selbst bereits 1914 erkannt wurde, aber erst 1947 durch Markov gelöst werden konnte: das sogenannte "Wortproblem in Halbgruppen". Seine Formulierung: Gibt es einen abbrechenden Algorithmus, mit dem sich für je zwei Wörter t,s über einem Alphabet A feststellen läßt, ob t in s überführbar bzw. nicht überführbar ist?

Die Schwierigkeit der Fragestellung beruht einmal in der Forderung, eine Antwort für *alle* Wortpaare geben zu müssen, zum anderen darin, daß dies nicht heuristisch, sondern *algorithmisch* erfolgen soll. Ein solcher Algorithmus wäre konkret zu konstruieren, gäbe es ihn, so könnte man einem Computer die Entscheidung "t $\stackrel{*}{\Rightarrow}$ s oder t $\stackrel{*}{\not\Rightarrow}$ s" überlassen.

Satz

> Für das allgemeine Wortproblem in (Semi-) Thue Systemen gibt es keine algorithmische Lösung.

Damit gehört das Wortproblem in die Klasse der "Unlösbarkeitsprobleme", zu denen u.a. die Quadratur des Kreises (mit Zirkel und Lineal), die Winkeldreiteilung (desgl.) oder die Unlösbarkeit von Polynomgleichungen höher als vierten Grades durch Lösungsformeln (Radikale) gehören. Die Formulierung "allgemeines" Wortproblem soll zum Ausdruck bringen, daß damit alle Worte aus A* erfaßt werden. Für gewisse Spezialfälle oder unter bestimmten Restriktionen lassen sich indes durchaus Algorithmen angeben.

---

[1] Weitere Beispiele zu Markov-Algorithmen siehe: G.Böhme (Hrsg.): Prüfungsaufgaben Informatik, Kap.17. Springer-Verlag, Berlin-Heidelberg-New York-Tokyo 1984.

2.4 Wortveränderungen

Solche hinreichenden Bedingungen sollen im folgenden betrachtet werden.

Satz

> In jedem Semi-Thue-System (A,P), für dessen Produktionssystem die Bedingung
> $$|p_i| \geq |q_i|$$
> für alle Regeln aus P erfüllt ist, läßt sich das allgemeine Wortproblem lösen.

Beweis: Die Produktionsregeln $p_i \to q_i$ erlauben unter der obigen Bedingung die Substitution von Teilwörtern p_i durch solche Wörter q_i, deren Länge nicht größer ist als die der p_i. Deshalb kann ein Wort t mit solchen Regeln nur in endlich viele andere Wörter aüberführt werden, diese können durch einen Suchalgorithmus, der nach endlich vielen Schritten abbricht, durchforstet werden.

Beispiel

1. $A = \{a,b,c,d\}$, P sei gegeben durch vier Regeln:
$$ab \to c, \quad bc \to d, \quad cb \to a, \quad da \to b$$

Anwendung auf das Wort $t = abcda$ liefert eine <u>endlich lange</u> Liste aller Wörter, in die t überführbar ist. Abb.43 zeigt den Graphen der Überführungen und die Liste der aus t überführbaren Worte. Für jedes $s \in A^*$ besteht der Suchalgorithmus im Durchforsten der Liste: kommt s darin vor, so ist $t \xRightarrow{*} s$, andernfalls ist $t \not\xRightarrow{*} s$.

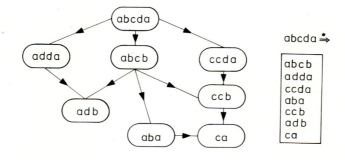

Abb.43

2. $A = \{a,b,c\}$, P: $a \to b$, $b \to c$, $c \to a$. Hier bewirkt das Produktionssystem eine zyklische Vertauschung der drei Zeichen. Damit lassen sich alle Wörter jeweils der gleichen Länge ineinander überführen (für jedes $n \in \mathbb{N}$ gibt es 3^n verschiedene Worte). Der Algorithmus besteht in der Abzählung der Zeichen beider Worte:
$|s| = |t|$ ist gleichwertig mit $t \overset{*}{\Rightarrow} s$. Der Leser zeichne sich die Graphen für $n = 2$ und $n = 3$ auf!

3. $A = \{a,b,c,d\}$, P: $ab \leftrightarrow ba$, $ac \leftrightarrow ca$, $ad \leftrightarrow da$, $bc \leftrightarrow cb$, $bd \leftrightarrow db$, $cd \leftrightarrow dc$. Die Regeln des Thue-Systems erlauben die Vertauschung je zweier benachbarten Zeichen des Alphabets. Demnach sind hier zwei Wörter s,t ineinander überführbar genau dann, wenn in beiden Wörtern jeweils jedes Zeichen mit der gleichen Häufigkeit auftritt bzw. s eine Permutation (mit Wiederholung) von t ist. Der (endlich lange) Vergleich dieser Häufigkeiten bildet den Algorithmus.

Aufgaben zu 2.4.4

1. Das Semi-Thue-System mit dem Alphabet $A = \{a,b,c\}$ und den Produktionsregeln $ab \to b$, $ac \to c$, $cc \to \varepsilon$, $ccb \to a$ gestattet eine algorithmische Lösung des Wortproblems. Überzeugen Sie sich davon, indem Sie die Liste der Wörter aufstellen, in die das Wort $t = abccbacc$ überführbar ist.
2. Für das Thue-System mit dem Alphabet $A = \{a,b,c\}$ und den Produktionsregeln $b \leftrightarrow acc$, $ca \leftrightarrow accc$, $aa \leftrightarrow \varepsilon$, $bb \leftrightarrow \varepsilon$, $cccc \leftrightarrow \varepsilon$ stellt der Markov-Algorithmus über $A = \{a,b,c\}$ und den Produktionsregeln $b \to acc$, $ca \to accc$, $aa \to \varepsilon$, $cccc \to \varepsilon$ eine Lösung des Wortproblems dar! Man überzeuge sich davon, indem man zeigt, daß es genau acht paarweise inäquivalente Worte gibt, die die acht Äquivalenzklassen bezgl. "$\overset{*}{\Leftrightarrow}$" repräsentieren. Auf diese acht Wörter wird man geführt, wenn man den Markov-Algorithmus auf bel. Wörter anwendet. Wie lauten diese acht Wörter (sie lassen sich mit "$\to$" nicht weiter reduzieren!), und wie funktioniert der Algorithmus für das Wortproblem?

2.5 Wortmengen

2.5.1 Verknüpfungen von Sprachen

Es ist gar nicht so leicht, den Begriff "Sprache" so zu definieren, daß alle Beteiligten - Philologen, Linguistiker, Semiotiker, Kybernetiker, Mathematiker und Informatiker - damit einverstanden wären. In jedem Fall liegt ein Alphabet vor, mit dessen Zeichen Wörter gebildet werden, die ihrerseits Sätze aufbauen. Für die Satzkonstruktionen ist die Grammatik und damit die Syntax

2.5 Wortmengen

zuständig, ihm steht der Sinngehalt und die Bedeutung von Wörtern und Sätzen, die Semantik, gegenüber. Es versteht sich, daß die Grammatik mit ihren strengen Regeln und Vorschriften einer Analyse und damit einer mathematischen Beschreibung weit besser zugänglich ist als die Semantik. Unser Einstieg ist deshalb eine Einführung in die Syntax. Hierzu ist die Theorie verhältnismäßig weit entwickelt. Anwendungen auf dem Bau von Automaten oder die Entwicklern von Übersetzern (Compiler) gehören längst zum Handwerkszeug des Informatikers.

Um uns nicht von vornherein mit einer zu engen Definition einschränken zu müssen, gehen wir von einem denkbar einfachen mathematischen Modell aus: Wir sagen, Sprachen sind *Wortmengen* über einem gewissen Zeichenvorrat als Alphabet. Später werden wir bestimmte Typen herausbilden, indem wir Regeln für die Bildung von Wörtern festsetzen und die Eigenschaften der damit definierten Sprache untersuchen. Man spricht hierbei von "formalen Sprachen" - im Gegensatz zu den natürlichen Sprachen. Zwei Problemkreise stehen im Vordergrund des Interesses: Welche allgemeinen mathematischen Gesetzmäßigkeiten bestimmen das Gefüge solcher Sprachen und: Welche Anwendungen ergeben sich aus der Theorie. Der zweiten Frage wird im 3. Kapitel "Automaten" nachgegangen, wobei wir den Bezug zur Praxis aufzeigen werden. Zunächst erläutern wir den Kalkül. Wir stellen die wichtigsten Operationen vor und klären den Begriff der Regelgrammatik. Es wird sich zeigen, daß dabei auf die bereits bekannten Verknüpfungen zwischen Wörtern zurückgegriffen werden kann.

Definition

Sei A ein Alphabet. Dann heißt jede Teilmenge L der Menge A* aller Wörter über A eine Sprache über A, wir schreiben

$$\boxed{L \subset A^*}$$

Beispiel

A = {a,b}. Beispiele für Sprachen sind folgende Wortmengen

$L_1 := \{bab,\ abba, a^5\}$

$L_2 := \{a^n b^n | a \in A,\ b \in A,\ n \in \mathbb{N}\}$

$\quad\ = \{ab,\ aabb,\ aaabbb,\ \ldots\}$

$L_3 := \emptyset$ (d.i. die leere Menge)

$L_3 := \{\varepsilon\}$ (d.i. die einelementige, nur aus dem leeren Wort bestehende Menge)

$L_4 := \{ab^p a \mid a,b \in A, p \text{ Primzahl}\}$
$= \{abba, abbba, abbbbba, ...\}$

Nachdem Sprachen als Mengen erklärt sind, kommen als Verknüpfungen zunächst die aus der Mengenalgebra (I,1.1.3) bekannten Operationen in Betracht:

- Durchschnitt zweier Sprachen $L_1, L_2 \subset A^*$:
$$L_1 \cap L_2 = \{t \mid t \in L_1 \wedge t \in L_2\}$$
- Vereinigung zweier Sprachen $L_1, L_2 \subset A^*$:
$$L_1 \cup L_2 = \{t \mid t \in L_1 \vee t \in L_2\}$$
- Differenz zweier Sprachen $L_1, L_2 \subset A^*$:
$$L_1 \setminus L_2 = \{t \mid t \in L_1 \wedge t \notin L_2\}$$
- Komplementärsprache $\bar{L}$ zu $L \subset A^*$:
$$\bar{L} = \{t \mid t \in A^* \wedge t \notin L\} = A^* \setminus L$$

Es wird sich herausstellen, daß diese Operationen allein nicht ausreichen für den weiteren Aufbau formaler Sprachen. Wir benötigen dazu solche Verknüpfungen, die auf die Konkatenation der Wörter (vgl.4.2.5) zurückgreifen.

Definition

Als *Produkt* $L_1 L_2$ zweier Sprachen L_1, L_2 über einem Alphabet A erklären wir die Menge der Wörter, die durch Konkatenation eines Wortes t_1 aus L_1 und eines Wortes t_2 aus L_2 entstehen:

$$\boxed{L_1 L_2 := \{t_1 t_2 \mid t_1 \in L_1 \wedge t_2 \in L_2\}}$$

Beispiele

1. $A = \{a,b,c\}$, $L_1 = \{a,bb,ca\}$, $L_2 = \{cc,b,\varepsilon\}$. Dann ist $L_1 L_2 = \{acc, ab, a, bbcc, bbb, bb, cacc, cab, ca\}$

    Beachte: $ba \notin L_1 L_2$, die Konkatenation ist nicht kommutativ!

2. $A = \{a,b\}$, $L_1 = \{a^n \mid n \in \mathbb{N}_0\}$, $L_2 = \{b^m \mid m \in \mathbb{N}_0\}$.
    Dann ist $L_1 L_2 = \{a^n b^m \mid n,m \in \mathbb{N}_0\}$
    $= \{\varepsilon, a, b, aa, ab, bb, aaa, aab, abb, bbb, ...\}$
    aber: $ba \notin L_1 L_2$, $bab \notin L_1 L_2$ etc.

2.5 Wortmengen

Unmittelbare Folgerungen aus der Produktdefinition sind die Idempotenz $A^*A^* = A^*$ und die Formel

$$AA^* = A^*A = A^* \setminus \{\varepsilon\} = A^+,$$

also die Menge aller nicht-leeren Wörter über A.

Satz

Die Menge aller Sprachen über dem Alphabet A, also die Potenzmenge $P(A^*)$, bildet bezüglich der Produktverknüpfung "·" einen freien *Monoid* mit $\{\varepsilon\}$ als Neutralelement.

Beweis: 1. $(P(A^*), \cdot)$ ist eine algebraische Struktur: mit $L_1 \in P(A^*)$ und $L_2 \in P(A^*)$ ist auch $L_1 L_2 \in P(A^*)$, d.h. die Produktverknüpfung führt nicht aus $P(A^*)$ hinaus. 2. "·" ist assoziativ: $L_1(L_2 L_3) = (L_1 L_2)L_3$, was unmittelbar aus der Assoziativität der Konkatenation folgt. 3. Für jede Sprache L gilt $L\{\varepsilon\} = \{\varepsilon\}L = L$, also ist die nur aus ε bestehende Sprache Neutralelement der Produktoperation.

Satz

Die Produktverknüpfung von Sprachen ist *beiderseitig distributiv* über der Vereinigungsoperation:

$$L_1 (L_2 \cup L_3) = (L_1 L_2) \cup (L_1 L_3) =: L_1 L_2 \cup L_1 L_3$$
$$(L_1 \cup L_2) L_3 = (L_1 L_3) \cup (L_2 L_3) =: L_1 L_3 \cup L_2 L_3$$

Die Schreibweise der Formeln bringt die Priorität der Produktoperation vor der Vereinigungsoperation zum Ausdruck (Klammereinsparung!)

Beweis: Wir beschränken uns auf den Nachweis der ersten Beziehung, die andere zeigt man völlig analog. Stets wird dabei auf die Eigenschaften von Konjunktion "∧" und Disjunktion "∨" im Rahmen des Aussagenkalküls (I,1.7.4) zurückgegriffen.

$$\begin{aligned} L_1(L_2 \cup L_3) &= \{st \mid s \in L_1 \wedge t \in (L_2 \cup L_3)\} \\ &= \{st \mid s \in L_1 \wedge (t \in L_2 \vee t \in L_3)\} \\ &= \{st \mid (s \in L_1 \wedge t \in L_2) \vee (s \in L_1 \wedge t \in L_3)\} \end{aligned}$$

$$= \{st \mid st \in L_1 L_2 \vee st \in L_1 L_3\}$$
$$= L_1 L_2 \cup L_1 L_3.$$

Definition

Als *Iteration (Kleenesche Sternoperation)* L^* einer Sprache L erklärt man die unbeschränkte generalisierte Vereinigung aller Potenzen L^i von L, wobei L^i für das i-fache Produkt von L mit sich selbst steht ($L^0 := \{\varepsilon\}$):

$$L^* = \{\varepsilon\} \cup L \cup L^2 \cup L^3 \cup \ldots \cup L^n \cup \ldots = \bigcup_{i \in \mathbb{N}_0} L^i$$

L^* heißt auch die *abgeschlossene Hülle* von L. Ferner bezeichne L^+ die positive abgeschlossene Hülle von L:

$$L^+ = L^* \setminus \{\varepsilon\}.$$

Beispiele

1. $A = \{a,b,c\}$, $L = \{abc\}$. Dann ist $L^0 = \{\varepsilon\}$, $L^1 = L = \{abc\}$, $L^2 = LL = \{abcabc\}$, $L^3 = \{abcabcabc\}$, $\ldots$, $L^n = \{(abc)^n\}$, $\ldots$ $L^* = \{(abc)^i \mid i \in \mathbb{N}_0\}$, $L^+ = \{(abc)^i \mid i \in \mathbb{N}\}$.

2. $A = \{a,b\}$, $L = \{a,bb\}$. Damit wird $L^0 = \{\varepsilon\}$, $L^1 = \{a,bb\}$, $L^2 = \{a,bb\}\{a,bb\} = \{aa,abb,bba,b^4\}$, $L^3 = LL^2 = \{a^3, a^2b^2, ab^2a, ab^4, b^2a^2, b^2ab^2, b^4a, b^6\}$, $\ldots$, $L^* = \{a,bb\}^*$.

Aufgaben zu 2.5.1

1. Vereinfachen Sie: a) $(L^*)^*$, b) L^*L^*, c) $\{\varepsilon\}^*$, d) LL^* für $L \neq \{\varepsilon\}$!

2. $L_1 = \{a,bc,cc\}$, $L_2 = \{ab,b,a\}$, $L_3 = \{ab,a,c,bc\}$. Überprüfen Sie damit exemplarisch die zwei Distributivgesetze!

3. Sei $L = \{ab,ba\}$. Geben Sie L^3 an!

4. Ist t^R das Spiegelwort zu t (vgl. Aufgabe 3 zu 4.2.5), so heißt die Menge aller t^R mit t aus L die *Spiegelsprache* L^R zu L. Zeigen Sie
a) $(L^R)^R = L$, b) $(L_1 L_2)^R = L_2^R L_1^R$.

5. Unter welcher Voraussetzung hat L^* die gleiche Bedeutung wie A^* gemäß der Definition von 4.2.2?

2.5.2 Reguläre Sprachen

Wir betrachten nun eine spezielle formale Sprache, der Sie im Abschnitt 3 (Automaten) dieses Buches als Sprache eines einfachen Automaten wiederbegegnen werden. Diese "Korrespondenz" zwischen formalen Sprachen und Automaten ist charakteristisch für dieses Anwendungsgebiet. Dazu erklären wir eine Vorschrift, die eindeutig angibt, welche Teilmengen von A^* genommen werden dürfen. Auf diese Weise gelangt man zu den "regulären Mengen" (synonym: "reguläre Sprachen").

Definition

> Als *reguläre Sprachen (reguläre Mengen)* bezeichnet man die und nur die Teilmengen von A^*, die durch folgende Vorschrift gebildet werden können
> 1. $\emptyset$ ist reguläre Menge
> 2. $\{\varepsilon\}$ und $\{a\}$ sind reguläre Mengen für jedes $a \in A$
> 3. Sind L_1 und L_2 reguläre Sprachen, so sind auch die Vereinigung $L_1 \cup L_2$, das Produkt $L_1 L_2$ und die Iteration L_1^* reguläre Sprachen.

Für das Operating benötigt man eine einfache und handliche Darstellung. Dazu wählt man sogenannte *reguläre Ausdrücke*, mit denen reguläre Mengen bezeichnet werden. Wir wählen hierfür

ε als Bezeichnung für $\{\varepsilon\}$

a als Bezeichnung für $\{a\}$

und legen die Priorität von "*" vor "·" und "·" vor "∪" fest. Damit werden Klammern eingespart.

Beispiel

Wir erläutern reguläre Ausdrücke über dem Alphabet $\{0,1\}$.
1. 10 (lies: eins - null) bezeichnet die reguläre Menge $\{1\}\{0\} = \{10\}$ (d.i. eine einelementige Menge!)
2. 1^* bezeichnet die reguläre Menge $\{1\}^* = \{\varepsilon, 1, 11, 111, \ldots\} = \{1^n | n \in \mathbb{N}_0\}$; $1^0 := \varepsilon$
3. $(1 \cup 0)^*$ bezeichnet die reguläre Menge $(\{1\} \cup \{0\})^* = \{1,0\}^* = \{\varepsilon, 0, 1, 00, 01, 10, 11, 000, 001, \ldots\}$
4. $(11)^*$ bezeichnet die reguläre Menge $(\{1\}\{1\})^* = \{11\}^* = \{\varepsilon, 11, 1111, \ldots\} = \{(11)^n | n \in \mathbb{N}_0\}$
5. $0^* 1 0^*$ bezeichnet die reguläre Menge $\{0\}^*\{1\}\{0\}^* = \{0^n 1 0^m | n, m \in \mathbb{N}_0\}$, das sind alle Wörter, die aus genau einer 1 (an beliebiger Stelle) und sonst Nullen bestehen.

6. (010)* bezeichnet die reguläre Menge ({0}{1}{0})* = {010}* = {(010)^n|n∈$\mathbb{N}_o$}

    = {ε,010,010010,...}

7. (1*0*1)* bezeichnet die reguläre Menge ({1}*{0}*{1})*

    = {ε,1,01,11,101,111,001,1111,1101,...}

8. (1 ∪ 00 ∪ 101)* bezeichnet die reguläre Menge ({1} ∪ {0}{0} ∪ {1}{0}{1})*
    = {1,00,101}*, das sind alle Wörter (einschl. ε), welche aus den Teilwörtern
    1, 00 und 101 in beliebiger Anzahl und beliebiger Reihenfolge bestehen, z.B.
    00111, 10100001, aber nicht 01, 1010, 110001!

9. ((10 ∪ 01)*(00)*)* bezeichnet die reguläre Menge ({10,01}*{00}*) , dazu
    gehören z.B. die Ketten 10,01,00,1010,1001,0101,0000,100100, jedoch nicht
    z.B. die Wörter 1,0,11,100,1011.

10. Die Menge M = {$0^n 1^n$|n∈$\mathbb{N}_o$} kann durch keinen regulären Ausdruck dargestellt werden! Beachte, daß der naheliegende Ausdruck 0*1* nicht diese
    Menge, sondern die Menge {0}*{1}* = {$0^n 1^m$|n,m∈$\mathbb{N}_o$} beschreibt, von der M
    nur eine echte Teilmenge (n=m) ist! Nicht jede Menge von Zeichenketten
    über {0,1} stellt demnach eine reguläre Menge dar.

Die damit beschriebenen Wörter regulärer Mengen dienen als Eingabedaten endlicher Maschinen, sie werden von diesen "akzeptiert" (vgl.3.3.3).

Aufgaben zu 2.5.2

1. Welche Mengen (Sprachen) werden durch folgende reguläre Ausdrücke bezeichnet (geben Sie eine verbale Beschreibung sowie einige Elemente an!):
   a) 1(1 ∪ 0)*0, b) (1*01*0)*, c) (11 ∪ 00)*

2. Suchen Sie eine Lösung der "Gleichung" x = 1x ∪ 0, in der x als Platzhalter
   für einen regulären Ausdruck über dem Alphabet {0,1} steht. Lösung heißt
   jede Belegung von x, so daß links und rechts vom "=" reguläre Ausdrücke
   stehen, die die gleiche Menge bezeichnen.

2.5.3 Regelsprachen

Wir wollen jetzt einen etwas anderen Weg zur Festlegung formaler Sprachen einschlagen. Der Leser wird sich erinnern, daß die Regeln eines Produktionssystems es gestatten, gegebene Wörter zu verändern bzw. aus vorhandenen Wörtern neue zu erzeugen. Auf diese Methode greifen wir im folgenden zurück. Dabei soll zunächst der Begriff der "Regelgrammatik" erklärt werden.

2.5 Wortmengen

Bekanntlich dient die Grammatik in jeder Sprache dazu, Vorschriften über die richtige Bildung und Anordnung von Wörtern zu Sätzen zu machen. Hierbei ist es erforderlich, bestimmte syntaktische Begriffsbildungen, die man etwa zur Zerlegung eines Satzes benötigt, wie "Prädikat", "Verb", "Subjekt" u.a. zu verwenden, um damit Aussagen *über* die eigentliche Sprache zu machen. Unser mathematisches Modell für eine Grammatik muß diese Unterscheidung berücksichtigen. Während wir bisher schlechthin vom "Alphabet A" sprachen, müssen wir jetzt differenzieren zwischen

- den Alphabet A_T der *Terminals,* das ist die Menge der Zeichen, mit denen die Wörter der (Basis-) Sprache gebildet werden. A_T entspricht dem bisher benutzten Alphabet, wir verwenden dafür kleine lateinische Anfangsbuchstaben a,b,c,...;

- dem Alphabet A_N der *Nonterminals,* das ist die Menge der Zeichen, mit denen die Wörter der Meta-Sprache gebildet werden; dafür werden große lateinische Anfangsbuchstaben verwendet: A,B,C,...

- dem *Produktionssystem* P von endlich vielen Regeln der Form $\alpha_i \to \beta_i$, wobei α_i, β_i Wörter über dem Gesamtalphabet $A_T \cup A_N$ bedeuten.

- dem *Startsymbol* S, einem speziellen Nonterminal ($S \in A_N$), das stets am Anfang einer Folge von Überführungen steht.

Definition

Ein Quadrupel (A_T, A_N, P, S) im Sinne der voranstehenden Erklärungen heißt eine *Regelgrammatik* G.
Jede Teilmenge von Wörtern über A_T, die auf Grund der Regelgrammatik $G = (A_T, A_N, P, S)$ aus dem Startsymbol S mittels "$\overset{*}{\Rightarrow}$" herleitbar (überführbar) ist, heißt eine *Regelsprache* L(G):

$$L(G) = \{t \mid t \in A_T^* \land S \overset{*}{\Rightarrow} t\}$$

Beispiel

Eine besonders einfache Sprache wird mit den Alphabeten $A_T = \{a,b\}$, $A_N = \{S\}$ und den Produktionsregeln P: $S \to Sab$, $S \to ba$ bestimmt. Aus S leitet man her:

$S \Rightarrow Sab \Rightarrow Sabab \Rightarrow S(ab)^3 \Rightarrow \ldots \Rightarrow S(ab)^n \Rightarrow ba(ab)^n$

Die durch diese Grammatik bestimmte Sprache besteht damit aus allen Wörtern der Form $ba(ab)^n$, worin n eine beliebige natürliche Zahl einschließlich null bedeutet:

$$L(G) = \{ba(ab)^n \mid n \in \mathbb{N}_0\}$$

Man kann die Regeln des Produktionssystems in Form von Syntaxbäumen anschaulich machen. Hierbei werden die Knoten den Terminals und Nonterminals, die Kanten den Ableitungen (Überführungen) zugeordnet. Die Kanten sind als abwärts orientiert zu verstehen. In jeden Knoten läuft genau eine Kante (ausgenommen das Startzeichen S, das einmal einen Knoten ohne Eingang kennzeichnet), während $n \geq 0$ Kanten aus einem Knoten herausführen. Der Graph ist zusammenhängend, jeder Knoten ist durch Kanten mit S verbunden. Abb.44 zeigt den *Syntaxbaum* für die Produktionsregeln

$$S \to Sab, \quad S \to ba$$

Dabei stehen die Zeichen der Wörter rechts vom Pfeil (in gleicher Anordnung) jeweils auf gleicher Höhe. Entsprechend liest man aus dem Syntaxbaum der Abb.45 die Produktionsregeln

$$S \to 0A, \ S \to 1S, \ S \to \varepsilon, \ A \to 0B, \ A \to 1A, \ B \to 0S, \ B \to 1B \text{ ab.}$$

Hierbei ist $A_T = \{0,1\}$, $A_N = \{S,A,B\}$. Beachte: $\varepsilon \in A_T^*$.

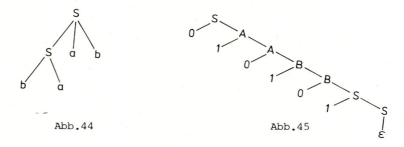

Abb.44   Abb.45

Wir betrachten nun einen speziellen Typ einer Regelsprache, der in der Literatur als "Typ 3" (nach Chomsky) bekannt ist. Es zeigt sich, daß es sich um die regulären Sprachen handelt, die jetzt nur auf einem anderen Wege erklärt werden.

2.5 Wortmengen

Definition

> Besteht das Produktionssystem einer Regelsprache nur aus Substitutionen
> 1. eines Nonterminals durch eine Terminalwort (A → t)
> 2. eines Nonterminals durch eine Kette aus einem Nonterminal und einem Terminalwort (A → tB oder A → Bt),
>
> so heißt die damit definierte Regelsprache vom *Typ 3*. Die Grammatik heißt *rechtslinear (linkslinear)*, falls alle Regeln (2) die Form A → tB (A → Bt) besitzen (t ∈ A_T^+)

Beispiel

Eine Regelgrammatik G = (A_T, A_N, P, S) sei gegeben durch
$A_T = \{0,1\}$, $A_N = \{A,B,S\}$, P: S → OA, S → 1B, S → 0,
A → OA, A → OS, A → 1B, B → 1B, B → 1, B → O.

Wir erkennen, daß es sich um eine rechtslineare Grammatik für eine Regelsprache vom Typ 3 handelt. Die zentrale Frage ist: welche Wörter gehören zu der damit definierten Sprache L(G)? Zweifellos haben wir die Frage beantwortet, wenn wir die Menge L(G) geschlossen anschreiben können. Dann kann man z.B. sofort entscheiden, ob 010 ∈ L(G) oder 1100 ∈ L(G) oder 00010 ∈ L(G) gilt. Um das Beispiel gründlich zu durchleuchten, diskutieren wir zwei Lösungswege: eine heuristische Lösung und einen methodisch-algorithmischen Weg. Letzterer wird zugleich den Zusammenhang mit der Darstellung von L(G) als reguläre Menge aufzeigen.

1. **Lösungsweg.** Wir spielen alle Möglichkeiten des Produktionssystems durch und versuchen damit alle Wortmengen zu erfassen, deren Vereinigung die Sprache L(G) ausmacht.

a) S ⟹ O. S ⟹ OA ⟹ 0^2S ⟹ 0^3. S ⟹ OA ⟹ 0^2A ⟹ ... ⟹ 0^{n-1}S ⟹ 0^n.
   Damit entsteht die Menge $M_1 = \{0^n | n \in \mathbb{N}, n \neq 2\}$.

b) S ⟹ 1B ⟹ 11. S ⟹ 1B ⟹ 1^2B ⟹ 1^3B ⟹ ... ⟹ 1^{n-1}B ⟹ 1^n.
   Damit entsteht die Menge $M_2 = \{1^n | n \in \mathbb{N}, n \neq 1\}$.

c) S ⟹ OA $\overset{*}{\Longrightarrow}$ 0^nA ⟹ 0^n1B ⟹ $0^n 1^2$B ⟹ ... ⟹ $0^n 1^{m-1}$B ⟹ $0^n 1^m$.
   Damit entsteht die Menge $M_3 = \{0^n 1^m | n, m \in \mathbb{N}, m \neq 1\}$.

d) S ⟹ 1B ⟹ 1^2B $\overset{*}{\Longrightarrow}$ 1^nB ⟹ 1^nO: $M_4 = \{1^n O | n \in \mathbb{N}\}$.

e) S ⟹ OA $\overset{*}{\Longrightarrow}$ 0^nA ⟹ 0^n1B $\overset{*}{\Longrightarrow}$ $0^n 1^m$B ⟹ $0^n 1^m$O
   Damit entsteht die Menge $M_5 = \{0^n 1^m O \,|\, n, m \in \mathbb{N}\}$

Weitere Wortbildungen gibt es nicht. Die Sprache L(G) ist damit die Vereinigung L(G) = $M_1 \cup M_2 \cup M_3 \cup M_4 \cup M_5$. Für die oben erwähnten Wörter folgt also: 010 ∈ L(G), 1100 ∉ L(G), 00010 ∈ L(G).

2. Lösungsweg. Wenn die Typ 3-Sprachen mit den regulären Sprachen identisch sind [1], so muß sich für jede der Typ 3-Sprachen ein regulärer Ausdruck angeben lassen. Wir wollen dies wenigstens exemplarisch zeigen. Das Verfahren ist raffiniert: wir schreiben unsere Produktionsregeln in Form eines Gleichungssystems um und "lösen" dieses für das Startsymbol. Die ersten drei Regeln unseres Beispiels besagen: S kann in 0A oder 1B oder 0 überführt werden. Dafür schreiben wir formal die Gleichung

$$S = 0A \cup 1B \cup 0$$

und interpretieren die rechte Seite als regulären Ausdruck, d.h. *wir behandeln* Nonterminals und Terminals so, *als ob* sie reguläre Ausdrücke bezeichneten (deshalb auch die Vereinigung "$\cup$" als Verknüpfung!). Daß man dies tatsächlich tun darf, wird damit gerechtfertigt, daß man (in jedem Fall!) auf den korrekten Ausdruck für L(G) geführt wird. In der gleichen Weise schreiben wir die jeweils drei Produktionsregeln für A und B um und erhalten damit ein System von drei Gleichungen

$$S = 0A \cup 1B \cup 0 \quad (1)$$
$$A = 0A \cup 1B \cup 0S \quad (2)$$
$$B = 1B \cup 1 \cup 0 \quad (3)$$

Nach Aufgabe 2, Abschnitt 4.5.2, hat (3) die Lösung (nachrechnen!)

$$B = 1^*(1 \cup 0) \quad (1')$$

Damit gehen wir in (2) und schreiben für diese

$$A = 0A \cup 11^*(1 \cup 0) \cup 0S$$
$$= 0A \cup [1^+(1 \cup 0) \cup 0S]$$

Wir haben damit die gleiche Form "A = aA$\cup$b" mit a = 0 und b = [...], deren Lösung A = a*b uns wieder bekannt ist:

$$A = 0^*[1^+(1 \cup 0) \cup 0S] \quad (2')$$

---

[1] Wir verzichten hier auf den verhältnismäßig aufwendigen Beweis für diese Identität. Er kann bei Maurer (1969) nachgelesen werden.

2.5 Wortmengen

Es stört uns nicht, daß innerhalb der eckigen Klammern noch S als "Unbekannte" steht, denn wir gehen jetzt mit der rechten Seite von (2') für A und dem Ausdruck (1') für B in (1) ein:

$$S = 00^*[1^+(1 \cup 0) \cup 0S] \cup 11^*(1 \cup 0) \cup 0$$
$$= 0^+1^+(1 \cup 0) \cup 0^+0S \cup 1^+(1 \cup 0) \cup 0$$
$$= 0^+0S \cup (0^+ \cup \varepsilon) \; 1^+(1 \cup 0) \cup 0$$
$$= 0^+0S \cup (0^*1^+1 \cup 0^*1^+0 \cup 0)$$

woraus wir als Lösung für S den Ausdruck

$$S = (0^+0)^*(0^*1^+1 \cup 0^*1^+0 \cup 0)$$

bekommen. Dieser reguläre Ausdruck bezeichnet die Menge der aus S herleitbaren (überführbaren) Wörter, und das ist doch die Sprache L(G), die damit zugleich als reguläre Sprache nachgewiesen ist. Wir vereinfachen den Ausdruck noch etwas und überzeugen uns davon, daß wir zur gleichen Menge L(G) gelangt sind wie beim 1. Lösungsweg ("\" bezeichnet die Mengendifferenz "ohne" im regulären Ausdruck):

$$(0^+0)^* = 0^* \setminus 0 \text{ bezeichnet } \{00,000,0000,\ldots\}^*$$
$$(0^* \setminus 0)0^*1^+1 = 0^*1^+1 \text{ bezeichnet } \{\varepsilon,0,00,000,\ldots\} \cdot$$
$$\cdot \{11,111,1111,\ldots\} = M_2 \cup M_3$$
$$(0^* \setminus 0)0^*1^+0 = 0^*1^+0 \text{ bezeichnet } \{\varepsilon,0,00,000,\ldots\} \cdot$$
$$\cdot \{1,11,111,\ldots\} \cdot \{0\} = M_4 \cup M_5$$
$$(0^* \setminus 0)0 = 0^+ \setminus (00) \text{ bezeichnet } \{0,000,0000,\ldots\} = M_1$$

und unsere Sprache L(G) wird durch den regulären Ausdruck

$$0^*1^+(1 \cup 0) \cup (0^+ \setminus (00))$$

bezeichnet. Der Leser rechne dies ausführlich nach. Die Darstellung der Wortmenge durch einen solchen geschlossenen reg. Ausdruck ist die eigentliche Leistung des Kalküls. Sie kommt u.a. in der Automatentheorie voll zum Tragen.

Aufgaben zu 2.5.3

1. $A_T = \{a,b\}$, $A_N = \{A,S\}$, P: $A \to aS$, $S \to aA$, $A \to b$.
   Bestimmen Sie L(G)! Durch welchen regulären Ausdruck wird L(G) bezeichnet?

2. Zu jeder rechtslinearen regulären Grammatik gibt es eine äquivalente linkslineare, die die gleiche Wortmenge erzeugt. Wie lautet eine solche für L(G) von Aufgabe 1?

3. Man untersuche die Regelgrammatik $G = (A_T, A_N, P, S)$ mit $A_T = \{0,1\}$, $A_N = \{A,B,S\}$, P: $S \to 1S$, $A \to 1A$, $B \to 1B$, $S \to 0A$, $A \to 0B$, $B \to 0S$, $S \to \varepsilon$. Richten Sie Ihre Aufmerksamkeit auf die Anzahl der Nullen in jedem Wort und beschreiben Sie den vermuteten Sachverhalt verbal! Welcher reguläre Ausdruck bezeichnet die von G erzeugte Sprache?

Literatur zu 2.

1. Birkhoff, G.; Bartee, T.C.: Angewandte Algebra. München, Wien 1973
2. Dorninger, D.; Müller, W.: Allgemeine Algebra und Anwendungen. Stuttgart 1984
3. Lidl, R.: Algebra für Naturwissenschaftler und Ingenieure. Berlin, New York 1975
4. Markov, A.A.: Theory of Algorithms. Übersetzung aus dem Russischen. 4.Auflage, Jerusalem 1971
5. Maurer, H.: Theoretische Grundlagen der Programmiersprachen. Theorie der Syntax. Mannheim 1969

3 Automaten
D. Pflügel

3.1 Einleitung

Unter dem Begriff Automat kann sich jeder etwas vorstellen. Man assoziiert hiermit technische Ausführungen von Geräten, die einen vorgegebenen Ablauf automatisch nachvollziehen können. Dabei sind diese Geräte sehr unterschiedlich kompliziert aufgebaut. Die Arbeitsweise einer Mausefalle als automatische Fangvorrichtung kann auch vom technischen Laien leicht verstanden werden. Bei einer automatisch arbeitenden Waschmaschine ist deren Wirkungsweise schon nicht mehr so durchsichtig. Bei digitalen Rechenmaschinen ist die Arbeitsweise und Struktur schon so komplex so daß ein simples Nachvollziehen ihrer Arbeitsweise nicht mehr möglich ist. Daraus könnte man leicht den Schluß ziehen, daß die Automatentheorie hier den Schlüssel zum Verständnis aller dieser Automaten liefert. Dies ist jedoch nicht der Fall. Die Automatentheorie ist als ein Zweig der Mathematik aufzufassen, in der eine allgemeine Theorie aufgebaut wird, welche die Arbeitsweise abstrakter Automatenmodelle erklärt. Mit Hilfe dieser Modelle können dann einmal allgemeingültige Gesetze aufgestellt werden und zum anderen, und das ist für den Anwender besonders wichtig, gewisse Problemkreise angegeben werden, die mit diesen Modellen analysiert werden können. Das sind z.B. Probleme der Zeichenketten- und Strukturerkennung, wie sie bei der Analyse von Programmiersprachen, beim Bau von Übersetzern oder von Kommandosprachen in Betriebssystemen auftreten. Das sind bestimmte Probleme, die beim Entwurf von digitalen Schaltnetzwerken oder bei der Behandlung von Nervennetzenmodellen auftreten. Auch das Verhalten von Prozeßmodellen in der Prozeßtechnik kann mit diesen Modellen behandelt werden. Man kann aber auch Probleme der Lerntheorie und der künstlichen Intelligenz mit automatentheoretischen Methoden untersuchen. Schließlich besteht ein enger Zusammenhang zwischen Automaten- und Algorithmentheorie: ein spezieller Automatentyp, die Turingmaschine, gestattet eine mathematische Darstellung von Verfahrensvorschriften zur

Lösung bestimmter Problemklassen.

Wir wollen uns im folgenden mit den Modellen beschäftigen, die für den Praktiker ein Werkzeug zur Lösung seiner anwendungsbezogenen Aufgaben darstellen. Aus Platzgründen werden wir uns nur mit solchen Grundlagen beschäftigen, die einen Einstieg in weiterführende Literatur ermöglichen.

3.2 Automatenmodelle

Wir wollen zunächst einen Überblick über die wichtigsten Klassen von Automaten geben. Dazu klären wir die Bedeutung einer Reihe von Größen, die wir für diese Klassifizierung benötigen. Im allgemeinen werden in einen Automaten bestimmte *Signale* eingegeben. Die Natur dieser Signale kann sehr unterschiedlich sein, z.B. Zeichen, Symbole, Stromimpulse, Tastendrücke oder andere physikalische Größen. Um hier unabhängig von der Signalart zu werden, sprechen wir immer von Zeichen bzw. Zeichenketten, die wir in den Automaten eingeben. Die Gesamtheit aller auftretenden Zeichen bezeichnen wir als *Alphabet,* die Menge der eingegebenen Zeichen als Eingabealphabet. Entsprechendes gilt für die Reaktion des Automaten. Er gibt nach obiger Sprechweise Zeichen aus, die zu einem Ausgabealphabet gehören. Diese beiden Begriffe genügen aber im allgemeinen noch nicht, um die Arbeitsweise des Automaten beschreiben zu können. Wir führen noch den Begriff des *Zustandes* ein. Wir sagen dann, der Automat geht von einem Zustand in einen anderen Zustand über, es findet ein *Zustandsübergang* statt. Diese Zustandsübergänge werden durch die Eingabezeichen veranlaßt. Es besteht also ein enger Zusammenhang zwischen dem gerade verarbeiteten Eingabezeichen und dem jeweiligen Zustand, in dem sich ein Automat befindet. Ein Warenautomat wird z.B. erst dann Ware ausgeben, wenn er durch Eingabe einer Geldmünze vom gesperrten Zustand in den geöffneten Zustand übergegangen ist. Eine weitere Eigenschaft, die ebenfalls eine Bedeutung bei der Untersuchung von Automaten hat, ist seine Speicherfähigkeit. Durch Einführung eines Speicherbandes, kurz *Speicher,* kann der Anwendungsbereich eines Automaten erheblich erweitert werden. Mit diesen Begriffen wollen wir jetzt eine kurze Übersicht über die gebräuchlichsten Automaten geben.

Der Akzeptor
Der Akzeptor oder Automat ohne Ausgabe besitzt ein Eingabeband, auf dem die zu untersuchende Eingabekette steht. Er erzeugt keine Ausgabe und hat auch

3.1 Einleitung

keinen Speicher. Die durch die Eingabezeichen veranlaßten Zustandsübergänge bestimmen sein Verhalten. Der Automat kann nur feststellen, ob eine vorgelegte Zeichenkette richtig oder falsch ist, im Sinne der vom Automaten akzeptierbaren Zeichenketten. Die Hauptanwendung dieses Automatentyps findet man deshalb bei der Erkennung von Zeichenketten, wie sie z.B. bei der lexikalischen Analyse und der Syntaxanalyse im Compilerbau durchgeführt wird.

Die Maschine
Die Maschine oder der Automat mit Ausgabe besitzt ein Eingabeband mit Eingabezeichen. In Abhängigkeit vom jeweiligen Zustand und dem Eingabezeichen erzeugt sie ein Ausgabezeichen auf einem Ausgabeband. Ein Speicher fehlt auch hier. Die Maschine transformiert sozusagen die Eingabekette in eine Ausgabekette. Angewendet wird die Maschine zur Konstruktion von digitalen Schaltkreiswerken. Im Compiler findet man die Maschine als sogenannten Transduktor (Umsetzer) zur Transformation einer Zeichenkette in eine andere.

Der Kellerautomat
Der Kellerautomat besitzt ein Eingabeband, kein Ausgabeband aber jetzt zusätzlich ein Speicherband. Auf dem Speicherband werden Zwischenergebnisse abgespeichert, mit denen das Verhalten des Automaten beeinflußt wird. Er stellt eine echte Erweiterung des Akzeptors dar, da er Zeichenketten erkennt, die vom Akzeptor auf Grund seines Aufbaus nicht verarbeitet werden können. Der Kellerautomat wird vorwiegend im Compilerbau benutzt, um eine Syntaxanalyse komplizierterer Sprachen durchzuführen.

Die Turingmaschine
Die Turingmaschine besitzt ein Eingabeband, ein Ausgabeband und einen Zwischenspeicher. Dabei sind Eingabe-, Ausgabe- und Speicherband identisch. Der Automat kann damit die Eingabezeichenkette verändern. Turingmaschinen können z.B. Algorithmen aufzeigen, sie gestatten aber auch den Nachweis zu erbringen, daß es für bestimmte Probleme keine algorithmische Lösung gibt.

Bezüglich der Arbeitsweise von Automaten lassen sich zwei Klassen bilden. Einmal arbeitet der Automat *deterministisch*. Das bedeutet, daß die Zustandsübergänge, veranlaßt durch die Eingabezeichen, immer eindeutig sind. Zu jedem Zeichen gehört ein und nur ein Folgezustand. Anders beim *nichtdeterministisch* arbeitenden Automaten. Hier ist der Übergang nicht eindeutig bestimmt. Beim allgemeinen nichtdeterministischen Automaten hängt die Wahl der Übergänge von der gesamten Eingabekette ab. Der *stochastische* Automat gehört zwar auch zum nichtdeterministischen Automaten, aber hier sind die Zustandsübergänge mit einer gewissen Wahrscheinlichkeit vorgegeben. Alle vorgestellten Automaten können sowohl deterministisch als auch nichtdeterministisch arbeiten. Schließlich sei noch bemerkt, daß wir zwischen *endlichen* und *unendlichen* Automaten unterscheiden. Bei den endlichen Automaten ist sowohl die Zustandsmenge als auch der Speicher endlich.

In den folgenden Abschnitten werden wir uns mit dem Akzeptor und der Maschine beschäftigen. Dabei wird im wesentlichen auf eine exakte Beweisführung von Sätzen verzichtet. Dafür sollen die zahlreichen Beispiele und Aufgaben die Zusammenhänge und Anwendungen verdeutlichen.

3.3 Endliche Automaten

3.3.1 Die Arbeitsweise des endlichen Automaten

Der Akzeptor oder endliche Automat ohne Ausgabe - wir wollen kurz Automat dafür schreiben - ist der einfachste Typ. Er besitzt ein Eingabeband auf dem die zu verarbeitende Eingabezeichenkette steht. Bevor wir eine genaue Definition geben, wollen wir seine Arbeitsweise an einem einfachen Beispiel erläutern. Wir stellen uns einen Geldtresor vor, der durch eine dreistellige Zahl (Ziffernkombination) geöffnet werden kann. Ist eine Ziffer in der Ziffernkombination falsch, so muß wieder mit Eingabe der gesamten Ziffernkombination begonnen werden. Wir können uns leicht überlegen, daß der Tresor insgesamt vier unterschiedliche Zustände annehmen kann. Der erste Zustand ist der Startzustand, der Tresor ist geschlossen. Nach Eingabe der ersten (richtigen) Ziffer geht er in einen Zustand über, in dem gespeichert ist, daß eine richtige Ziffer eingegeben wurde. Bei Eingabe der zweiten und dritten (jeweils richtigen) Ziffer geht der Tresor wiederum in einen neuen Zustand über, dabei ist der letzte (vierte) Zustand dann ein Endzustand. In diesem Zustand ist der Tresor geöffnet. Wird in den Tresor eine falsche Ziffernkombination eingegeben, so kehrt er immer in den Startzustand zurück. Im Endzustand ("geöffnet") kann eine beliebige Ziffernkette eingegeben werden, der Automat verbleibt in diesem Zustand.

3.3 Endliche Automaten

Wir wollen jetzt das Eingabealphabet definieren. Um den Tresor für alle richtigen Ziffernkombinationen darzustellen, müssen wir nur zwischen den richtigen und den falschen Ziffern unterscheiden. Dabei bedeutet richtige Ziffer eine richtige Ziffer an der richtigen Stelle in der Ziffernkombination. Unser Eingabealphabet hat also nur zwei Zeichen: r für richtige Ziffer und f für falsche Ziffer. Wir schreiben dann: $\sum = \{r,f\}$, wenn $\sum$ das Eingabealphabet bedeutet. Ist z.B. die Zahl 137 eine richtige Ziffernkombination, so lautet die Eingabezeichenkette für unseren Tresor: x = rrr, wenn x die Eingabezeichenkette bezeichnet. Oder: für die den Automaten ebenfalls öffnende Ziffernkette 173137 ist x = rffrrr.

Die einzelnen Zustände des Tresors wollen wir mit q_0, q_1, q_2 und q_3 bezeichnen. Dabei kennzeichnet q_0 den Startzustand und q_3 den Endzustand. Alle Zustände bilden die Zustandsmenge: $Q = \{q_0, q_1, q_2, q_3\}$.

Die Arbeitsweise des Tresors läßt sich durch den in Abb.46 angegebenen *Graphen* gut veranschaulichen. Dabei stellen die Knoten des Graphen die Zustände des Tresors dar. Ein Zustandsübergang wird durch eine, mit dem jeweiligen Zeichen r bzw. f markierte, gerichtete Kante dargestellt. Der Pfeil zeigt immer in Richtung des nächsten Zustandes (vgl.IV,1.2.1).

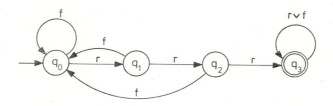

Abb.46

Wir können aus dem Graphen deutlich ablesen, daß der Tresor bei richtigen Ziffern in den Endzustand q_3 gelangt. Bei falschen Ziffern kehrt er immer wieder in den Startzustand zurück. Um Startzustand und Endzustand hervorzuheben, versehen wir ersteren mit einem zusätzlichen Pfeil und letzteren kennzeichnen wir durch einen Doppelkreis.

Dem Graphen entnehmen wir, daß der Tresor deterministisch arbeitet. Das heißt, jeder Zustandsübergang ist eindeutig festgelegt. Dies zeigt sich im Graphen dadurch, daß von einem Knoten niemals mehrere Kanten wegführen die mit dem gleichen Zeichen markiert sind. Unser Automat ist jetzt vollständig beschrieben.

Aufgaben zu 3.3.1

1. Man entwerfe den Graphen eines Automaten, der die Arbeitsweise eines Kombinationsschlosses simuliert. Das Schloß bestehe aus drei Ziffern (einstellbare Rädchen), die unabhängig voneinander eingestellt werden können. Die Einstellung soll von links nach rechts erfolgen. Die richtige Ziffernkombination lautet: x = 375.

2. Ein Schaltkreis bestehe aus einer Stromquelle, einem Schalter und einer Lampe. Die Arbeitsweise des Schaltkreises ist als Automat darzustellen. Als Zustände wähle man: "Lampe aus" als Startzustand und "Lampe ein" als Endzustand. Die Schalterstellungen sind als Zeichen eines Eingabealphabetes zu definieren.

3. Der Schalter aus Aufgabe 2. wird durch eine Wechselschaltung ersetzt (Abb.47). Man entwerfe hierfür einen Automaten. Als Eingabe definiere man: 0 = "Schalter nicht betätigt" und 1 = "Schalter betätigt".

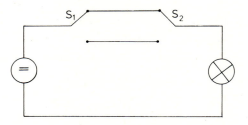

Abb.47

3.3.2 Deterministischer endlicher Automat

Wenn ein Automat deterministisch arbeitet, wird dies in seiner Bezeichnung üblicherweise nicht extra hervorgehoben. Wir nennen ihn deshalb einfach Automat. Die Definition für diesen Automaten lautet dann:

Definition

Ein Automat ist ein 5-Tupel $A = (Q, \Sigma, \delta, q_o, F)$.
Dabei ist:
1. $\Sigma = \{a_1, a_2, \ldots, a_n\}$ ein endliches *Eingabealphabet*. Die a_i sind die Eingabezeichen einer Eingabezeichenkette.
2. $Q = \{q_o, q_1, \ldots, q_m\}$ eine endliche Menge von Zuständen, auch *Zustandsmenge* genannt. Die q_i sind die Zustände des Automaten.

3.3 Endliche Automaten

3. $F \subset Q$ die Menge der Endzustände, in die der Automat bei Verarbeitung einer akzeptierbaren Zeichenkette übergeht.
4. $q_o \in Q$ der *Startzustand* des Automaten. Das ist der Zustand, in dem der Automat startet, wenn er das erste Zeichen der Eingabekette verarbeitet.
5. δ ist die *Überführungsfunktion*. Sie gibt an, in welchen nächsten Zustand der Automat übergeht, wenn er ein Zeichen a_j verarbeitet hat. Die Funktion δ ist eine Abbildung von $Q \times \Sigma$ auf Q, d.h. es gilt $\delta: Q \times \Sigma \rightarrow Q$ mit der Zuordnung $(q_i, a_j) \mapsto q_k = \delta(q_i, a_j)$ mit $q_i, q_k \in Q$ und $a_j \in \Sigma$.
Die Funktion δ beschreibt im einzelnen die Arbeitsweise des Automaten.

Unser Tresor als Automat geschrieben lautet dann:
$A_{Tresor} = (\{q_o, q_1, q_2, q_3\}, \{r, f\}, \delta, q_o, \{q_3\})$ mit:

$$\delta(q_o, r) = q_1, \quad \delta(q_o, f) = q_o$$
$$\delta(q_1, r) = q_2, \quad \delta(q_1, f) = q_o$$
$$\delta(q_2, r) = q_3, \quad \delta(q_2, f) = q_o$$
$$\delta(q_3, r) = q_3, \quad \delta(q_3, f) = q_3$$

Im allgemeinen hat ein Automat mehr als einen Endzustand. Desweiteren verlangt man, daß von jedem Zustand genau so viele Kanten wegführen, wie es Eingabezeichen gibt. Das bedeutet, daß die Funktion δ für jedes Zeichen definiert sein muß. Erst dann ist der Automat vollständig definiert. Mitunter sind beim Entwurf eines Automaten noch nicht alle Werte festgelegt. Wir sprechen dann von einem "*unvollständig* definierten Automaten". Durch Ergänzungserklärungen kann die Definition stets vervollständigt werden.

Neben der algebraischen Definition eines Automaten ist es zweckmäßig, sich die Arbeitsweise eines Automaten an Hand eines technischen Modells zu verdeutlichen. Wir stellen uns den Automaten als ein Gerät vor, welches aus einer Steuereinheit und einem Eingabeband besteht (Abb.48). Die Steuereinheit steuert den Ablauf des Automaten, sie realisiert gewissermaßen die Abbildungsfunktion δ. Auf dem Eingabeband stehen die Zeichen der Eingabezeichenkette. Das Band ist in Felder eingeteilt. Jedes Feld enthält ein Zeichen. Mittels eines Lesekopfes wird jeweils ein Zeichen vom Band gelesen und der Steuereinheit zur Verfügung gestellt. Die Steuereinheit wird über einen Taktgeber (z.B. eine Uhr) so gesteuert, daß nach jedem Takt das Eingabeband um ein Feld verschoben wird und die Steuereinheit in den neuen Zustand, entsprechend der Funktion δ übergeht. Im Takt $t = t_o$ (Zeitpunkt t_o) ist die Steuereinheit im

Startzustand q_0. Der Lesekopf steht über dem ersten Zeichen des Bandes. Das erste Zeichen wird gelesen. Entsprechend der Beziehung $q_i = \delta(q_0, a_1)$ stellt sich der Zustand q_i ein und das nächste Zeichen wird gelesen, nachdem das Band um ein Feld verschoben wurde. Die Zeichenkette gilt dann als richtig (akzeptiert), wenn die Steuereinheit, nach Verarbeitung des letzten Zeichens des Bandes, in einem Endzustand $q_k \in F$ angekommen ist.

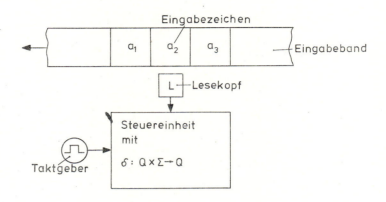

Abb. 48

Bevor wir auf weitere Definitionen und Eigenschaften von Automaten eingehen, sollen erst noch einige Beispiele die Arbeitsweise eines Automaten verdeutlichen.

Beispiele

1. Es soll ein Automat entworfen werden, der erkennt, ob eine vorgelegte Dezimalziffernkette eine gerade Zahl bildet. Als erstes müssen wir das Eingabealphabet Σ festlegen. Dazu bilden wir alle geraden Ziffern auf das Zeichen g und alle ungeraden Ziffern auf das Zeichen u ab. Also: $f_g: \{0,2,4,6,8\} \to \{g\}$ und $f_u: \{1,3,5,7,9\} \to \{u\}$. Unser Eingabealphabet lautet dann: $\Sigma = \{g,u\}$. Weiter wissen wir, daß eine Zahl gerade ist, wenn die am weitesten rechts stehende Ziffer gerade ist, sonst ist sie ungerade. Das heißt, daß der Automat dann in den Endzustand gelangt, wenn eine gerade Ziffer verarbeitet wurde. Der Graph von Abb. 49 zeigt den Automaten. Im Zustand q_2 werden alle ungeraden Ziffern verarbeitet. Wird in diesem Zustand eine gerade Ziffer verarbeitet, so erfolgt ein Übergang in den

3.3 Endliche Automaten

Endzustand q_1. Der Automat lautet somit: A = ($\{q_0,q_1,q_2\}$, $\{g,u\}$, δ, q_0, $\{q_1\}$) mit $\delta(q_0,g)=q_1$, $\delta(q_0,u)=q_2$, $\delta(q_2,g)=q_1$, $\delta(q_2,u)=q_2$, $\delta(q_1,g)=q_1$, $\delta(q_1,u)=q_2$. Da der Zustand q_2 kein Endzustand ist, wird z.B. die Zahl 127453, die der Zeichenkette uguguu entspricht, als nicht gerade Zahl erkannt bzw. nicht akzeptiert. Dagegen ist die Zahl 37852 eine gerade und wird auch als solche akzeptiert, der Automat gelangt in den Endzustand q_1.

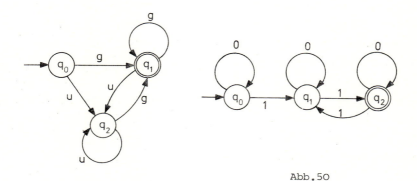

Abb.50

Abb.49

2. Gegeben ist eine Zeichenkette, bestehend aus den Zeichen 0 und 1 in beliebiger Reihenfolge. Gesucht ist ein Automat, der die Zeichenkette akzeptiert, bei der die Anzahl der Einsen gerade ist.
Es ist $\Sigma = \{0,1\}$. Um den Graphen entwerfen zu können, brauchen wir nur zu bedenken, daß immer nur ein Vielfaches von zwei Einsen den Automaten in einen Endzustand überführen können. Der Automat muß sich also merken, wieviele Einsen er schon verarbeitet hat. Dazwischenliegende Nullen haben keinen Einfluß auf das Ergebnis. Abb.50 zeigt den vollständigen Graphen. Der Automat lautet somit: A = ($\{q_0,q_1,q_2\}$, $\{0,1\}$, δ, q_0, $\{q_2\}$). Die Funktion δ kann leicht aus dem Graphen abgelesen werden.

3. Gegeben sei der Automat A = (Q,Σ,δ,q_0,F) mit $Q = \{q_0,q_1,q_2,q_3\}$
$\Sigma = \{a,b\}$, $F = \{q_1,q_2\}$ und der Überführungsfunktion δ gemäß $\delta(q_0,a)=q_2$, $\delta(q_1,a)=q_1$, $\delta(q_2,a)=q_2$, $\delta(q_3,a)=q_3$, $\delta(q_0,b)=q_1$, $\delta(q_1,b)=q_1$, $\delta(q_2,b)=q_3$ und $\delta(q_3,b)=q_3$.
Gesucht sind alle Zeichenketten, die vom Automaten akzeptiert werden.

Wir geben als erstes den Graphen des Automaten in Abb.51 an. Die möglichen richtigen Zeichenketten können wir jetzt direkt ablesen:
1. Der Übergang vom Zustand q_0 in den Zustand q_1 erfolgt, wenn b das erste Eingabezeichen ist, danach bleibt der Automat im Zustand q_1, egal ob a oder b folgt. Damit ergeben sich alle Zeichenketten, die mit b beginnen: b, ba, bb, baa, bab, ..., babbabb, ...
2. In den anderen Endzustand q_2 wird der Automat dann geführt, wenn die Eingabekette nur a-Zeichen aufweist: a, aa, aaa, ...
3. Da q_3 kein Endzustand ist, sind alle Ketten, die vom Zustand q_2 wegführen, falsche Zeichenketten, z.B. aaaba.

Die Menge aller Zeichenketten von 1. oder 2. können wir zu einer *regulären Menge L* zusammenfassen (vgl.IV,2.5.2). Es gilt dann:
$L = \{b\}(\{a\} \cup \{b\})^* \cup \{a\}\{a\}^*$. Der Automat erkennt somit alle Worte, die mit einem b beginnen, dem beliebig viele a oder b folgen sowie alle Worte, die nur aus a-Zeichen bestehen. Wir werden später noch sehen, daß gerade die regulären Mengen über einem Alphabet die Zeichenketten enthalten, die von einem Automaten akzeptiert werden.

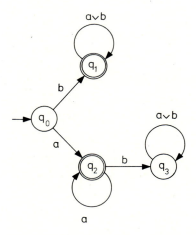

Abb.51

<u>Tabellarische Darstellung</u> der Funktion δ. Der Graph eines Automaten, so wie wir ihn bis jetzt benutzt haben, gibt die einzelnen Zustandsübergänge bei der Verarbeitung eines Zeichens wieder. Der Graph ist ein hervorragendes Mittel, um einen Automaten zu entwerfen. In vielen Fällen ist es jedoch nützlich, die Funktion δ auch in tabellarischer Form anzugeben.

3.3 Endliche Automaten

Dazu benutzt man eine zweidimensionale Tabelle, deren Spalten durch die Eingabezeichen a_j des Eingabealphabetes markiert werden. Die Zeilen der Tabelle werden durch die Zustände q_i des Automaten gekennzeichnet. Die Elemente der Tabelle sind dann die sich jeweils einstellenden neuen Zustände q_k entsprechend der Beziehung: $q_k = \delta(q_i, a_j)$. Abb.52 zeigt den grundsätzlichen Aufbau der Tabelle: q_k steht im Schnittpunkt der q_i-Zeile mit der a_j-Spalte.

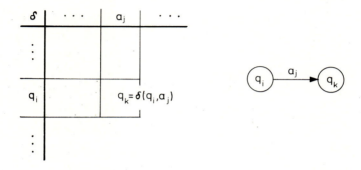

Abb.52

Beispiel

4. Gegeben sei der Automat $A = (\{q_0, q_1, q_2, q_3\}, \{0,1\}, \delta, q_0, \{q_3\})$ mit $\delta(q_0,0)=q_1$, $\delta(q_0,1)=q_2$, $\delta(q_1,0)=q_1$, $\delta(q_1,1)=q_3$, $\delta(q_2,0)=q_3$, $\delta(q_2,1)=q_2$, $\delta(q_3,0)=q_3$, $\delta(q_3,1)=q_3$. Abb.53 zeigt den Graphen und die Übergangstabelle der Funktion δ. Vom Automaten wird die reguläre Menge $L = (\{1\}^+\{0\} \cup \{0\}^+\{1\})(\{0\} \cup \{1\})^*$ akzeptiert, also etwa 1110, 0001, 101001, 011001; aber nicht 11, 00, 1111 usw.

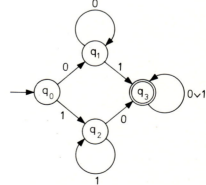

Abb.53

Die bisher betrachteten Automaten waren alle vollständig definiert. In der Übergangstabelle erkennt man dies daran, daß alle Tabellenelemente mit einem Zustand besetzt sind. Beim Entwurf eines Automaten interessieren wir uns aber in erster Linie für die Zeichenketten, die vom Automaten als richtig erkannt werden. Die Menge dieser akzeptierten Zeichenketten ist eine Teilmenge aller Zeichenketten aus Σ^*. Das bedeutet, daß der Automat beim Entwurf unvollständig definiert sein wird. Es ist aber leicht, aus dem unvollständigen Automaten einen vollständig definierten zu machen. Dazu führen wir einen weiteren Zustand ein, der kein Endzustand sein darf. Dann zeichnen wir von denjenigen Knoten, denen noch auslaufende Kanten fehlen, eine Kante zu diesem weiteren Zustand und beschriften diese Kante mit den Zeichen, für die der Übergang noch nicht definiert war. In der Übergangstabelle tragen wir in alle freien Plätze diesen Zustand ein und ergänzen die Tabelle durch eine weitere Zeile, die mit dem neuen Zustand gekennzeichnet wird. Beachten Sie, daß sich durch diese Erweiterung die Menge der akzeptierten Zeichenketten nicht geändert hat.

Beispiel

5. Gesucht ist der Automat, der die Zeichenketten der Menge $L = \{a\}\{b\}^*\{a\}$ erkennt.

   Abb.54 gibt den ersten Entwurf für den Automaten. Die Übergänge für die Paare (q_0,b), (q_2,a) und (q_2,b) sind noch nicht definiert.

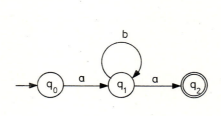

δ	a	b
q_0	q_1	
q_1	q_2	q_1
q_2		

Abb.54

Wir führen den Zustand q_3 ein und bilden die Übergangsfunktionswerte:
$\delta(q_0,b) = \delta(q_2,a) = \delta(q_2,b) = \delta(q_3,a) = \delta(q_3,b) = q_3$. Damit ergibt sich der vollständig definierte Automat aus Abb.55.

3.3 Endliche Automaten

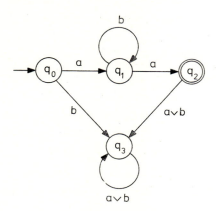

Abb. 55

Der Zustand q_3 sammelt somit alle die Übergänge, die durch Zeichenketten entstehen, die nicht vom Automaten akzeptiert werden. Wir wollen ihn "Fehlerzustand" nennen.

Aufgaben zu 3.3.2

1. Welche Bedingungen muß ein Automat erfüllen, damit die leere Zeichenkette ε nicht akzeptiert bzw. akzeptiert wird?

2. Man zeichne den Graphen des Automaten, der die folgenden Wortmengen akzeptiert: a) $L = \{a\}$, b) $L = \{a\} \cup \{b\}$, c) $L = \{a\}^*$, d) $L = \{a\}^* \setminus \{\varepsilon\}$, e) $L = \{a^i \mid i=1,3,5,\ldots\}$.

3. Wie lautet der Automat, der die Zeichenketten $x \in \{a,b,c\}^*$ akzeptiert?

4. Welche Zeichenketten werden von folgendem Automaten akzeptiert:
   $A = (\{q_0,q_1\}, \{a,b\}, \delta, q_0, \{q_1\})$, $\delta(q_0,a) = \delta(q_1,b) = q_1$, $\delta(q_1,a) = q_0$.

5. Gesucht ist ein Automat, der erkennt, ob eine vorgelegte Zeichenkette mit den Buchstaben A bis H und O bis Z oder mit den Buchstaben I bis N beginnt (Namen von Bezeichnern in FORTRAN). Der Automat soll dabei jeweils in einem anderen Endzustand enden.

6. Gesucht ist ein Automat, der erkennt, ob eine vorgelegte Dezimalzahl die Form d^i. oder $.d^i$ oder $d^i.d^j$ mit $i,j > 0$ besitzt (Gleitpunktzahlen in Programmiersprachen). Anmerkung: der Punkt ist als Eingabezeichen zu werten!

3.3.3 Die von einem Automaten akzeptierte Wortmenge

Wie wir aus den verschiedenen Beispielen gesehen haben, kann ein Automat dazu benutzt werden, um zu entscheiden, ob eine vorgelegte Zeichenkette zu einer bestimmten Wortmenge gehört oder nicht. Wir wollen diese Fragestellung jetzt allgemein formulieren. Dazu führen wir den Begriff der Konfiguration ein.

Definition

> Ist $A = (Q, \Sigma, \delta, q_o, F)$ ein Automat, so nennen wir das Paar aus einem Zustand q und einer Zeichenkette w über dem gegebenen Alphabet $(q,w) \in Q \times \Sigma^*$ eine *Konfiguration* (auch Situation) von A.

Eine Konfiguration der Form (q_o,w) nennen wir eine *Anfangskonfiguration* (Initialkonfiguration). Die Konfiguration (q,ε) mit $q \in F$ nennen wir eine *Endkonfiguration* von A. ε ist dabei die leere Zeichenkette. ε signalisiert gleichsam das Ende der Zeichenkette. Um von einer Konfiguration zur nächsten zu gelangen, muß ein *Konfigurationsübergang* erfolgen. Wir werden diesen durch die Relation $\vdash$ darstellen und schreiben: $(q_i, aw) \vdash (q_j, w)$ mit $q_i, q_j \in Q$, $a \in \Sigma$ und $w \in \Sigma^*$. Mit unserem technischen Modell des Automaten vor Augen, können wir den Konfigurationsübergang wie folgt verstehen. Der Automat befindet sich im Zustand q_i. Auf dem Eingabeband steht das Eingabewort aw, bestehend aus dem Zeichen a und der Kette w. Der Lesekopf steht über dem Zeichen a. Nach Verarbeitung von a geht der Automat in den Zustand q_j über, wobei das Eingabeband zugleich um ein Feld nach links bewegt wurde. Der Lesekopf steht nun über dem ersten Zeichen des Wortes w. Die Relation $\vdash$ (lies: "gehe über in") hat dann die folgende Bedeutung: "gehe über in einen neuen Zustand bei Verarbeitung eines Zeichens". Die Konfiguration als solche beschreibt somit den Gesamtzustand des Automaten: den Zustand zusammen mit der Zeichenkette, deren vorderstes Zeichen gerade unter dem Lesekopf steht.

Beispiel

1. Gegeben sei der Automat $A = (\{q_o, q_1, q_2\}, \{a,b\}, \delta, q_o, \{q_2\})$ mit $\delta(q_o,a) = \delta(q_1,a) = q_1$, $\delta(q_o,b) = \delta(q_1,b) = \delta(q_2,a) = \delta(q_2,b) = q_2$. Eine Anfangskonfiguration ist dann: (q_o,ab) oder (q_o,b) mit $ab, b \in \Sigma^*$. Ist w=ab ein Eingabewort, so ist $(q_o,ab) \vdash (q_1,b)$ ein Konfigurationsübergang, verursacht durch das Zeichen a. $(q_1,b) \vdash (q_2,\varepsilon)$ ist ebenfalls ein Konfigurationsübergang, wobei (q_2,ε) eine Endkonfiguration ist. Wir verstehen jetzt auch die Bedeutung der leeren Zeichenkette. Sie signalisiert das Ende der Eingabekette.

3.3 Endliche Automaten

Wollen wir im Beispiel von der Anfangskonfiguration zur Endkonfiguration gelangen, so gilt: $(q_0,ab) \vdash (q_1,b) \vdash (q_2,\varepsilon)$, wofür wir auch abgekürzt schreiben wollen $(q_0,ab) \vdash^2 (q_2,\varepsilon)$, oder, für eine Zeichenkette der festen Länge $|w| = n$ auch $(q_0,w) \vdash^n (q,\varepsilon)$ mit $q \in F$. Im allgemeinen ist aber die Länge einer Zeichenkette nicht vorgegeben. Wir schreiben dann $(q_0,w) \vdash^* (q,\varepsilon)$ und verstehen darunter die Menge aller Konfigurationsübergänge für Zeichenketten der beliebigen Länge $i \geq 0$.

Die Interpretation von $\vdash^n$ für $n > 0$ ist klar, siehe z.B. $\vdash^2$: es wurde eine Zeichenkette w der Länge $|w| = 2$ verarbeitet. Die Relation $\vdash^0$ ist dann die Identität zweier Konfigurationen. So gilt $(q_i,w) \vdash^0 (q_j,w)$ genau dann, wenn $q_i = q_j = q$ ist. Das ist z.B. der Fall, wenn Endzustand und Startzustand eines Automaten zusammenfallen. Dies ist aber nicht zu verwechseln mit $(q_i,aw) \vdash (q_j,w)$ mit $q_i = q_j = q$, $a \in \Sigma$ und $w \in \Sigma^*$. Im Graphen ist dies eine Schleife und jeder Schleifendurchlauf führt zu einer anderen Konfiguration, denn der Lesekopf zeigt danach auf eine andere Stelle der Zeichenkette. Wir wollen jetzt festlegen, welche Zeichenketten von einem Automaten als akzeptiert gelten.

Definition

> Eine Eingabezeichenkette w des Automaten $A = (Q,\Sigma,\delta,q_0,F)$ gilt als akzeptiert, wenn $(q_0,w) \vdash^* (q,\varepsilon)$ mit $q \in F$ gilt, d.h. die Kette w wird vollständig verarbeitet, wobei der Automat in einem Endzustand angelangt ist.

Die Menge aller akzeptierten Zeichenketten, die akzeptierte Wortmenge $L(A) \subset \Sigma^*$, bezeichnet man auch als *Sprache des Automaten*:

$$L(A) = \{w \mid w \in \Sigma^* \land (q_0,w) \vdash^* (q,\varepsilon) \land q \in F\}$$

Beispiel

2. Welche Sprache wird durch folgenden Automaten definiert:
   $A = (\{q_0,q_1\},\{0,1\},\delta,q_0,\{q_1\})$ mit $\delta(q_0,0)=q_0$, $\delta(q_0,1)=q_1$, $\delta(q_1,0)=\delta(q_1,1)=q_1$.
   Wir zeichnen als erstes den Graphen in Abb.56. Hieraus entnehmen wir:
   $L(A) = \{0^i 1\}\{0,1\}^*$ mit $i \geq 0$.

Wir überprüfen das Ergebnis für w = 0110 und w = 000.
1. $(q_0,0110) \vdash (q_0,110) \vdash (q_1,10) \vdash (q_1,0) \vdash (q_1,\varepsilon)$
2. $(q_0,000) \vdash (q_0,00) \vdash (q_0,0) \vdash (q_0,\varepsilon)$. Da $q_0 \notin F$ ist, gilt
   $w = 000 \notin L(A)$.

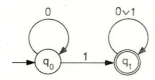

Abb.56

Die Funktion δ können wir auch auf Zeichenketten fortsetzen. Wir nennen diese neue Funktion dann δ^* (man bezeichnet sie oft wieder mit δ). Sie ist definiert durch: $\delta^*: Q \times \Sigma^* \to Q$ mit $(q_i,w) \mapsto q_k = \delta^*(q_i,w)$ und $(q_j,\varepsilon) \mapsto q_j = \delta^*(q_j,\varepsilon)$ und $w \in \Sigma^*$, $q_j \in F$. Die konkrete Bestimmung von δ^* erfolgt durch rekursive Anwendung von δ^* auf die Kette $w = a_1 a_2 \ldots a_n = a_1 x$ in folgender Weise:

$$\delta^*(q, a_1 x) = \delta^*(\delta(q,a_1),x)$$
$$\delta^*(q, w) = \delta^*(\delta(\ldots(\delta(q,a_1),a_2),\ldots,a_n)$$

Ein Beispiel soll dies verdeutlichen.

Beispiel

3. Gegeben sei die Überführungsfunktion eines Automaten:
   $\delta(q_0,a) = q_1$, $\delta(q_1,b) = q_2$ und $q_2 \in F$. Dann gilt für $w = ab$
   $\delta^*(q_0,w) = \delta^*(q_0,ab) = \delta^*(\delta(q_0,a),b) = \delta^*(\delta(\delta(q_0,a),\varepsilon) =$
   $\delta^*(\delta(q_1,b),\varepsilon) = \delta^*(q_2,\varepsilon) = q_2 \in F$.

Wir können dann für die akzeptierte Wortmenge eines Automaten auch schreiben:

$$L(A) = \{w \mid w \in \Sigma^* \land \delta^*(q_0,w) \in F\}$$

Aufgaben zu 3.3.3

1. Bei dem folgenden Automaten bestimme man die Anfangskonfigurationen, die Endkonfigurationen und die Wortmenge $L(A)$.
   $A = (\{q_0,q_1,q_2\},\Sigma,\delta,q_0,\{q_2,q_1\})$
   mit $\delta(q_0,0) = \delta(q_1,1) = \delta(q_2,0) = q_2$, $\delta(q_0,1) = \delta(q_1,0) = q_1$

3.3 Endliche Automaten

2. Für die Kette $x = 10^i 10$ überprüfe man, ob sie zur Wortmenge L(A) gehört, indem man die Konfigurationsübergänge feststellt und die Funktion δ^* bildet.

3.3.4 Nichtdeterministischer Automat

Beim nichtdeterministischen Automaten erfolgt die Überführung zwischen den Zuständen im allgemeinen nicht mehr eindeutig. Die Funktion δ wird hier anders erklärt. Wir wollen dies zunächst an einem einfachen Beispiel zeigen.

Beispiel

1. Gesucht ist ein Automat, der die beiden Mengen $L_1 = \{1\}\{0\}^*$ und $L_2 = \{10\}\{1\}^*$ akzeptiert.

    Zur Lösung stellen wir einen Automaten für L_1 und einen für L_2 auf. Durch Vereinigung beider erhalten wir dann den gesuchten Automaten. Für L_1 ergibt sich der Automat aus Abb.57, die Zeichenketten sind von der Form $x = 10^i (i \geq 0)$. Für L_2 ergibt sich der Automat aus Abb.58, die Zeichenketten sind von der Form $x = 101^i (i \geq 0)$. (Hinweis: die Graphen definieren die Automaten unvollständig, jedoch genügen diese Angaben zur eindeutigen Bestimmung der akzeptierten Wortmengen L_1 bzw. L_2). Wir fassen jetzt beide Automaten zusammen, indem wir die Startzustände von beiden zusammenlegen. Es ergibt sich dann der Automat aus Abb.59. Er akzeptiert die Wortmenge $L = L_1 \cup L_2$. Es gilt nämlich: $(q_0, 10^i) \vdash (q_1, 0^i) \vdash^i (q_1, \varepsilon)$ und $(q_0, 101^i) \vdash^2 (q_3, 1^i) \vdash^i (q_3, \varepsilon)$ für jedes $i \geq 0$.

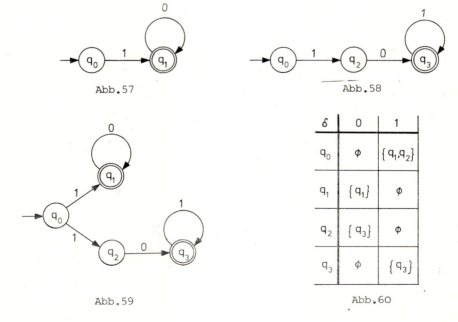

Abb.57   Abb.58

Abb.59   Abb.60

Bei dem Graphen der Abb.59 unseres Beispiels fällt uns allerdings auf, daß vom Knoten q_o zwei *gleichmarkierte* Kanten wegführen. Dies bringt uns in gewisse Schwierigkeiten. Wenn wir vom Zustand q_o beginnend, z.B. die Zeichenkette x=100 verarbeiten wollen, so wissen wir nicht, welches der nächste Zustand ist, q_1 oder q_2. Im Beispiel ergäbe $(q_o,100) \vdash (q_2,00) \vdash (q_3,0)$ einen Fehler, was den obigen Ergebnissen widerspräche. Der Automat arbeitet nicht mehr deterministisch. Welches der nächste Zustand ist, hängt von der ganzen Eingabekette selbst ab.

Definition

> Ein *nichtdeterministischer Automat* ist ein 5-Tupel $U = (Q, \Sigma, \delta, Q_o, F)$. Dabei ist:
> 1. $\Sigma = \{a_1, a_2, \ldots, a_n\}$ das endliche Eingabealphabet
> 2. $Q = \{q_o, q_1, \ldots, q_m\}$ die endliche Zustandsmenge
> 3. $F \subset Q$ die Menge der Endzustände
> 4. $Q_o \subset Q$ die Menge der Startzustände
> 5. δ die Überführungsfunktion die angibt, in welche der Zustände der Automat übergeht, wenn er ein Zeichen a_i verarbeitet hat. Die Funktion δ wird als Abbildung von $Q \times \Sigma$ in die Potenzmenge $P(Q)$ erklärt (vgl.I,1.1.2). Es gilt $\delta: Q \times \Sigma \to P(Q)$ mit $(q_i, a_j) \mapsto q'_k = \delta(q_i, a_j)$ und $a_j \in \Sigma$, $q'_k \in P(Q)$.

Die Abbildung des Paares (q_i, a_j) in die Potenzmenge von Q drückt sich im Graphen dadurch aus, daß von einem Knoten mehr als eine gleichmarkierte Kante wegführt. In der Übergangstabelle sind die Tabellenelemente dann die Vereinigung aller Zustände, zu denen der Automat für das Zeichen a_j übergeht. Diese Vereinigungsmengen sind - als Teilmengen von Q - die Elemente der Potenzmenge P(Q) und damit die "Funktionswerte" von δ. Für das Beispiel 1 ergibt sich dann die Übergangstabelle aus Abb.60. Die Bezeichnung Ø (leere Menge!) soll verdeutlichen, daß hier die Funktion δ nicht definiert ist. Der Automat ist unvollständig. Er kann nach den gleichen Regeln, wie sie für den unvollständig definierten deterministischen Automaten aufgestellt wurden, vollständig gemacht werden.

Wir wollen jetzt untersuchen, wie sich der deterministische und der nichtdeterministische Automat zueinander verhalten. Dazu betrachten wir folgendes Beispiel.

3.3 Endliche Automaten

Beispiel

2. Gesucht ist ein Automat, der die beiden Zeichenketten x_1=01 und x_2=00 akzeptiert.

   Die Automaten für x_1 bzw. x_2 zeigt Abb.61. Nach Zusammenfassen beider ergibt sich der Automat U aus Abb.62. Wir können aber auch gleich den Automaten für $x\in\{x_1,x_2\}$ angeben. Es handelt sich dann um einen deterministischen Automaten, siehe Abb.63.

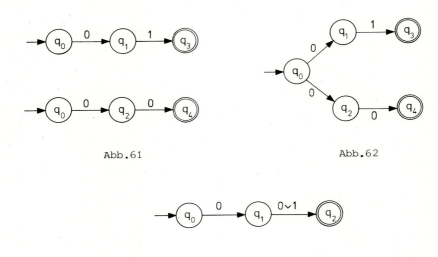

Abb.61   Abb.62

Abb.63

Wir stellen somit fest, daß wir für die gleiche Wortmenge verschiedene Automaten angeben können. Es liegt der Verdacht nahe, daß dieser Sachverhalt allgemeine Gültigkeit hat. Der folgende Satz bestätigt das.

Satz

> Ist U ein nichtdeterministischer Automat, dann gibt es einen deterministischen Automaten A, so daß gilt L(A) = L(U).

Die *Umwandlung des Automaten* U in den Automaten A kann nach folgendem Schema durchgeführt werden:

Ist $U = (Q,\Sigma,\delta,Q_o,F)$ und $A = (Q',\Sigma,\delta',q'_o,F')$ dann gilt:

1. Die Zustandsmenge Q' besteht aus allen Elementen der Potenzmenge $P(Q)$, also $Q' = \{q'_k \mid q'_k \in P(Q)\}$.

2. Die Menge F' der Endzustände wird gebildet aus allen den Elementen von P(Q), die mindestens einen Endzustand von F enthalten, also:
F' = {q' | q'∈Q' ∧ q' ∩ F ≠ ∅}.

3. Der Startzustand von A wird gebildet aus allen Startzuständen von U, also: $q'_o = Q_o$.

4. Die Überführungsfunktion δ' wird folgendermaßen gebildet:

$$\delta'(q'_i, a_j) = \bigcup_{q \in q'_i} \delta(q, a_j) \quad \text{für alle } a_j \in \Sigma.$$

Um das Verfahren besser zu verstehen, bringen wir zwei Beispiele.

Beispiel

3. Gegeben ist der Automat $U = (\{q_o, q_1, q_2\}, \{a,b\}, \delta, \{q_o\}, \{q_2\})$ mit
$\delta(q_o,a)=\{q_1,q_2\}$, $\delta(q_o,b)=\emptyset$, $\delta(q_1,b)=\{q_1,q_2\}$, $\delta(q_1,a)=\emptyset$, $\delta(q_2,a)=\delta(q_2,b)=\emptyset$.
Gesucht ist der deterministische Automat A. Die Potenzmenge von Q lautet:
$P(Q)=\{\{q_o\},\{q_1\},\{q_2\},\{q_o,q_1\},\{q_o,q_2\},\{q_1,q_2\},\{q_o,q_1,q_2\},\emptyset\}$.
Nach 1. gilt: $Q' = \{q'_o, q'_1, q'_2, q'_{o1}, q'_{o2}, q'_{12}, q'_{o12}, \emptyset\}$, mit $q'_{ijk} := \{q_i, q_j, q_k\}$
Nach 2. gilt: $F' = \{q'_2, q'_{o2}, q'_{12}, q'_{o12}\}$, da $q_2 \in F$ ist.
Nach 3. gilt: $q'_o = \{q_o\}$.
Nach 4. gilt für δ' dann: $\delta'(q'_o,a)=\delta(q_o,a)=\{q_1,q_2\}=q'_{12}$, $\delta'(q'_o,b)=\delta(q_o,b)=\emptyset$
$\delta'(q'_1,a)=\delta(q_1,a)=\emptyset$, $\delta'(q'_1,b)=\delta(q_1,b)=\{q_1,q_2\}=q'_{12}$, $\delta'(q'_{12},a)=\delta(q_1,a) \cup \delta(q_2,a)=\emptyset$, $\delta'(q'_{12},b)=\delta(q_1,b) \cup \delta(q_2,b)=\{q_1,q_2\} \cup \emptyset = q'_{12}$.
Alle übrigen Übergänge ergeben ∅. Unser deterministischer Automat lautet somit:
$A = (\{q'_o, q'_{12}\}, \{a,b\}, \delta', q'_o, \{q'_{12}\})$, mit $\delta'(q'_o,a)=q'_{12}$ und $\delta'(q'_{12},b) = q'_{12}$. Abb.64 zeigt den Graphen für den Automaten U und A. Da der Zustand q'_1 nie erreicht wird, kann er weggelassen werden. Von beiden Automaten wird die Wortmenge $L = \{a\}\{b\}^*$ akzeptiert.

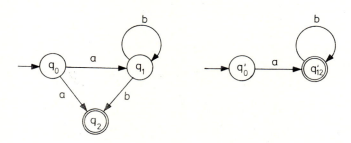

Abb.64

3.3 Endliche Automaten

Im allgemeinen benötigt man zur Aufstellung von δ' nicht alle Elemente von P(Q). In der Praxis geht man deshalb so vor, daß man δ' direkt aus der Übergangstabelle für δ bestimmt. Man braucht dann immer nur die Zustandsübergänge zu bestimmen, die vom Automaten benötigt werden. Abb.65 gibt die Methode für das Beispiel 3 im einzelnen wieder. Die Zustände q_1 und q_2 brauchen nicht berücksichtigt zu werden. Von P(Q) bleiben nur die Elemente q'_0, q'_{12} und $\emptyset$ übrig.

δ	a	b
q_0	$\{q_1,q_2\}$	$\emptyset$
q_1	$\emptyset$	$\{q_1,q_2\}$
q_2	$\emptyset$	$\emptyset$

δ'	a	b
q'_0	q'_{12}	$\emptyset$
q'_{12}	$\emptyset$	q'_{12}

Abb.65

Beispiel

4. Der nichtdeterministische Automat lautet:

$U = (\{q_0,q_1,q_2\},\{a,b\},\delta,\{q_0\},\{q_1,q_2\})$

Abb.66 gibt den Graphen und die Übergangstabelle beider Automaten wieder. Von beiden wird die Wortmenge $L = \{a\}^+(\{\varepsilon\} \cup \{b\}\{a\}^*)$ akzeptiert.

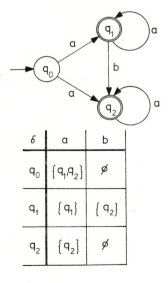
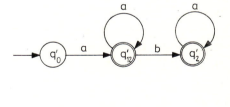

δ	a	b
q_0	$\{q_1,q_2\}$	$\emptyset$
q_1	$\{q_1\}$	$\{q_2\}$
q_2	$\{q_2\}$	$\emptyset$

δ'	a	b
q'_0	q'_{12}	$\emptyset$
q'_{12}	q'_{12}	q'_2
q'_2	q'_2	$\emptyset$

Abb.66

Aufgaben zu 3.3.4

1. Gesucht ist der Automat U, der die folgenden Worte akzeptiert:
   a) $L(U) = \{a\}\{b\}\{c\}^* \cup \{a\}\{b\}^+ \cup \{a\}^+$ b) $L(U) = \{a\} \cup \{ba\}^* \cup \{a\}\{b\}^*$.

2. Man zeige mittels eines Automaten, daß die folgenden Beziehungen gelten:
   a) $\{a\}(\{b\} \cup \{c\}) = \{a\}\{b\} \cup \{a\}\{c\}$, b) $\{a\}^* = \{a\} \cup \{a\}^*$, c) $\{a\} \cup \{a\} = \{a\}$.

3. Gegeben ist ein Automat $U = (\{q_0, q_1, q_2\}, \Sigma, \delta, \{q_0\}, F)$ mit $\delta(q_0, a) = \{q_0, q_1\}$, $\delta(q_0, b) = \{q_0\}$, $\delta(q_1, a) = \{q_1, q_2\}$, $\delta(q_1, b) = \{q_1\}$, $\delta(q_2, a) = \{q_2\}$, $\delta(q_2, b) = \{q_2\}$. $F = \{q_2\}$
   Welche Wortmenge wird von U bzw. A akzeptiert?

4. Die Automaten aus Aufgabe 1 sind in deterministische Automaten umzuwandeln.

3.3.5 Reduktion und Äquivalenz von Automaten

Um einen Automaten aufzustellen, der bestimmte Zeichenketten akzeptieren soll, geht man am besten folgendermaßen vor:

1. Man stellt einen nichtdeterministischen Automaten auf, der die vorgegebene Wortmenge akzeptiert. Der Automat ist dann unvollständig definiert, da die akzeptierte Wortmenge im allgemeinen eine Teilmenge von Σ^* ist.

2. Vervollständigung des Automaten durch Einführung eines "Fehlerzustandes".

3. Umwandlung des nichtdeterministischen Automaten in einen deterministischen Automaten.

4. Minimierung der Zustandsmenge des deterministischen Automaten.

Punkt 1 bis 3 haben wir bereits behandelt. Die *Minimierung* des Automaten (Punkt 4) garantiert uns, daß wir einen Automaten erhalten, der eine geringstmögliche Anzahl von Zuständen besitzt. Dies ist besonders wichtig bei der Simulation des Automaten auf einem Digitalrechner. Da die Übergangstabelle abgespeichert wird, können wir durch die Minimierung Speicherplatz sparen. Der Automat leistet dann das gleiche, wie der unter Punkt 1 bzw. 2 entworfene nichtdeterministische Automat. Er akzeptiert die gleiche Wortmenge, er erkennt alle die Zeichenketten als "falsch", die nicht zur Sprache des Automaten gehören. Die Verringerung der Anzahl der Zustände eines Automaten, auch *Reduzierung* genannt, bei gleichzeitiger Beibehaltung der Eigenschaften des Automaten bezüglich seiner Sprache, erfolgt in zwei Schritten. Im ersten

3.3 Endliche Automaten

Schritt entfernen wir alle die Zustände, die von sich aus keinen Beitrag zur Arbeitsweise des Automaten leisten. Wir betrachten dazu das folgende Beispiel:

Beispiel

1. Gegeben sei der Graph des Automaten in Abb.67. Dieser Automat besitzt die beiden Zustände q_4 und q_5, die niemals von q_0 aus erreicht werden, unabhängig von den verarbeiteten Zeichenketten. Diese beiden Zustände können wir entfernen, ohne daß sich an den Eigenschaften des Automaten etwas ändert.

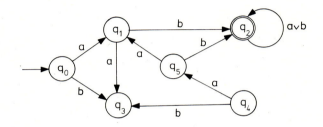

Abb.67

Wir geben deshalb die

Definition

> Ein Zustand q eines Automaten $A = (Q, \Sigma, \delta, q_0, F)$ heißt *erreichbar*, wenn es wenigstens eine Zeichenkette $w \in \Sigma^*$ gibt, die durch eine Folge von Konfigurationsübergängen $(q_0, w) \vdash^* (q, \varepsilon)$ bei q abgearbeitet ist.

Nach dieser Definition können wir alle die Zustände entfernen, die nicht erreichbar sind. Ob ein Zustand erreichbar ist oder nicht, kann aus dem Graphen selbst abgelesen werden. Bei größeren Automaten ist dies manchmal nicht ganz einfach. Außerdem ist dieses Verfahren nicht *automatisierbar*. Eine bessere Methode ist die Aufstellung der *Wegmatrix* (vgl.IV,1.2.2). Dazu stellen wir die Relationsmatrix $R(\vdash)$ für die Relation $\vdash$ für alle Zustände $q \in Q$ auf. Ist die Relation für q_i und q_k vorhanden, d.h. ist q_k mit q_i über eine Kante erreichbar, wird das entsprechende Matrixelement mit Eins besetzt, sonst mit "leer" (dies entspricht einer Null in der Wegmatrix). Anschließend bilden wir die Boolesche Summe aller Potenzen R^i für i > 0. In der so gebildeten Matrix $R(\vdash^+)$ können wir dann ablesen, welche Zustände vom Startzustand des Automaten aus erreichbar sind. Abb.68 zeigt beide Matrizen, $R(\vdash)$ und $R(\vdash^+)$ für das Beispiel 1. Die Zustände q_4 und q_5 sind nicht erreichbar (das jeweilige Matrixelement ist "leer"). Enthält der Automat nicht erreichbare Zustände, so vereinfachen wir ihn, indem wir diese Zustände weglassen.

$\vdash$	q_0	q_1	q_2	q_3	q_4	q_5
q_0		1		1		
q_1			1	1		
q_2		1				
q_3						
q_4				1		1
q_5		1	1			

$\vdash^\pm$	q_0	q_1	q_2	q_3	q_4	q_5
q_0		1	1	1		
q_1			1	1		
q_2		1				
q_3						
q_4		1	1	1		1
q_5		1	1	1		

Abb.68

Definition

Ein Automat heißt *vereinfacht,* wenn alle seine Zustände erreichbar sind.

Im zweiten Schritt kann eine weitere Reduzierung der Anzahl der Zustände eines Automaten vorgenommen werden, wenn es uns gelingt, einen Automaten A' zu finden, dessen Zustandsmenge Q' kleiner ist als die Zustandsmenge Q des Ausgangsautomaten A. Als Forderung gilt dann, daß Automat A' *äquivalent* zum Automaten A ist. Die Äquivalenz zweier Automaten ist dabei wie folgt definiert:

Definition

Ein Automat A_1 ist *äquivalent* zu einem Automaten A_2, wenn beide die gleiche Wortmenge akzeptieren, d.h.

$$A_1 \sim A_2 \iff L(A_1) = L(A_2)$$

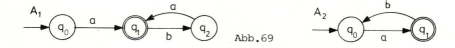

Abb.69

3.3 Endliche Automaten

Beispiel

2. Die Automaten A_1 und A_2 aus Abb.69 akzeptieren beide die gleichen Zeichenketten, d.h. $L(A_1) = L(A_2) = \{a\}\{ba\}^*$. Automat A_1 enthält drei Zustände, Automat A_2 nur zwei. Beide Automaten sind äquivalent, Automat A_2 besitzt aber eine geringere Anzahl von Zuständen.

Im weiteren werden wir uns damit beschäftigen, wie wir zu einem gegebenen Automaten einen äquivalenten Automaten finden können, der eine geringere Anzahl von Zuständen besitzt. Gehen wir davon aus, daß es zum Automaten A mit der Zustandsmenge Q einen äquivalenten Automaten A' mit der Zustandsmenge Q' gibt, wobei $|Q'| < |Q|$ ist, so enthält die Zustandsmenge Q von A offenbar Zustände, die untereinander *äquivalent* sein müssen. Das bedeutet, wenn der Automat vom Startzustand aus durch eine Zeichenkette u in einen Zustand q_i bzw. durch eine andere Zeichenkette v in den Zustand q_j übergegangen ist, so gelangt er sowohl vom Zustand q_i als auch von q_j aus über ein und dieselbe Zeichenkette w in einen der Endzustände $q \in F$. Es gilt also: $(q_0,uw) \vdash^*$ $(q_i,w) \vdash^* (q,\varepsilon)$ und $(q_0,vw) \vdash^* (q_j,w) \vdash^* (q,\varepsilon)$ mit $q \in F$ und $uw, vw \in L(A)$. Für das Beispiel 2 gilt: $(q_0,w) \vdash^0 (q_0,w) \vdash^* (q_1,\varepsilon)$ mit $u=\varepsilon$ und $(q_0,abw) \vdash^2$ $(q_2,w) \vdash^* (q_1,\varepsilon)$ mit $v=ab$ und $w \in \{a\}\{ba\}^*$. Lassen wir die Teilketten u und v weg, so bedeutet dies, daß wir den Automaten einmal im Zustand q_i und das andere Mal im Zustand q_j starten. In beiden Fällen akzeptiert der Automat dann die gleiche Wortmenge. Es ist dann q_i äquivalent zu q_j. Wir können den Automaten dann reduzieren, indem wir Zustand q_i oder q_j weglassen. Wir definieren die Äquivalenz zweier Zustände eines Automaten wie folgt:

Definition

> Zwei Zustände q_i und q_j eines Automaten $A = (Q,\Sigma,\delta,q_0,F)$ sind zueinander *äquivalent*, in Zeichen $q_i \sim q_j$, wenn $L(A_i)=L(A_j)$ gilt, mit $A_i = (Q,\Sigma,\delta,q_i,F)$ und $A_j = (Q,\Sigma,\delta,q_j,F)$

Mit anderen Worten: Zwei Zustände sind dann äquivalent, wenn der Automat A mit q_i als Startzustand die gleichen Zeichenketten, sprich die gleiche Wortmenge, akzeptiert wie mit q_j als Startzustand. Man sagt dann auch, die Zustände q_i und q_j sind nicht *unterscheidbar*. Im Beispiel 2 ist $q_0 \sim q_2$, da $(q_0,w) \vdash^*$ (q_1,ε) und $(q_2,w) \vdash^* (q_1,\varepsilon)$ für alle $w \in \{a\}\{ba\}^*$ gilt.

Um die Äquivalenz zweier Zustände festzustellen, müßten wir für jedes Paar (q_i,q_j) überprüfen, ob für alle akzeptierbaren $w \in \Sigma^*$ Äquivalenz besteht oder nicht. Dies ist ein, im allgemeinen nicht durchführbares Verfahren. Wir gehen deshalb schrittweise vor. Dazu prüfen wir, ob zwei Zustände für Zeichenketten verschiedener Länge, angefangen bei der Länge $|w| = 0$ bis zur Länge $|w| = k$, äquivalent sind. Neben der Äquivalenz von Zuständen führen wir die k-Äquivalenz von Zuständen ein.

Definition

> Zwei Zustände q_i und q_j eines Automaten $A = (Q, \Sigma, \delta, q_0, F)$ sind zueinander *k-äquivalent*, in Zeichen $q_i \overset{k}{\sim} q_j$, wenn es Übergänge $(q_i, w) \overset{k}{\vdash} (q, \varepsilon)$ und $(q_j, w) \overset{k}{\vdash} (q, \varepsilon)$ mit $q \in F$ oder $q \notin F$ gibt. Dabei ist $|w| = k$.

Mit anderen Worten: Zwei Zustände sind dann k-äquivalent, wenn der Automat A mit q_i als Startzustand, bei der Verarbeitung von Zeichenketten der Länge k, in der gleichen Zustandsmenge endet wie mit q_j als Startzustand. Die Zustandsmenge besteht entweder aus allen Endzuständen oder aus der Differenzmenge $Q \setminus F$. Für den Fall $k=0$, d.h. alle Zeichenketten haben die Länge 0, können nur die Zustände untereinander 0-äquivalent sein, die entweder alle zu den Endzuständen gehören oder nicht. Dies ist leicht einzusehen, da sich die Endzustände von den übrigen Zuständen dadurch auszeichnen, daß der Automat immer dann in einem Endzustand endet, wenn er eine Zeichenkette akzeptiert hat. Mit der 0-Äquivalenz können wir feststellen, welche Zustände 1-äquivalent sind. Dazu bilden wir die Übergänge $(q_i, a) \vdash (q_1, \varepsilon) \wedge (q_j, a) \vdash (q_2, \varepsilon)$ für alle $a \in \Sigma$. Gilt $q_1, q_2 \in F$ oder $q_1, q_2 \notin F$, so sind q_i und q_j 1-äquivalent. Für die 2-Äquivalenz ergibt sich analog: $(q_i, a_1 a_2) \vdash (q_r, a_2) \vdash (q_1, \varepsilon)$ und $(q_j, a_1 a_2) \vdash (q_2, \varepsilon)$ für alle akzeptierbaren Ketten $w = a_1 a_2 \in \Sigma^*$. Gilt wieder $q_1, q_2 \in F$ oder $q_1, q_2 \notin F$, so ist $q_i \overset{2}{\sim} q_j$. Daraus folgt aber, daß $q_r \overset{1}{\sim} q_s$ sein muß. Anders formuliert: $q_i \overset{2}{\sim} q_j$ genau dann, wenn $q_r \overset{1}{\sim} q_s \wedge q_i \overset{1}{\sim} q_j$ sind. Allgemein gilt dann: zwei Zustände q_i und q_j eines Automaten sind *k-äquivalent*, wenn sie k-1-äquivalent sind und der Automat von q_i und q_j aus für alle $a \in \Sigma$ in solche Zustände übergeht, die zueinander k-1-äquivalent sind. D.h.

$$q_i \overset{k}{\sim} q_j \Longleftrightarrow q_i \overset{k-1}{\sim} q_j \wedge \delta(q_i, a) \overset{k-1}{\sim} \delta(q_j, a)$$
$$\text{für alle } a \in \Sigma$$

Abb.70 gibt eine anschauliche Interpretation, wenn $q_r = \delta(q_i, a)$ und $q_s = \delta(q_j, a)$ ist.

3.3 Endliche Automaten

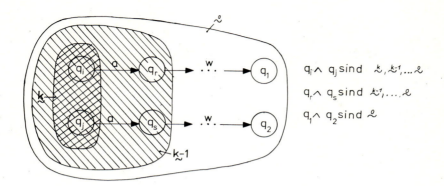

Abb. 70

Die k-Äquivalenz ist eine *Äquivalenzrelation*, also transitiv, symmetrisch und reflexiv (I,1.2.3). Damit wird die Zustandsmenge des Automaten in Äquivalenzklassen unterteilt. Die Zerlegung (Faserung) ist dabei um so feiner, je größer k wird. So werden bei der 0-Äquivalenz nur zwei Äquivalenzklassen gebildet. Die eine Klasse besteht aus allen Endzuständen, die andere aus allen Nichtendzuständen. Bei 1-Äquivalenz zerfallen die beiden Äquivalenzklassen im allgemeinen in weitere Klassen. Wir erläutern diesen Verfeinerungsvorgang noch an einem anderen Beispiel. Die Menge aller Besucher einer Schule wird bekanntlich nach Jahrgangsklassen zerlegt. Jede dieser Schulklassen kann man sich aber noch weiter zerlegt denken, etwa indem man die Schüler nach ortsansässigen und externen trennt. Diese Klassen könnte man ferner in Jungen- und Mädchenklassen aufteilen. Hier entsprechen die Einteilung in Jahrgangsklassen der 0-Äquivalenz, die Gliederung nach dem Wohngebiet der 1-Äquivalenz, die Trennung nach dem Geschlecht der 2-Äquivalenz etc. Je feiner man zerlegt, desto mehr Klassen bekommt man, während zugleich die Mächtigkeit der Klassen immer kleiner wird. Die feinste Faserung ist theoretisch dann erreicht, wenn man lauter einelementige Klassen erzeugt hat. Damit findet der Verfeinerungsprozeß nach endlich vielen Schritten ein Ende.

Um die k-Äquivalenz von Zuständen eines Automaten festzustellen, beginnen wir mit der 0-Äquivalenz, bestimmen aus ihr die 1-Äquivalenz, daraus dann die 2-Äquivalenz usw. bis zur k-Äquivalenz. Die Äquivalenz von Zuständen ergibt sich dann nach folgendem Satz:

Satz

Zwei Zustände q_i und q_j eines Automaten sind *äquivalent*, $q_i \sim q_j$, wenn sie höchstens *(n-2)-äquivalent* sind mit $|Q| = n$.

Dies ergibt sich aus folgender Überlegung. Die Relation $\overset{0}{\sim}$ erzeugt mindestens zwei Äquivalenzklassen. (Den Fall $|Q| = 1$ lassen wir außer betracht.) Gehen wir davon aus, daß bei jedem weiteren Verfeinerungsschritt höchstens eine weitere Äquivalenzklasse erzeugt wird, so hat man bei der Relation $\overset{k}{\sim}$ insgesamt höchstens k+2 Äquivalenzklassen erzeugt, für k = n-2 dann genau n Äquivalenzklassen. Mehr Klassen können aber nicht erzeugt werden, da nicht mehr Zustände vorhanden sind, da $|Q| = n$ war. Das bedeutet, bei weiterer Erhöhung von k werden keine weiteren Klassen gebildet, die Verfeinerung hat sich stabilisiert. Es gilt dann immer $q_i \overset{k}{\sim} q_j$ und $q_i \sim q_j$.

Beispiel

3. Gegeben ist der Automat $A = (\{q_0, q_1, q_2, q_3\}, \{0,1\}, \delta, q_0, \{q_2, q_3\})$. Gesucht sind die Äquivalenzklassen.

Abb.71 zeigt den Graphen und die Übergangstabelle. Wir bilden als erstes die $\overset{0}{\sim}$: $q_2 \overset{0}{\sim} q_3$ und $q_0 \overset{0}{\sim} q_1$. Damit ist $Q/\overset{0}{\sim} = \{[q_2], [q_0]\}$ mit $[q_2] = \{q_2, q_3\}$ und $[q_0] = \{q_0, q_1\}$. Dann ist $q_2 \overset{1}{\sim} q_3$ da $\delta(q_2, 0) \overset{0}{\sim} \delta(q_3, 0)$, $\delta(q_2, 1) \overset{0}{\sim} \delta(q_3, 1)$ und $q_2 \overset{0}{\sim} q_3$ ist. Bei q_0 und q_1 stellen wir fest, daß sie nicht mehr $\overset{1}{\sim}$ sind, da $\delta(q_0, 0)$ nicht $\overset{0}{\sim}$ zu $\delta(q_1, 0)$ ist. Die Zustandsmenge wird demnach zerteilt in die drei Klassen: $Q/\overset{1}{\sim} = \{[q_2], [q_0], [q_1]\}$ mit $[q_0] = \{q_0\}$, $[q_1] = \{q_1\}$, $[q_2] = \{q_2, q_3\}$. Weiter zeigt sich, daß $q_2 \overset{2}{\sim} q_3$ ist. Eine weitere Erhöhung von k bringt keine Verfeinerung mehr. Es ist also $q_2 \sim q_3$ und $Q/\overset{1}{\sim} = Q/\overset{2}{\sim} = Q/\sim$.

Ein für die Praxis brauchbares Verfahren zur Bestimmung der Äquivalenzklassen geht von der Übergangstabelle aus. Folgende Vorgehensweise ist praktikabel:

1. Man sortiert die Tabelle so, daß alle $q \in F$ und alle $q \notin F$ zusammenliegen. Das sind dann die beiden Klassen mit $\overset{0}{\sim}$.

2. Für jede Spalte, entsprechend $a \in \Sigma$, untersucht man die Elemente der Tabelle für je eine Klasse, ob sie gemeinsam in derselben Klasse liegen. Das entspricht der Forderung: $\delta(q_i, a) \overset{k-1}{\sim} \delta(q_j, a)$ und $q_i \overset{k-1}{\sim} q_j$. Ist dies der Fall, so ist man fertig.

3.3 Endliche Automaten

3. Gehören die Elemente zu unterschiedlichen Klassen, so bildet man die neuen Klassen, bestehend aus den Zuständen die gemeinsam in einer Klasse liegen. Unter Umständen ist eine Neusortierung der Zeilen der Tabelle nötig. Anschließend fährt man wie unter 2. beschrieben fort.

Beispiel

4. Gegeben ist die Tabelle für δ eines Automaten mit $q_2, q_3 \in F$. Gesucht sind die Äquivalenzklassen. Abb.72 gibt die einzelnen Schritte wieder. Die Quotientenmenge lautet:

$Q/\sim = \{[q_0], [q_5], [q_1], [q_2]\}$.

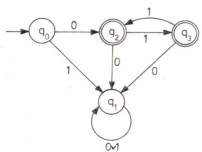

δ	0	1
q_0	q_2	q_1
q_1	q_1	q_1
q_2	q_1	q_3
q_3	q_1	q_2

Abb. 71

δ	0	1
q_0	q_1	q_5
q_1	q_1	q_3
q_2	q_4	q_3
q_3	q_4	q_2
q_4	q_4	q_2
q_5	q_0	q_0

δ	0	1
q_0	q_1	q_5
q_1	q_1	q_3
q_4	q_4	q_2
q_5	q_0	q_0
q_2	q_4	q_3
q_3	q_4	q_2

δ	0	1
q_0	q_1	q_5
q_5	q_0	q_0
q_1	q_1	q_3
q_4	q_4	q_2
q_2	q_4	q_3
q_3	q_4	q_2

δ	0	1
q_0	q_1	q_5
q_5	q_0	q_0
q_1	q_1	q_3
q_4	q_4	q_2
q_2	q_4	q_3
q_3	q_4	q_2

$\underset{\sim}{0}$ $\underset{\sim}{1}$ $\underset{\sim}{2} \wedge \sim$

Abb. 72

Unser Ziel war es, einen reduzierten Automaten aufzustellen. Er ist wie folgt definiert:

Definition

Ein Automat heißt reduziert, wenn er vereinfacht ist und seine Zustände paarweise inäquivalent sind.

Die Zustandsmenge des reduzierten Automaten erhalten wir, indem wir aus jeder Äquivalenzklasse des nicht reduzierten Automaten einen Repräsentanten auswählen. Die Zustandsmenge lautet dann $Q' = \{q_i \mid q_i \in [q]_k$ für alle $[q]_k \in Q/\sim\}$. Für das Beispiel 4 ist $Q' = \{q_0, q_5, q_1, q_2\}$. Alle Zustände sind paarweise inäquivalent.

Aufgaben zu 3.3.5

1. Der folgende Automat ist zu vereinfachen:
$U = (\{q_0, q_1, q_2, q_3, q_4, q_5\}, \{a,b\}, \delta, \{q_0\}, \{q_1\})$ mit $\delta(q_0, a) = \{q_1, q_2\}$,
$\delta(q_2, b) = \{q_1, q_3\}, \delta(q_4, a) = \{q_4, q_1\}, \delta(q_4, b) = \{q_5\}, \delta(q_5, a) = \{q_3\}$,
$\delta(q_5, b) = \{q_1\}, \delta(q_0, b) = \delta(q_1, a) = \delta(q_1, b) = \delta(q_2, a) = \delta(q_3, a) = \delta(q_3, b) = \emptyset$

2. Der folgende Automat ist zu reduzieren. Wie lauten die Äquivalenzklassen?
$U = (\{q_0, q_1, q_2, q_3, q_4, q_5, q_6\}, \{0,1\}, \delta, \{q_0\}, F)$, mit
$\delta(q_0, 0) = \{q_1, q_5\}, \delta(q_0, 1) = \emptyset, \delta(q_1, 0) = \delta(q_2, 0) = \delta(q_3, 0) = \{q_3\}$,
$\delta(q_1, 1) = \delta(q_2, 1) = \{q_2\}, \delta(q_3, 1) = \delta(q_4, 1) = \delta(q_5, 1) = \delta(q_4, 0) = \{q_4\}$,
$\delta(q_5, 0) = \{q_3\}, \delta(q_6, 0) = \{q_1, q_6, q_2\}, \delta(q_6, 1) = \{q_6, q_3\}$,
$F = \{q_3, q_4, q_5\}$.

3.3.6 Minimaler Automat

Mit dem reduzierten Automaten haben wir einen Automaten gefunden, der eine minimale Anzahl von Zuständen hat. Wir nennen ihn den *minimalen Automaten*. Er ist äquivalent zum Ausgangsautomaten.

Satz

Ist $A = (Q, \Sigma, \delta, q_0, F)$ ein vereinfachter Automat, dann gibt es einen äquivalenten reduzierten Automaten $A' = (Q', \Sigma, \delta', q'_0, F')$ bei dem $|Q'| \leq |Q|$ ist.

3.3 Endliche Automaten

Eine Abbildung $\rho: Q \to Q'$ von A auf A' ist ein Homomorphismus, wenn die folgenden Bedingungen erfüllt sind (vgl. I,1.4.2):

1. $q_0 \mapsto q_0' = \rho(q_0)$, d.h. die Startzustände werden aufeinander abgebildet.
2. $q \in F \Rightarrow q \mapsto q' = \rho(q) \in F'$, d.h. die Endzustände werden aufeinander abgebildet.
3. $\rho(\delta(q,a)) = \delta'(\rho(q),a)$ für jedes $q \in Q$ und $a \in \Sigma$.

Für den vorliegenden Fall des reduzierten Automaten bilden wir die Menge Q des ursprünglichen, nicht reduzierten Automaten auf seine Quotientenmenge $Q/\sim$, die durch die Äquivalenzklassen erzeugt wird, ab. Also: $\rho: Q \to Q' = Q/\sim$. Die Zuordnung der Zustände lautet dann: $q \mapsto [q] = \rho(q) = q_1'$. Für die Übergangsfunktion δ und δ' erhalten wir den folgenden Zusammenhang: $\delta'([q],a)=[\delta(q,a)]$. Damit ist die Bestimmung von δ' möglich. Für das Beispiel 4 aus 3.3.5 erhalten wir die Übergangsfunktion δ' des minimalen Automaten A' wie sie in der linken Tabelle von Abb.73 dargestellt ist. Es gelten hierbei die folgenden Zuordnungen: $q_0 \mapsto [q_0] = q'_0$, $q_5 \mapsto [q_5] = q'_1$, $q_1 \mapsto [q_1] = q'_2$, $q_4 \mapsto [q_1] = q'_2$, $q_2 \mapsto [q_2] = q'_3$, $q_3 \mapsto [q_2] = q'_3$. Für die Praxis brauchen wir, um δ' zu bekommen, jeweils aus der Tabelle für δ nur die Zeilen der Repräsentanten der Äquivalenzklasse zu nehmen und die Tabellenelemente dann entsprechend durch den Repräsentanten ersetzen, wenn er nicht schon da steht. Im Beispiel erhalten wir dann die rechte Tabelle der Abb.73 für δ'' des minimalen Automaten A''. Die Automaten A' und A'' sind wieder äquivalent, sie unterscheiden sich nur durch die *Bezeichnung* ihrer Zustände. Unseren letzten Satz können wir deshalb noch durch folgenden Satz erweitern:

Satz

> Für jeden endlichen Automaten $A = (Q,\Sigma,\delta,q_0,F)$ gibt es einen bis auf Isomorphie eindeutig bestimmten minimalen äquivalenten Automaten $A' = (Q',\Sigma,\delta',q'_0,F')$.

δ'	0	1
q'_0	q'_2	q'_1
q'_1	q'_0	q'_0
q'_2	q'_2	q'_3
q'_3	q'_2	q'_3

Automat A'

δ''	0	1
q_0	q_1	q_5
q_5	q_0	q_0
q_1	q_1	q_2
q_2	q_1	q_2

Automat A''

Abb. 73

Die Äquivalenz von Automaten ist uns im Abschnitt 3.3.4 schon begegnet, als wir zu einem nichtdeterministischen Automaten U den zugehörigen deterministischen Automaten A konstruiert hatten. Die Funktion ρ lautet in diesem Fall $\rho: P(Q) \to Q'$ mit den Zuordnungen: $\{q\}_i \mapsto q'_i = \rho(\{q\}_i)$ mit $\{q\}_i \in P(Q)$ und $q'_i \in Q'$. Die Funktion δ' ergibt sich dann unter Verwendung von ρ zu:
$\delta'(q'_i, a) = \delta'(\rho(\{q\}_i), a) = \rho(\delta(\{q\}_i, a))$, bzw.

$$\delta'(q'_i, a) = \rho\left(\bigcup_{q \in \{q\}_i} \delta(q, a)\right)$$

Diese Beziehung entspricht dem in Abschnitt 3.3.3 beschriebenen Algorithmus zur Umwandlung des nichtdeterministischen Automaten in einen deterministischen Automaten, wenn man beachtet, daß $\{q\}_i = q'_i$ ist.

Aufgaben zu 3.3.6

Wie lautet der Minimalautomat von Aufgabe 3 Abschnitt 3.3.5?

3.3.7 Zusammenhang zwischen regulären Mengen und Automaten

Es wurde schon daraufhin gewiesen, daß ein Automat die Zeichenketten einer regulären Wortmenge akzeptiert. Wir wollen dies jetzt genauer untersuchen.

3.3 Endliche Automaten   149

Es gilt der Satz:

Satz

> Eine Menge L von Worten (Zeichenketten) über einem Alphabet Σ ist genau
> dann regulär, wenn ein Automat A mit L(A) = L existiert.

Mit anderen Worten, zu jeder regulären Menge existiert ein Automat, der die
Zeichenketten dieser Menge akzeptiert.

Beispiel

1. Gegeben sei die durch den regulären Ausdruck $\{a\}\{c\}^* \cup \{a\}\{c\}^*\{b\} \cup \{c\}$ bestimmte
   reguläre Menge $L = \{a\,c^n | n \in \mathbb{N}_0\} \cup \{ac^nb | n \in \mathbb{N}_0\} \cup \{c\} = \{a,c,ab,ac,ac^2,ac^3,\ldots,$
   $acb,ac^2b,ac^3b,\ldots\}$
   Der entsprechende Automat lautet dann: $A = (\{q_0,q_1,q_2\},\{a,b,c\},$
   $\delta,q_0,\{q_1,q_2\})$. Die Funktion δ ist aus dem Graphen von Abb.74 abzulesen.

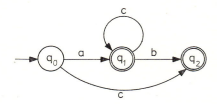

Abb.74

Weiter wissen wir, daß eine reguläre Sprache, die eine reguläre Menge bezeichnet, durch eine rechts- oder linkslineare Regelgrammatik erzeugt werden kann.(vgl.IV,2.5.3) Wir bezeichnen die Regelgrammatik hier mit $G = (Q,\Sigma,P,q_0)$. Darin entspricht die Zustandsmenge Q dem Alphabet A_N der Nonterminals, das Alphabet Σ dem Alphabet A_T der Terminals; P bedeutet das Produktionssystem (die Menge aller Produktionsregeln) und der Anfangszustand q_0 entspricht dem Startsymbol S in IV,2.5.3.

Mit diesen Erkenntnissen und dem letzten Satz taucht natürlich die Frage auf, ob man mit den Regeln einer Regelgrammatik einen Automaten konstruieren kann bzw. ob man aus einem Automaten eine entsprechende rechts- bzw. linkslineare Regelgrammatik herleiten kann. Nach dem folgenden Satz ist dies immer möglich. Es gilt:

Satz

> Ist $G = (Q,\Sigma,P,q_0)$ eine *rechtslineare Regelgrammatik*, so existiert ein, im allgemeinen nichtdeterministischer Automat $U = (Q,\Sigma,\delta,\{q_0\},F)$, der die durch G erzeugte Wortmenge (Regelsprache) akzeptiert, d.h. es gilt: $L(G)=L(U)$. Dabei hängen die Produktionsregeln P wie folgt mit der Übergangsfunktion δ zusammen:
> 1. $P = \{q_i \to aq_j | q_i, q_j \in Q, a \in \Sigma\} \iff \delta(q_i, a) = q_j$
> 2. $\quad q \to \varepsilon \iff q \in F$

Das bedeutet, daß wir aus den Regeln der Grammatik die Übergangsfunktion δ und umgekehrt konstruieren können. Es läßt sich zeigen, daß jeder Ableitungsschritt mit den Produktionsregeln aus G einem Übergang des Automaten von einem Zustand zum nächsten entspricht. Es gilt: für ein $q_i \in Q$ existiert die Ableitung $q_i \overset{i+1}{\Longrightarrow} w$ genau dann, wenn $(q_i,w) \overset{i}{\vdash} (q_j,\varepsilon)$ mit $q_j \in F$ und $w \in \Sigma^*$ gilt. Dies bedeutet, ist eine Kette $w=ax$ mit $|w|=i$, $|x|=i-1$ gegeben, so wird sie durch die Ableitungen $q_i \Longrightarrow aq_j \overset{i-1}{\Longrightarrow} axq_k \Longrightarrow ax$ mit $q_i \to aq_j$ und $q_k \to \varepsilon$ der Grammatik G erzeugt, also $q_i \overset{i+1}{\Longrightarrow} ax$. Durch den Automaten wird diese Kette dann akzeptiert, wenn die folgenden Übergänge gelten: $(q_i,ax) \vdash (q_j,x) \overset{i-1}{\vdash} (q_k,\varepsilon) \overset{0}{\vdash} (q_k,\varepsilon)$ mit $q_k \in F$ und $\delta(q_i,a) = q_j$.

Beispiel

1. Es sei $A = (\{q_0,q_1,q_2\},\{a,b\},\delta,q_0,\{q_2\})$ ein Automat und $G = (\{q_0,q_1,q_2\},\{a,b\},P,q_0)$ eine rechtslineare Grammatik. Die Überführungsfunktion des Automaten lautet: $\delta(q_0,a)=q_1$ und $\delta(q_1,b)=q_2$. Für die Regeln von G ergibt sich dann: $P = \{q_0 \to aq_1, q_1 \to bq_2, q_2 \to \varepsilon\}$. Es gilt dann: $q_0 \Longrightarrow aq_1 \Longrightarrow abq_2 \Longrightarrow ab$ bzw. $q_0 \overset{3}{\Longrightarrow} ab$ und $(q_0,ab) \vdash (q_1,b) \vdash (q_2,\varepsilon) \overset{0}{\vdash} (q_2,\varepsilon)$ bzw. $(q_0,ab) \overset{2}{\vdash} (q_2,\varepsilon)$.

   Damit erzeugt G die Wortmenge, die von A akzeptiert wird. Umgekehrt kann man zu jeder Grammatik einen Automaten angeben.

2. Gegeben sei $G = (\{q_0,q_1\},\{a,b\},P,q_0)$ mit $P = \{q_0 \to aq_1, q_1 \to bq_1, q_1 \to \varepsilon\}$. Die Überführungsfunktion des Automaten lautet dann: $\delta(q_0,a) = q_1$, $\delta(q_1,b) = q_1$ und $q_1 \in F$. Damit ist dann: $A = (\{q_0,q_1\},\{a,b\},\delta,\{q_1\})$. Die von G erzeugte und von A akzeptierte Wortmenge lautet dann: $L(G)=L(A)=\{ab^i | i \geq 0\}$.

3.3 Endliche Automaten

Hier noch eine Bemerkung zur Regel $q \rightarrow \varepsilon$. Es ist üblich, die Regeln einer Grammatik ε-frei anzugeben. Dies erreichen wir, indem wir bei den Regeln $q_i \rightarrow aq_j$, in denen ein Zwischensymbol vorkommt, für das eine Regel $q_j \rightarrow \varepsilon$ existiert, die Regeln ohne dieses Zwischensymbol, also $q_i \rightarrow a$, hinzufügen. Alle Regeln $q_j \rightarrow \varepsilon$ und die Regeln $q_i \rightarrow aq_j$ für die keine Regel der Form $q_j \rightarrow bq_k$ bzw. $q_j \rightarrow b$ existieren, werden dann entfern. Für das Beispiel 2 ergibt sich somit folgender Regelsatz: $q_o \rightarrow aq_1$, $q_o \rightarrow a$, $q_1 \rightarrow bq_1$ und $q_1 \rightarrow b$.

Aufgaben zu 3.3.7

1. Man gebe zu dem Automaten von Aufgabe 6 Abschnitt 3.3.2 eine rechtslineare Grammatik an. Man mache die Regeln ε-frei. Wie lautet die Ableitung für das Wort w = dd.dd?

2. Der Automat aus 1. ist so zu ergänzen, daß Zeichenketten aus folgender Wortmenge akzeptiert werden:
   $w \in ((\{.\}\{d\}^+\{E\}) \cup (\{d\}^+\{.\}\{d\}*\{E\}))\{d\}^+)$. Das sind die Gleitpunktzahlen mit Potenzdarstellung, z.B. w = 1.37E3. Wie lautet jetzt die Regelgrammatik?

3. Man gebe einen Automaten für die folgende Grammatik an:
   G = (Q,Σ,P,q_o) mit P = $\{q_o \rightarrow sq_1$, $q_1 \rightarrow iq_2$, $q_2 \rightarrow ;q_3$, $q_2 \rightarrow \varepsilon$, $q_3 \rightarrow iq_2\}$, mit Σ = $\{s,i,;\}$.

4. Um aus einem Automaten A = (Q,Σ,δ,q_o,F) eine linkslineare Regelgrammatik abzuleiten, benutze man die folgende Vorschrift:
   1. $\delta(q_i,a) = q_j \Longleftrightarrow (q_j \rightarrow q_ia) \in P$
   2. q = Startzustand $\Longleftrightarrow (q \rightarrow \varepsilon) \in P$
   Die Grammatik lautet dann: G = (Q,Σ,P,F). Man gebe zu Aufgabe 3. die linkslineare Grammatik an. Man bilde die Ableitung für das Wort w = si;i

3.3.8 Verknüpfung von Automaten

Wir können jetzt alle Verknüpfungen, die wir auf Sprachen angewendet hatten, (vgl.IV,2.5.1) auch auf die Wortmenge von Automaten anwenden. Von besonderem Interesse sind auch hier die Vereinigung, das Produkt und die Iteration von Wortmengen. Die dabei entstehenden Automaten sind im allgemeinen nichtdeterministisch. Bevor wir auf die Verknüpfung eingehen, wollen wir einen nichtdeterministischen Automaten nach folgendem Satz abändern:

Satz

> Jeder Automat kann so abgeändert werden, daß er nur einen Startzustand und einen Endzustand besitzt. Vom Startzustand führen im Graphen dann nur Kanten weg, zum Endzustand führen nur Kanten hin.

Abb.75 zeigt den Automaten $U' = (Q \cup \{q_s\} \cup \{q_e\}, \Sigma, \delta', \{q_s\}, \{q_e\})$, wenn der ursprüngliche Automat $U = (Q, \Sigma, \delta, Q_o, F)$ lautet. Um dies zu erreichen, benutzen wir die leere Zeichenkette ε als Eingabe entsprechend der Beziehung: $w = \varepsilon w = w \varepsilon = \varepsilon w \varepsilon \in \Sigma^*$ (vgl.IV,2.2.5). Es gilt dann für die Übergänge: $(q_s, \varepsilon) \vdash^o (q_i, \varepsilon)$ mit $q_i \in Q_o$ und $(q_i, \varepsilon) \vdash^o (q_e, \varepsilon)$ mit $q_i \in F$.

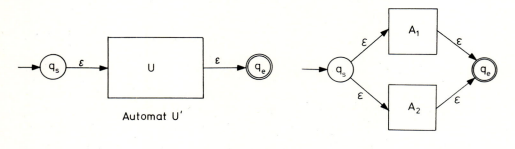

Automat U'

Abb.75   Abb.77

Beispiel

1. Abb.76 zeigt den Automaten $A = (\{q_o, q_1, q_2\}, \{a,b\}, \delta, q_o, \{q_1, q_2\})$ und den neuen Automaten $U = (\{q_o, q_1, q_2, q_s, q_e\}, \{a,b\}, \delta, \{q_s\}, \{q_e\})$. Es gilt: $L(A) = L(U) = \{a\}\{b\}^*\{a\} \cup \{b\} \cup \{a\}$. So ist z.B.:
$(q_s, ab^ia) \vdash^o (q_o, ab^ia) \vdash (q_1, b^ia) \vdash^i (q_1, a) \vdash (q_2, \varepsilon) \vdash^o (q_e, \varepsilon)$.

Wir wollen jetzt die Verknüpfungen behandeln.

1. Die *Vereinigung*: $L(U) = L(A_1) \cup L(A_2)$. Abb.77 zeigt die Zusammenschaltung der beiden Automaten, die man auch als Parallelschaltung bezeichnet.

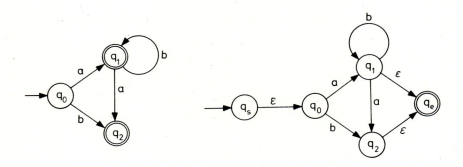

Abb.76

3.3 Endliche Automaten   153

2. Abb.78 zeigt die Automaten A_1, A_2 und U. $L(U) = \{a\}\{b\}^* \cup \{a\}(\{b\}\{a\})^*$

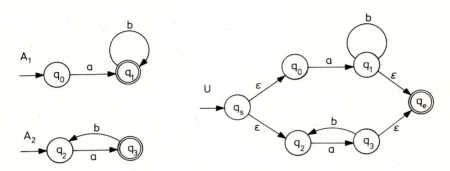

Abb.78

2. Das *Produkt*: $L(U) = L(A_1) \cdot L(A_2)$. Abb.79 zeigt die Zusammenschaltung der beiden Automaten, die man auch als Serienschaltung bezeichnet.

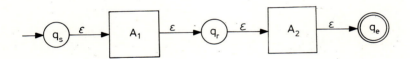

Abb.79

Beispiel

3. Abb.80 zeigt die Serienschaltung der beiden Automaten A_1 und A_2.
$L(U) = (\{b\}\{c\})^*(\{a\}\cup\{b\})\{b\}$.

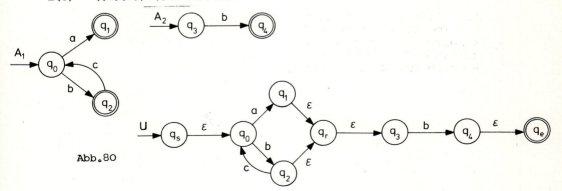

Abb.80

3. Die *Iteration:* $L(U) = L(A)^*$. Mit $L(A)^* = \{\varepsilon\} \cup L(A) \cup L(A)^2 \cup \ldots$ stellt die Iteration die Parallelschaltung aller Serienschaltungen $L(A)^i$ dar. Wegen $\varepsilon \in L(U)$ ist der Startzustand gleichzeitig auch Endzustand. Abb.81 zeigt die Schaltung des Automaten U.

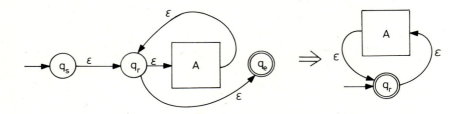

Abb.81

Beispiel

4. Abb.82 zeigt die Iteration für den Automaten A. Es ist dann $L(U) = (\{a\}\{a\}(\{b\}\{a\})^*)^*$.

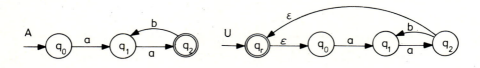

Abb.82

Aufgaben zu 3.3.8

1. Der Automat aus Aufgabe 2 Abschnitt 3.3.7 ist als Parallel- und Serienschaltung darzustellen.

2. a) Man ergänze die grammatischen Regeln für einen Automaten so, daß sie auch für den abgeänderten Automaten gelten.
   b) Mit diesen Regeln stelle man die rechtslinearen Produktionsregeln einer Grammatik für den Automaten aus Abb.78 auf.
   c) Man bilde die Ableitung für das Wort x = ababa.

3.4 Endliche Maschinen

3.4.1 Die Arbeitsweise der endlichen Maschine

Endliche Automaten waren dadurch charakterisiert, daß sie bei der Verarbeitung einer Eingabezeichenkette, abhängig von deren Aufbau, in einem Endzustand endeten oder nicht. Im ersten Fall sagten wir die Zeichenkette wird akzeptiert.

Anders bei den endlichen Maschinen, die wir kurz "Maschinen" nennen wollen. Hier liegt eine *Eingabezeichenkette* vor und die Maschine gibt ihrerseits eine *Ausgabezeichenkette* aus. Es wird also eine Zeichenkette in eine andere umgewandelt. Wir wollen dies an einem einfachen Beispiel zeigen. Dazu betrachten wir einen häuslichen Fernsprechapparat. Um ein Gespräch führen zu können, müssen die folgenden Eingaben erfolgen: Abheben des Hörers, Wählen mittels einer Ziffernfolge, Eingabe der letzten Ziffer, Warten auf Anschluß. Als *Eingabealphabet* definieren wir deshalb: $\Sigma = \{a,z,e,w\}$ mit den Abkürzungen: a für Abheben, z für Ziffer eingeben, e für Eingabe der letzten Ziffer und w für Warten. Die Ausgabezeichen des Fernsprechapparates fassen wir zu einem *Ausgabealphabet* zusammen und zwar: $\Delta = \{f,i,k\}$ mit den Abkürzungen: f für Freizeichen, i für elektrische Impulse, k für Klingelzeichen bzw. Besetztzeichen. Die Arbeitsweise kann dann wie folgt beschrieben werden. Nach dem Abheben (Eingabe von a) erfolgt als Ausgabe das Freizeichen f. Die Maschine wird gestartet. Sie geht in den Zustand über, in dem sie die Eingabe z der Ziffernkombination erwartet. Jede eingegebene Ziffer veranlaßt die Ausgabe einer bestimmten Impulsfolge i. Nach der letzten gewählten Ziffer ertönt das Klingelzeichen beim Partner (oder Besetztzeichen). So wird z.B. die Eingabekette: x = azzzeww in die Ausgabezeichenkette: y = fiiiikk umgewandelt. Die Arbeitsweise der Maschine kann durch einen Graphen dargestellt werden. Abb.83 zeigt den Graphen dieser Maschine. Dabei werden die Kanten durch die Eingabezeichen und Ausgabezeichen markiert.

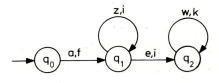

Abb.83

Die Maschine besitzt keinen ausgeprägten Endzustand. Das Ende der Eingabe kann z.B. schon im Zustand q_1 beendet sein.

Aufgaben zu 3.4.1

1. Man entwerfe eine Maschine, die die Arbeitsweise eines Warenautomaten nachbildet. Als Eingabezeichen nehme man: Geld einwerfen, Rückgabeknopf drücken, Warentaste drücken. Die Ausgabezeichen lauten dann: keine Reaktion, Geldrückgabe, Warenausgabe.

2. Wie lautet der Graph zur Simulation einer elektrischen Schreibmaschine, wenn Σ = {Einschalten, Ausschalten, Großschreibung, Kleinschreibung, Tastendruck} und Δ = {Motor läuft, Motor steht, kleine Buchstaben, große Buchstaben, Wagen unten, Wagen oben} bedeutet.

3.4.2 Endliche deterministische Maschine

Die Endlichkeit und den Determinismus wollen wir voraussetzen und sprechen einfach von einer Maschine. Besitzt die Maschine einen Startzustand, so sprechen wir von einer *initialen* Maschine. Die Definition dieser Maschine lautet dann:

Definition

Eine initiale Maschine ist ein 6-Tupel $M = (Q, \Sigma, \Delta, \delta, \lambda, q_o)$ mit:

1. Q ist eine endliche Menge von Zuständen, die *Zustandsmenge*
2. $\Sigma = \{a_1, a_2, \ldots, a_n\}$ ist ein endliches *Eingabealphabet* von "Eingabezeichen"
3. $\Delta = \{b_1, b_2, \ldots, b_m\}$ ist ein endliches *Ausgabealphabet* von "Ausgabezeichen"
4. $q_o \in Q$ ist der *Startzustand*, in dem die Maschine bei der Verarbeitung des ersten Zeichens der Eingabekette startet
5. δ ist die *Überführungsfunktion*, die wie folgt definiert ist:
   $\delta: Q \times \Sigma \to Q$ mit $(q_i, a_j) \mapsto q_k = \delta(q_i, a_j)$
6. λ ist die *Ausgabefunktion*, die angibt, welches Ausgabezeichen bei welchem Eingabezeichen ausgegeben wird. Die Funktion ist folgendermaßen definiert: $\lambda: Q \times \Sigma \to \Delta$ mit $(q_i, a_j) \mapsto b_k = \lambda(q_i, a_j)$

Die Funktionen δ und λ werden oft zu einer Funktion μ zusammengefaßt. Sie lautet dann: $\mu: Q \times \Sigma \to Q \times \Delta$ mit $(q_i, a_j) \mapsto (q_k, b_l)$. Unser Telefon als Maschine geschrieben lautet dann: $M_{Telefon} = (\{q_o, q_1, q_2\}, \{a, w, z, e\}, \{f, i, k, w\}, \delta, \lambda, q_o)$.

3.4 Endliche Maschinen

Eine Maschine kann wie ein Automat vollständig und unvollständig definiert sein. Desgleichen sprechen wir von einer deterministischen und nichtdeterministischen Maschine. Wir werden nur vollständig definierte, endliche deterministische Maschinen behandeln. Auch für die Maschine geben wir ein technisches Modell an. Die Maschine besteht aus einer Steuereinheit, einem Eingabeband und einem Ausgabeband (Abb.84). Die Steuereinheit simuliert die Funktion δ und λ. Ein- und Ausgabeband sind in Felder unterteilt, auf denen die Zeichen der Eingabe- bzw. Ausgabezeichenkette stehen. Die Ausgabezeichen werden mittels eines Schreibkopfes auf das Band geschrieben. Im übrigen ist der Ablauf entsprechend dem eines Automaten.

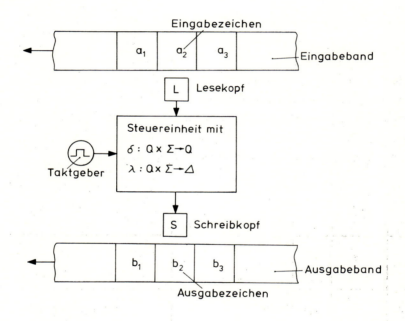

Abb.84

Beispiel

1. Gesucht ist eine Maschine, die das Zweierkomplement einer Dualzahl erzeugt. Das heißt, aus: x=10111011 wird y=01000101. Das Zweierkomplement erhalten wir, in dem wir rechts beginnend alle Nullen übernehmen bis die erste 1 erscheint, die wir ebenfalls übernehmen. Ab hier wird bei 1 eine 0 und bei 0 eine 1 ausgegeben. Die Maschine wird zwei Zustände haben. Im Zustand q_0 wird jede rechtsstehende 0 verarbeitet. Bei der ersten 1 geht

sie in den zweiten Zustand q_1 über und gibt dabei eine 1 aus. Im Zustand q_1 wird dann die Negation von a_i ausgegeben. Da die Eingabe normalerweise von links nach rechts erfolgt, müssen wir die Zeichenkette umgekehrt eingeben. An Stelle von x=11010 also x=01011. Abb.85 zeigt den Graphen für die Maschine.

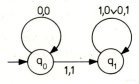

δ	0	1
q_0	q_0	q_1
q_1	q_1	q_1

λ	0	1
q_0	0	1
q_1	1	0

Abb.85

Die Funktion δ stellen wir wieder durch eine *Zustandstabelle* dar. Die Funktion λ wird ebenfalls durch eine Tabelle wiedergegeben, indem jetzt für die Tabellenelemente das entsprechende Ausgabezeichen steht. Kombinieren wir beide Tabellen, d.h. wir schreiben für das Tabellenelement das Paar (q_k, b_l), so erhalten wir die Darstellung der Funktion μ, siehe Abb.86.

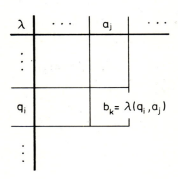
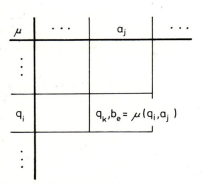

Abb.86

Aufgaben zu 3.4.2

1. Man entwerfe eine Maschine, die das Einerkomplement einer Dualzahl ausgibt.

3.4 Endliche Maschinen

2. Wie lautet eine Maschine, die ein Eingabewort solange kopiert, bis ein Trennzeichen erscheint. Ab da sollen nur noch Nullen ausgegeben werden.

3. Wie lautet die Eingabewortmenge und die Ausgabewortmenge folgender Maschine: $M = (\{q_0,q_1\},\{a,b\},\{a,b\},\delta,\lambda,q_0)$ mit $\delta(q_0,a)=q_1$, $\delta(q_1,b)=q_1$, $\delta(q_1,a)=q_0$, $\lambda(q_0,a)=b$, $\lambda(q_1,b)=a$, $\lambda(q_1,a)=b$.

3.4.3 Verarbeitung von Zeichenketten

Wenn die Maschine eine Zeichenkette verarbeitet, erzeugt sie gleichzeitig eine Ausgabekette. Diese Transformation können wir am besten durch die *Konfigurationen* bzw. *Konfigurationsübergänge* anschaulich darstellen. Eine Konfiguration ist hier ein Tripel der Form $(q,w,u) \in Q \times \Sigma^* \times \Delta^*$. Eine Initialkonfiguration ist das Tripel (q_0,w,ε) mit w als Eingabewort und q_0 als Startzustand. Das Ausgabewort ist noch nicht erzeugt. Eine Endkonfiguration ist das Tripel (q,ε,u) mit u als Ausgabewort. Das Eingabewort ist verarbeitet. Ein Konfigurationsübergang ist dann $(q_i,aw,u) \vdash (q_k,w,ub)$. Das bedeutet: die Maschine geht vom Zustand q_i in den Zustand q_k über, dabei wird das Zeichen a verarbeitet (vorderstes Zeichen der Eingabekette) und das Zeichen b ausgegeben (hinterstes Zeichen der Ausgabekette). Die Zeichenkette u ist bereits erzeugt, w ist noch zu verarbeiten. Die Konfiguration spiegelt auch hier den Gesamtzustand unseres technischen Modells der Maschine wieder.

Beispiel

1. Gegeben ist die Maschine $M = (\{q_0,q_1\},\{0,1\},\{0,1\},\delta,\lambda,q_0)$ mit dem Graphen aus Abb.87. Wir wollen die Kette x = 010110 verarbeiten. Es ist dann:
$(q_0,010110,) \vdash (q_0,10110,0) \vdash (q_1,0110,00) \vdash (q_0,110,001) \vdash$
$(q_1,10,0010) \vdash (q_1,0,00101) \vdash (q_0,\varepsilon,001011)$, und allgemein:
$(q_0,010110) \overset{*}{\vdash} (q_0,\varepsilon,001011)$. Die Bedeutung von $\overset{*}{\vdash}$ ist die gleiche wie beim Automaten. Als Ergebnis erkennen wir, daß die Eingabekette um eine Stelle nach rechts verschoben wieder ausgegeben wird, wobei von links eine Null nachgeschoben wurde. Das rechte Zeichen der Eingabekette geht dabei verloren (Prinzip eines Schieberegisters).

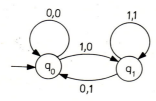

Abb.87

Aufgaben zu 3.4.3

1. Man konstruiere eine Maschine, die zwei Dualzahlen addiert (Serienaddierer). Als Eingabealphabet definiere man:
$\Sigma = \{\binom{0}{0}, \binom{0}{1}, \binom{1}{0}, \binom{1}{1}\}$, als Ausgabealphabet $\Delta = \{0,1\}$. Ein Eingabezeichen ist dann: $a_i = \binom{a_{i1}}{a_{i2}}$ mit a_{i1} = i-te Ziffer der ersten Dualzahl und a_{i2} = i-te Ziffer der zweiten Dualzahl.

3.4.4 Minimale Maschine

Ähnlich wie beim Automaten existiert auch zu jeder Maschine eine minimale Maschine. Das ist eine Maschine mit einer minimalen Anzahl von Zuständen. Dies ist z.B. wichtig bei der Konstruktion von digitalen Schaltnetzwerken. Die Anzahl der Zustände stellt nämlich ein Maß für die Anzahl der zu verwendenden elektrischen Bauelementen dar. Aus Platzgründen kann die Vorgehensweise zur Bestimmung der minimalen Maschine nur angedeutet werden. Das Prinzip besteht in der Reduktion der Zustandsmenge. Ähnlich wie beim Automaten werden Äquivalenzklassen von solchen Zuständen gebildet, die untereinander äquivalent sind. Die Äquivalenz von Zuständen wird schrittweise ermittelt, indem über die k-Äquivalenz zweier Zustände k solange erhöht wird, bis Stabilität bezüglich der Bildung der Äquivalenzklassen eingetreten ist. Das Iterationsverfahren startet mit der 1-Äquivalenz (alle Zustände sind 0-äquivalent, da es keine Endzustände gibt). Die 1-Äquivalenz liest man aus der Tabelle für λ ab. Es sind die Zustände 1-äquivalent, die die gleiche Ausgabe erzeugen: $q_i \stackrel{1}{\sim} q_j \iff \lambda(q_i,a) = \lambda(q_j,a)$ für alle $a \in \Sigma$. Die 2-Äquivalenz und alle höheren Äquivalenzen werden dann nach dem gleichen Prozeß wie beim Automaten bestimmt. Das Verfahren ist dann maximal beendet, wenn $k \leq n-1$ mit $|Q|$ = n ist. Die Zustände einer Klasse sind dann allgemein äquivalent. Durch Auswahl eines Repräsentanten aus jeder Äquivalenzklasse erhält man die minimale Maschine, die bis auf Isomorphie zur Ausgangsmaschine äquivalent ist.

Aufgabe zu 3.4.4

Man zeige, daß folgende Abbildung gilt: $\delta': Q/\sim \times \Sigma \to Q/\sim$ und $\lambda': Q/\sim \times \Sigma \to \Delta$. Dabei ist M' die reduzierte minimale Maschine der Maschine $M = (Q,\Sigma,\Delta,\delta,q_o)$.

3.4.5 Typen von Maschinen

Neben den bisher betrachteten Maschinen, die man auch Mealy-Automaten nennt, unterscheidet man noch die folgenden Typen:

3.4 Endliche Maschinen

1. Die Ausgabe b ist nur vom jeweiligen Zustand abhängig, d.h. die Abbildung λ lautet: $\lambda: Q \to \Delta$, $q \mapsto b = \lambda(q)$. Man spricht dann von einem Mooreautomaten. Mealy und Mooreautomaten sind gleichwertig. Es gilt der Satz

Satz
> Zu jedem Mealy-Automaten mit n Zuständen und m Eingabezeichen existiert ein Moore-Automat mit n(m+1) Zuständen.

2. Die Ausgabe b ist nur von der Eingabe a abhängig, d.h. $\lambda: \Sigma \to \Delta$, $a \mapsto b = \lambda(a)$. Man spricht dann von einem Medwedew-Automaten. Es handelt sich hier offensichtlich um eine Umcodierung der Zeichen des Eingabealphabetes in die des Ausgabealphabetes. Man spricht deshalb auch von einem trivialen Automaten.

Literatur zu 3.

1 Herschel, R.: Einführung in die Theorie der Automaten, Sprachen, Algorithmen. München, Wien: R. Oldenbourg 1974.

2 **Gössel, M.**: Angewandte Automatentheorie I, II Bd. 116, Braunschweig: Vieweg + Sohn, 1972.

3 Aho, A.; Ullman, J.: The Theory of Parsing, Translation and Compiling, vol I. London: Prentice-Hall 1972.

4 Maurer, H.: Theoretische Grundlagen der Programmiersprachen, BI-404/404a, Mannheim, Wien, Zürich: Hochschultaschenbücher

5 Starke, P.H.: Abstrakte Automaten. Berlin: VEB Deutscher Verlag der Wissenschaften 1969.

4 Prognoseverfahren

H.-V. Niemeier

4.1 Einleitung

Vorhersagen oder *Prognosen* (englisch: forecasting) auf mathematisch-statistischer Basis spielen heute eine wichtige Rolle in den meisten Planungs- und Entscheidungsprozessen im makro- oder mikro-ökonomischen sowie z.T. im wissenschaftlich-technischen Bereich. Prognose bedeutet dabei Analyse der bisherigen und darauf aufbauende Schätzung der zukünftigen Entwicklung von sogenannten *Zufallsprozessen*. Unter Zufallsprozessen versteht man in diesem Zusammenhang eine Folge von in gewissen Zeitschritten (Perioden) ablaufenden "Zufallsexperimenten", deren Ergebnis nicht schon vorher angebbar ist, sondern zufallsbeeinflußt ausfällt. Beispiele für solche Prozesse sind Konjunkturdaten über eine Reihe von Jahren, die monatlichen Absatzzahlen eines Unternehmens für ein bestimmtes Produkt usw.

Obwohl also ein determinierter Verlauf, d.h. eine streng analytische Gesetzmäßigkeit nicht gegeben ist, lassen sich in vielen Fällen *statistische Gesetzmäßigkeiten* ermitteln, die zwar von *Zufallsschwankungen* überlagert sind, aber die Berechnung von *Schätzwerten* (Erwartungswerten) erlauben. Bei der Erstellung von Prognosen bzw. der Interpretation von Prognoseergebnissen ist die Kenntnis der mathematischen Voraussetzungen und entsprechenden statistischen Aussagen notwendig, ohne die es leicht zu falschen Verhersagemodellen oder Ergebnisinterpretationen kommt. Deshalb sollen in diesem Kapitel ohne direkte Voraussetzung des Stoffes der Wahrscheinlichkeitsrechnung und Statistik *Anwendungsgebiete*, *Grundbegriffe* und *Modelle* der Prognoserechnung dargestellt werden. Auf verschiedene statistische Herleitungen muß daher verzichtet werden. Kenntnisse aus der Statistik heben beim Leser das Verständnis für manche Sachverhalte. Natürlich kann in diesem Rahmen nicht auf die "modernen" Verfahren der sogenannten Box-Jenkins-Modelle incl. der Autokorrelationsanalyse usw. eingegangen werden.

4.1 Einleitung

Wie bereits erwähnt, bilden Vorhersagen eine wichtige Grundlage für jede Art von *Planung*: Ministerien, Wirtschaftsforschungsinstitute, die Bundesbank, statistische Ämter und andere Institutionen erstellen Prognosen über die zukünftige konjunkturelle Entwicklung. Im Wirtschaftsteil der Zeitung findet man laufend Aussagen über die erwartete Entwicklung des Bruttosozialprodukts, der Preissteigerungsraten, der Arbeitslosenzahlen, des Steueraufkommens usw. Diese Vorhersagen werden zu Grunde gelegt bei der Aufstellung z.B. von Konjunkturprogrammen oder der Etat- und Ausgabenplanung.

Bevölkerungs(struktur)vorausschätzungen werden u.a. für Planungen im Sozial- und Ausbildungsbereich, den Arbeitsmarkt und die Rentenversicherung benötigt.

Verkehrsprognosen werden aufgestellt für den Ausbau des Fernstraßennetzes, die Zukunft des öffentlichen Nahverkehrs oder das Passagieraufkommen im Luftverkehr. Energieprognosen dienen zur langfristigen Energiesicherung und Entwicklung eigener Energiequellen. Damit sind wir bei den naturwissenschaftlich-technischen Prognosen, bei denen weiter Wettervorhersagen, Rohstoffvorratsschätzungen, hydrologische Vorhersagen (Wassermengen in Seen, Stauseen bzw. Flußquerschnitten für Kraftwerke, Trinkwasserversorgung, Schiffahrt) und Voraussagen über neue Technologien erwähnt werden sollen.

In der Unternehmensplanung interessieren vor allem *Bedarfs-* und *Absatzvorhersagen* für einzelne Produkte, Produktgruppen, Branchen oder Märkte: Die Firma X erzielte für das Produkt Y folgende monatlichen Verkaufszahlen in 1000 Stück:

Januar 1986   Februar 1986   ...   November 1987   Dezember 1987
$y_1 = 100$ $y_2 = 95$ $y_{35} = 137$ $y_{36} = 130$

Die Zahlenfolge $y_1,\ldots,y_{36}$ bezeichnet man als *Zeitreihe* (engl.: time series). Allgemein spricht man von einer Zeitreihe bei einer Folge von Daten, die zu gewissen, i.a. äquidistanten Zeitpunkten (täglich, wöchentlich, monatlich, jährlich) angefallen sind. Die graphische Darstellung unserer Zeitreihe finden wir in Abb.88, wobei wir eine Trendgerade mit eingezeichnet haben.

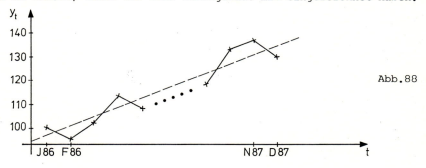

Abb.88

Um das Lager lieferbereit zu halten, interessiert man sich für den geschätzten Absatz im Januar 1988, für die kurzfristige Produktionsplanung z.B. für die zu erwartende Nachfrage im 1. Quartal 1988 und darüber hinaus sicherlich für den vermutlichen Gesamtabsatz in 1988. Die Rolle der Absatzprognose als Grundlage für weitere Planungsbereiche des Unternehmens veranschaulicht das Schema in Abb.89 mit Pfeilen für den Daten- und Informationsfluß.

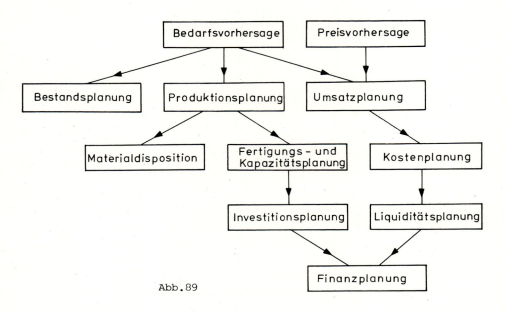

Abb.89

Im Marketing führen Nachfrageanalysen zu Verkaufsvorhersagen und daraus abgeleiteten Strategien der Absatzpolitik (z.B. Werbung). Diese wiederum machen revidierte Prognosen notwendig. Preis- und Absatzprognosen sind die Voraussetzung für Rentabilitätsrechnungen in der Investitionsplanung.

Der prinzipielle Ablauf einer Vorhersage für eine bestimmte Größe ist der folgende:
- Erfassen der Vergangenheitsdaten
- Analyse der Vergangenheitsdaten und Modellauswahl *(Anlaufphase)*
- Prognose (Extrapolation) mit Hilfe des ausgewählten Modells
- Bei Vorliegen neuer Zeitreihenwerte: Überprüfung, gegebenenfalls Korrektur, Fortschreibung des Modells *(Fortschreibungsphase)*

Ändern sich Gesetzmäßigkeiten von Zeitreihen *(Strukturbrüche)* bzw. treffen gewisse dem Prognosemodell zu Grunde gelegte Annahmen nicht ein, ergibt sich die Notwendigkeit einer Korrektur der Schätzung.

So wird z.B. das Steueraufkommen durch zu optimistische bzw. zu pessimistische Konjunkturerwartung zu hoch bzw. zu tief geschätzt. Oder: Die Ölkrise führte zu einem neuen Energiebewußtsein und zu einer korrigierten langfristigen Energiebedarfsprognose, die heute im Zusammenhang mit Tschernobyl und der Atomenergiediskussion erneut in Frage gestellt wird. Dagegen spielten sich manche von diesem vermeintlichen Strukturbruch betroffene Zeitreihen wieder etwa auf die alte Gesetzmäßigkeit ein, wie z.B. PKW-Bestandszahlen und Unfallhäufigkeiten im Straßenverkehr.

Nach dieser einleitenden Darstellung insbesondere der Prognoseanwendungen sollen im folgenden Abschnitt Grundbegriffe und Typen von *Vorhersagemodellen* eingeführt werden, im Abschnitt 4.3 einige elementare Modelle. Der Abschnitt 4.4 enthält eine Einführung in Prognoseverfahren mittels *Regressionsanalyse*. Modelle, die auf der *Methode der exponentiellen Glättung* aufbauen, folgen in Abschnitt 4.5. In Abschnitt 4.6 werden *Wachstumsfunktionen* für langfristige Prognosen vorgestellt, bevor eine kurze abschließende Zusammenfassung über Möglichkeiten und Grenzen von Prognosemodellen das Kapitel beendet.

Die Aufgaben gliedern sich in solche, die das mathematische Verständnis des Stoffes unterstützen sollen und durch (M) gekennzeichnet sind, und andere zur Übung und praktischen Anwendung der Formeln. Für einen Teil dieser Aufgaben ist die Verwendung eines Taschenrechners notwendig. Der Leser kann natürlich auch entsprechende EDV-Programme schreiben bzw. - soweit vorhanden - anwenden.

4.2 Modelle und Verfahren der Vorhersage: Grundbegriffe, Typisierung, Voraussetzungen und Grenzen, Beurteilungskriterien

Entsprechend den unterschiedlichen Anforderungen an die kurz-, mittel- und langfristige Planung bezüglich Genauigkeitsgrad, Berücksichtigung von Konjunktur- oder sonstige Schwankungen usw. hat man auch unterschiedliche Verfahren der kurz-, mittel- und langfristigen Prognose. Grob charakterisiert versteht man unter *kurzfristiger* Prognose Vorhersagen über einen Zeitraum von 3 - 12 Perioden (Tage, Wochen, meistens Monate, z.B. für die aktuelle Absatzplanung), unter *mittelfristiger* Prognose Aussagen über einen *Prognosehorizont* von 2 - 5 Jahren (z.B. Investitionsplanung). Darüber hinaus gehen *langfristige Prognosen*, z.B. für die Entwicklung von langlebigen Gütern, Branchen, Märkten, d.h. für Objekte in einer wesentlich höheren Aggregierungsstufe.

Die notwendigerweise unterschiedliche Vorgehensweise wird am besten deutlich, wenn man sich eine typische, leicht idealisierte Absatzkurve für ein Produkt aus mittel- bzw. langfristiger und aus kurzfristiger Sicht betrachtet. Langfristig entwickelt sich der Absatz A(t) zum Zeitpunkt t zwischen dem Einführungszeitpunkt t_E und dem Auslaufzeitpunkt t_A des Produktes etwa wie in Abb.90 dargestellt, wobei t_0 und t_1 zwei beliebige Zeitpunkte im Bereich ansteigender Nachfrage seien. Kurzfristige Schwankungen, wie z.B. ein verstärktes Weihnachtsgeschäft, spielen hier keine Rolle. Man geht von einer im wesentlichen "glatten" Kurve aus. Selbst Konjunkturschwankungen können bei langfristiger Betrachtungsweise ignoriert werden.

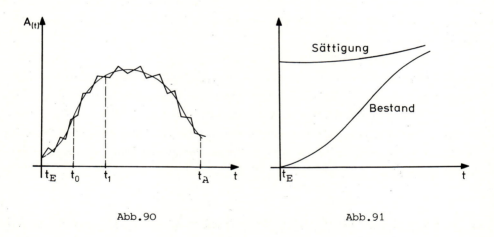

Abb.90 Abb.91

Summiert man den Absatz bis zum Zeitpunkt t auf, ergibt sich das Bild der Abb.91 für die Summenabsatzkurve, die sich asymptotisch an eine Sättigungskurve annähern kann.

Bei der Entwicklung von langfristigen Vorhersagemodellen kommt es darauf an, auf Grund vorliegender Vergangenheitsdaten und/oder bestimmter Hypothesen über den zukünftigen Nachfrageverlauf passende *Wachstumsfunktionen* zu finden, welche die langfristigen Trendentwicklungen wiedergeben. In der Praxis hat sich eine Reihe von Funktionen und Modellen als geeignet dafür erwiesen, auf die wir in 4.6 kurz eingehen werden. Sollen Konjunkturschwankungen berück-

4.2 Modelle und Verfahren der Vorhersage

sichtigt werden, muß eine langfristig periodische Funktion als zyklische Komponente in das Modell hineingenommen werden. Die Analyse und Darstellung solcher periodischen Funktionen kann bekanntlich (vgl.III,2.7) mit Hilfe der Fourieranalyse und Fourierreihen erfolgen.

Greifen wir nun aus der Kurve der Abb.90 den kurzfristigen Zeitraum von t_0 bis t_1 in einem größeren Maßstab heraus (Abb.92), so ergeben sich Abweichungen von einer "glatten" Kurve durch:
- *saisonale Einflüsse* (über einen festen Zeitraum periodisch wiederkehrend): Hier kann es sich bei Absatzzahlen um jahreszeitliche Einflüsse (Weihnachtsgeschäft, Saisonartikel) oder z.B. bei Zahlen aus dem Bankverkehr um den Einfluß von Gehaltszahltagen, bei Tagesumsätzen eines Geschäftes um die Auswirkung der Wochentage oder um Stoßzeiten am Tag bei Kundenabfertigungen in Läden handeln.
- *exogene Einflüsse* (Sonderaktionen, eigene Werbekampagnen oder solche der Konkurrenz)
- *Zufallsschwankungen*, die nicht erklärbar sind.

Klassische Modelle der kurzfristigen Prognose analysieren i.a. folgende *Komponenten* einer Zeitreihe:
- den langfristigen Trend T   (1)
- die langfristig zyklische Komponente Z   (2)
- die saisonale Komponente S   (3)
- die verbleibende irreguläre (zufällige) Komponente I   (4)

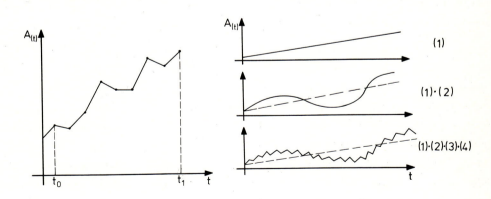

Abb.92   Abb.93

Man spricht in diesem Zusammenhang von *Dekomposition* (Zerlegung) der Zeitreihe in ihre Basiskomponenten, wobei man meistens von einer multiplikativen Verknüpfung $Y = T \cdot Z \cdot S \cdot I$ (vgl.Abb.93), evtl. auch von einer additiven Verknüpfung $Y = T + Z + S + I$ ausgeht. Multiplikative Verknüpfung bedeutet prozentual von der Trendentwicklung abhängige, additive Verknüpfung dagegen absolute, vom Trend unabhängige Schwankungen.

Betrachten wir z.B. den sicher saisonabhängigen Bedarf an Erfrischungsgetränken und nehmen wir einen linearen Anstieg (Trend) der Absatzzahlen an, so wird der Bedarfszuwachs im Sommer gegenüber dem Jahresdurchschnitt eher prozentual als absolut gleich bleiben. Konkret gesagt: Werden im 1. Jahr 100 000 Flaschen im Monatsdurchschnitt, 150 000 Flaschen in Hochsommermonaten verkauft und im 2. Jahr 200 000 Flaschen im Monatsdurchschnitt, so wird der Hochsommerabsatz eher bei 300 000 Flaschen (50 % über dem Durchschnitt, multiplikative Saisonalität) als bei 250 000 Flaschen (50 000 über dem Durchschnitt, additive Saisonalität) liegen.

Neben den grundsätzlichen Unterscheidungen nach den Prognosehorizonten unterscheidet man *Vorhersagemodelle mit internen und externen Faktoren*.

Bei den Verfahren der Zeitreihenanalyse und -prognose mit *internen Faktoren* wird von der Annahme ausgegangen, daß sich das Verhalten der vorherzusagenden Größe (z.B. zukünftiger Absatz) allein durch Analyse der eigenen Vergangenheitsdaten (Nachfrage der Vergangenheit) herleiten läßt. Sind y_i bzw. $\hat{y}_i$ die tatsächlichen bzw. geschätzten Werte zum Zeitpunkt i und befinden wir uns im Zeitpunkt t_0, so lautet das Modell:

$$\hat{y}_{t_0, t_0+t} = f(y_{t_0}, y_{t_0-1}, \ldots, t),$$

d.h. die Schätzung für den Zeitpunkt t_0+t ist eine Funktion f der Vergangenheitswerte und des Prognosezeitraums t. Voraussetzung ist das Vorliegen einer genügenden Anzahl von Vergangenheitsdaten. Die Auswahl der Funktion f erfolgt durch Analyse dieser Vergangenheitsdaten (z.B. Regressionsanalyse, siehe 4.4.1). Dann wird die Kurve der Zeitreihe in die Zukunft extrapoliert. Bei Vorliegen neuer Daten erfolgt eine Überprüfung und gegebenenfalls Korrektur der Vorhersagen.

4.2 Modelle und Verfahren der Vorhersage

Vorhersagen mit *externen Faktoren* (meist sogenannte multivariate oder -variable Modelle) beziehen nicht bzw. nicht nur aus der Zeitreihe selbst stammende Informationen, sondern externe Größen wie Bruttosozialprodukt, Verkaufspreise, Wechselkurse o.ä. ein. Dazu müssen die entsprechenden Einflußgrößen ermittelt, ihre Abhängigkeiten und Beziehungen zur betrachteten Größe i.a. mittels einfacher oder mehrfacher Regression (siehe 4.4.2) analysiert und - sofern entsprechende Zeitreihen und Schätzungen vorliegen - wieder Extrapolationen in die Zukunft vorgenommen werden. Diese Modelle sind oft sehr aufwendig und daher mehr für einzelne makroökonomische Zeitreihen geeignet, während man bei Absatzzahlen für Produkte i.a. Vorhersagen mit internen Faktoren wählt, weil Hunderte oder Tausende von Zeitreihen in einem Großunternehmen zu untersuchen sind.

Grundsätzlich hängt die *Güte der Entscheidungsfindung* und Planung von der Qualität der Vorhersagen ab. Für Routineentscheidungen mit geringem finanziellen Risiko genügen simple Prognosen, da ein mit hohen Kosten verbundener Aufwand nicht gerechtfertigt ist.

Manuelle Vorhersagen, z.B. Absatzschätzungen von Verkaufsexperten, sind nur bei einer begrenzten Anzahl von Vorhersagegrößen möglich, oft nicht neutral (zweck-optimistische oder -pessimistische Schätzungen) und benötigen sehr qualifiziertes Personal. Dafür können sie maschinell nicht erfaßbare Aspekte ("Intuition", Erfahrung) einbeziehen.

Liegen dagegen sehr viele Zeitreihen vor oder handelt es sich um sehr rechenaufwendige Verfahren, muß notwendigerweise auf die EDV zurückgegriffen werden. Neben verbesserten Analysemöglichkeiten der Zeitreihenkomponenten wie Trends, Zyklen und Saisonalitäten und automatischen Kontrollen des Vorhersagemodells auf signifikante Abweichungen zwischen Vorhersagewerten und tatsächlich eingetroffenen Werten bieten Prognosesysteme unter Verwendung einer Datenverarbeitungsanlage den großen Vorteil einer direkten Weiterleitungsmöglichkeit der ermittelten Vorhersagewerte in das betriebliche Informationssystem als Grundlageninformation für die oben erwähnten Planungsbereiche (siehe Abb.89).

Einige wichtige Anforderungen bzw. *Beurteilungskriterien* für Prognosemodelle seien kurz erwähnt, weil später bei den einzelnen Modellen z.T. darauf eingegangen wird, vgl. auch [2]:

- *Rechenzeit* und *Speicherplatzbedarf*: Die Bewertung der Rechenzeit hängt vor allem davon ab, für wieviele Zeitreihen in welchen zeitlichen Abständen Prognosen zu erstellen sind. Der Speicherplatz für die in einem Vorhersagemodell benötigten Daten einer Zeitreihe hängt in der Hauptsache vom Umfang der verwendeten Vergangenheitsdaten und der zu berücksichtigenden Einflußgrößen ab.
- *Reagibilität* und *Stabilität*: Prognosemodelle sollen einerseits Zufallsschwankungen der Zeitreihe glätten, d.h. stabil gegen zufällige Abweichungen sein; andererseits sollen sie Strukturbrüche und Änderungen der Gesetzmäßigkeiten des Verlaufs schnell erkennen und darauf mit einer Anpassung z.B. von einer von Zufallsschwankungen abgesehen konstanten Entwicklung zu einer linearen Trendentwicklung reagieren.

Beide Anforderungen widersprechen sich bis zu einem gewissen Grade, so daß ein Kompromiß zwischen hoher Stabilität (meistens durch Berücksichtigung von viel Vergangenheitsinformation) und schneller Reaktion (hohe Gewichtung der jüngsten Vergangenheitsdaten) notwendig ist, gegebenenfalls auch ein "Umschalten" von mehr Stabilität in einem starken Zufallsschwankungen unterworfenen Zeitbereich zu mehr Reagibilität bei Erkennen von Gesetzmäßigkeitsänderungen möglich sein muß, wie es z.B. die Verfahren der exponentiellen Glättung (s.u.) erlauben.

- *Absicherung der Prognose*: Höhere Prognosegenauigkeit verlangt erhöhten Vorhersageaufwand, z.B. in der Analyse und Berücksichtigung der Einflußfaktoren. Dieser Mehraufwand muß in Relation zum Nutzen gesehen werden.
- *Kontroll-, Eingriffs- und Korrekturmöglichkeiten*: Zu einem Prognosemodell gehört die ständige Konstrolle der Abweichungen zwischen Ist- und Vorhersagewerten, z.B. mittels sogenannter Abweichungssignale, die ähnlich wie in der statistischen Qualitätskontrolle angelegt sind. Auch wenn gewisse Verfahren automatische Korrekturen und Optimierungen von Parametern vornehmen, muß eine manuelle Eingriffs- und Korrekturmöglichkeit stets gegeben sein.

Man lese gegebenenfalls diese Beurteilungskriterien noch einmal nach Beschäftigung mit den einzelnen Prognosemodellen.

4.3 Gleitende Durchschnitte

4.3.1 Grundbegriffe

Eine grundlegende und heute noch häufig angewandte Methode zur Analyse von Zeitreihen ist das Verfahren der gleitenden Durchschnitte.

Definition

> Gegeben sei eine Zeitreihe $y_1, y_2, \ldots, y_k$. Bildet man zum Zeitpunkt t den Mittelwert M_t der jeweils N jüngsten Zeitreihenwerte, d.h.
>
> $$M_t := (y_t + y_{t-1} + \ldots + y_{t-N+1}) / N$$
>
> so spricht man vom *gleitenden Mittelwert* oder *Durchschnitt der Ordnung N*.

Für eine Absatzzeitreihe gibt er z.B. den durchschnittlichen Absatz der letzten N Perioden an. Liegt der Zeitreihenwert für die Periode t+1 vor, errechnet sich der neue gleitende Durchschnitt M_{t+1} durch Hineinnahme von y_{t+1} in die Mittelwertbildung und Weglassen des ältesten Wertes y_{t-N+1}:

$M_{t+1} = (y_{t+1} + \ldots + y_{t-N+2}) / N$ (vgl.Abb.94). Das ergibt die

Fortschreibungsformel: $$M_{t+1} = M_t + (y_{t+1} - y_{t-N+1}) / N$$

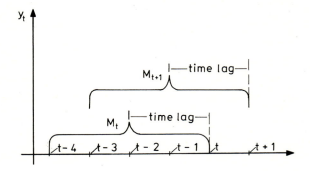

Abb.94

Der zum Zeitpunkt t berechnete Mittelwert M_t entsteht aus gleichgewichteten Zeitreihenwerten, die 0,1,...,N-1, im Mittel also (N-1)/2 Perioden alt sind. Er "hinkt" damit dem Zeitpunkt seiner Berechnung um eine Zeitverzögerung (time lag) nach. Sein statistisches Alter beträgt $\bar{A}(N) = (N-1)/2$, d.h. er ist gültig für den Zeitpunkt $T = t-(N-1)/2$.

Gleitende Durchschnitte haben die Eigenschaft, daß sie Zufallsschwankungen in Zeitreihen glätten. So werden für Konjunkturdaten wie Auftragseingänge, Branchenverkaufszahlen u.a. gleitende 3-Monatsdurchschnitte erstellt und mit entsprechenden Werten des Vorjahres verglichen, um zufällige Verlagerungen von einem Monat auf den anderen z.B. durch unterschiedliche Lage von Feiertagen, Anzahl von Arbeitstagen oder Betriebsferien herauszuglätten.

Die Wahl von N für die Anzahl der in der Mittelwertbildung zu berücksichtigenden Zeitreihenglieder hängt ab von den Anforderungen an die Glättung bzw. vom Verlauf der Zeitreihe. Bei einer Zeitreihe ohne Saisoneinflüsse bedeutet großes N große Stabilität gegen Zufallsschwankungen, d.h. stärkere Glättung, aber langsamere Reaktion auf Entwicklungsänderungen, insbesondere wenn man M_t mit y_t statt $y_{t-\bar{A}(N)}$ vergleicht. Kleines N bewirkt gerade das Umgekehrte. Man erkennt das deutlich für die nachfolgende Zeitreihe, vgl. auch Abb.95.

	1	2	3	4	5	6	7	8	9	10	11
y_t	3710	3750	3600	3820	3650	3610	3880	3800	3720	3960	4220
M_t (N=3)		3687	3723	3690	3693	3713	3763	3800	3827	3967	
M_t (N=7)				3717	3730	3726	3777	3834			

	12	13	14	15	16	17	18
y_t	4160	4510	4040	4370	4480	4630	4400
M_t (N=3)	4113	4297	4237	4307	4297	4493	4503
M_t (N=7)	3907	4036	4059	4140	4249	4344	4379

4.3 Gleitende Durchschnitte

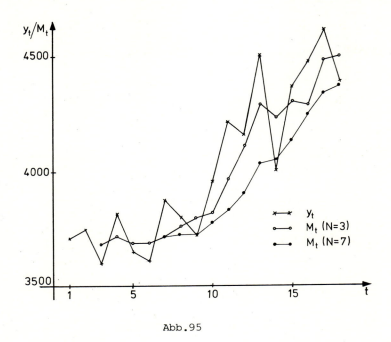

Abb.95

Der Speicheraufwand für die Berechnung gleitender Durchschnitte unter Verwendung eines Rechners ist hoch, da jeweils die letzten N Vergangenheitswerte benötigt werden. Wir werden später Mittelwertbildungen kennenlernen, die mit erheblich weniger Vergangenheitsinformationen auskommen. Auch ein "Umschalten" auf mehr Stabilität durch Erhöhung von N ist nicht ohne weiteres möglich, da die alten Daten evtl. nicht mehr zur Verfügung stehen. Ein weiterer Nachteil ist schließlich die Gleichgewichtung der Vergangenheitsdaten. Jeder berücksichtigte Wert geht mit dem Gewichtsfaktor 1/N in die Mittelwertbildung ein, während es meistens sinnvoller ist, die jüngsten Werte höher zu gewichten als die älteren.

Wegen des time lags kann der gleitende Durchschnitt nur bei - von Zufallsschwankungen abgesehen - annähernd horizontalem Verlauf der Zeitreihe als Prognosewert dienen:

$$\hat{y}_{t,t+1} := M_t$$

Bei näherungsweise linearem Verlauf könnte man noch die Differenzen aufeinanderfolgender gleitender Durchschnitte als Schätzwert für den Anstieg pro

Periode verwenden und schätzen:

$$\hat{y}_{t,t+1} = M_t + (M_t - M_{t-1})$$

Um den Nachteil der Gleichgewichtung der Vergangenheitswerte zu vermeiden, arbeitet man zum Teil mit gewogenen gleitenden Durchschnitten:

Definition

Unter *gewogenen gleitenden Durchschnitten* versteht man gewichtete Mittelwerte

$$M_t^g := \sum_{i=0}^{N-1} k_i \cdot y_{t-i}; \quad M_{t+1}^g := \sum_{i=0}^{N-1} k_i \cdot y_{t+1-i}$$

usw. mit $\sum k_i = 1$, $k_i \geq 0$.

Durch mit wachsendem i abnehmende Gewichte k_i erreicht man eine stärkere Gewichtung der jüngsten Daten gegenüber den älteren und eine raschere Anpassung an Entwicklungsveränderungen. Es erhebt sich aber das Problem der besten Wahl der k_i und ihrer zusätzlichen Abspeicherung. Ein Beispiel finden Sie in den Aufgaben.

Aufgaben zu 4.3.1

1. Zur weiteren Einsicht in Reagibilität und Stabilität der gleitenden Durchschnitte untersuche man deren Verhalten für Zeitreihen mit einem Niveausprung und einem Ausreißerwert: Berechnen Sie M_t, M_{t+1} usw., und stellen Sie graphisch das Verhalten von M_t für N = 5 bzw. N = 12 gegenüber y_t dar
   a) für ... = y_{t-1} = y_t = 100, y_{t+1} = y_{t+2} = ... = 150,
   b) für ... y_{t-1} = y_t = 100, y_{t+1} = 150, y_{t+2} = ... = 100.

2. Berechnen Sie für die Zeitreihe aus Abb.95 die gewogenen gleitenden Durchschnitte mit k_0 = 0,6; k_1 = 0,3; k_2 = 0,1 bis zur Periode 13, und vergleichen Sie die Ergebnisse mit den ungewogenen Durchschnitten. Wie ist jetzt der time lag?

3. (M) Zeigen Sie: Der gleitende Mittelwert M_t minimiert zu vorgegebenen Zeitreihenwerten $y_t, ..., y_{t-N+1}$ die Summe der quadratischen Abweichungen von einem festen Wert x, d.h. M_t ist Lösung des Problems: $\sum (x-y_t)^2$ = Minimum.

4.3.2 Gleitende Durchschnitte bei Zeitreihen mit Saisoneinflüssen

Bei Vorliegen von Saisonalitäten können gleitende Durchschnitte über einen vollen Saisonzyklus den zugrundeliegenden *saisonbereinigten Trend* herausarbeiten, z.B. gleitende 12-Monatsdurchschnitte bei Zeitreihen mit Monaten als Perioden und Jahreszyklen wie bei vielen saisonabhängigen Verkaufsprodukten. Der in Periode t errechnete Mittelwert M_t ist dann statistisch gültig für den 5,5 Monate zurückliegenden Zeitpunkt $t-(12-1)/2$. Um die Mittelwerte einer Periode zuordnen zu können, bildet man z.B. $M_t' = (M_t + M_{t+1})/2$ mit einem time lag von $(5,5+6,5)/2 = 6$ Monaten auf t.

Eine Zeitreihe mit starken Saisoneinflüssen stellen bekanntlich die Arbeitslosenzahlen dar. Die nachfolgende Tabelle und Abb.96 zeigen den Verlauf der Arbeitslosigkeit y_t jeweils zu Monatsende in der Bundesrepublik von Ende Januar 1974 bis Ende September 1976 mit ausgeprägten Winterhochs. Der gleitende 12-Monatsdurchschnitt M_t' läßt sehr gut im Nachhinein den konjunkturellen Trend auf dem Arbeitsmarkt erkennen und erlaubt auch eine Extrapolation über den letzten berechneten Durchschnitt für März 76 hinaus in die Zukunft wie skizziert für linearen oder z.B. parabolischen Verlauf. Daraus läßt sich z.B. eine Schätzung für die durchschnittliche Arbeitslosenzahl in 1976 (Gleitender Durchschnitt Januar 76 - Dezember 76) gewinnen.

	Jan	Feb	Mrz	Apr	Mai	Jun	Jul	Aug	Sep	Okt	Nov	Dez
1974	620	620	562	517	457	451	491	527	557	672	799	946
1975	1154	1184	1114	1087	1018	1002	1035	1031	1005	1061	1114	1223
1976	1351	1347	1190	1094	954	921	945	940	899			a)
1974	426	450	476	507	544	582	624	670	716	763	810	856
1975	902	946	985	1020	1050	1074	1094	1109	1119	1122	1120	1114
1976	1107	1099	1091									b)

a) Arbeitslosenzahlen, b) Gleitende 12-Monatsdurchschnitte M_t' (in 1000).

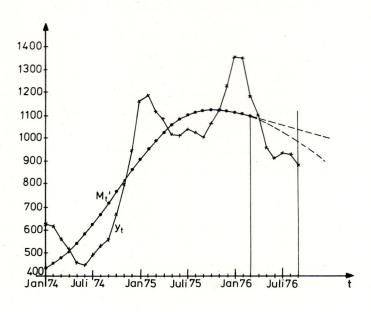

Abb. 96

Ein anderes Problem ist die *Analyse der Saisoneinflüsse*. Ein rein saisonbedingtes Absinken der Zeitreihenwerte - wie z.B. von Februar 75 bis Juni 75 bei den Arbeitslosenzahlen - darf von einem Prognosemodell nicht als ein generell fallender Trend interpretiert werden.

Es geht also darum, z.B. bei Vorliegen des Oktoberwertes 1976 für die Arbeitslosenzahl den vermutlichen Anstieg gegenüber dem Septemberwert als saison- oder konjunkturbedingt zu interpretieren bzw. mit einem saisonbereinigten Oktoberwert arbeiten zu können. Die saisonale Komponente läßt sich entweder als periodische Funktion über eine Fourierentwicklung ermitteln, oder sie wird - wie in den meisten praktischen Prognosemodellen - durch Saisonkoeffizienten oder -indizes erfaßt.

Definition

Saisonkoeffizienten

$$s_j \geq 0, \; j = 1,\ldots,12, \; \sum_{j=1}^{12} s_j = 12$$

4.3 Gleitende Durchschnitte

für einen Jahreszyklus geben an, welcher Einfluß der Periode (Monat) j im Zeitreihenwert dieser Periode (bei multiplikativer Saisonalität) enthalten ist.

Sind alle S_j gleich oder nahezu gleich 1, unterliegt die Zeitreihe keinen Saisoneinflüssen. $S_j = 1,2$ z.B. bedeutet einen um 20 % erhöhten, $S_j = 0,6$ einen um 40 % verminderten Einfluß gegenüber dem Monatsdurchschnitt. Die Berechnung der Saisonkoeffizienten muß trendbereinigt erfolgen, denn genauso wie ein saisonbedingter Anstieg nicht beim Trend berücksichtigt werden darf, darf aus trendbedingt ansteigenden Zeitreihenwerten zum Jahresende nicht auf zu hohe Saisonkoeffizienten für die entsprechenden Monate geschlossen werden. Eine (sehr einfache) Schätzung der Saisonkoeffizienten kann mittels der zentrierten gleitenden Durchschnitte gewonnen werden: $\hat{S}_j = y_j/M_j'$, wobei y_j der Zeitreihenwert des Monats j, M_j' der für diesen Monat gültige Durchschnitt (saisonbereinigte Wert) ist. Gegebenenfalls kann noch über mehrere Jahre gemittelt werden.

Bei der Zeitreihe der Arbeitslosenzahlen liegt keine (reine) multiplikative Saisonalität vor. Nehmen wir aber der Einfachheit halber eine solche an und verwenden als Saisonkoeffizienten für September 76 0,86 und für Oktober 76 0,91, jeweils als Mittel der nach obiger Formel berechneten Werte der entsprechenden Monatswerte in 1974 und 1975. Der saisonbereinigte Septemberwert beträgt dann 899/0,86 = 1045. Der inzwischen bekannte Oktoberwert 944 liegt nur saisonbedingt höher, als der Septemberwert, denn saisonbereinigt ergibt sich: 944/0,91 = 1037.

Aufgaben zu 4.3.2

1. Die Anzahl der offenen Stellen in 1000 in der BRD betrug jeweils zum Monatsende:

	Jan	Feb	Mrz	Apr	Mai	Jun	Jul	Aug	Sep	Okt	Nov	Dez
1974	308	331	349	361	367	374	353	339	298	248	213	194
1975	221	246	261	262	264	263	255	253	235	210	183	168
1976	191	209	240	252	275	281	276	264	233	221		

   Berechnen Sie die gleitenden 12-Monatsdurchschnitte M_t (ohne Mittelung mit M_{t+1}). Stellen Sie deren Verlauf und die Anzahl offener Stellen graphisch dar. Vergleichen Sie mit den Kurvenverläufen der Arbeitslosenzahlen. Prognose für die durchschnittliche Anzahl offener Stellen in 1976!

2. Berechnen Sie mit dem Oktoberwert 944 den für Ende April 76 gültigen gleitenden Durchschnitt der Arbeitslosenzahlen. Ab welchem Novemberwert x muß von einem konjunkturbedingten und nicht mehr nur saisonbedingten Anstieg gesprochen werden? Als Saisonkoeffizient für November nehme man den Mittelwert von November 1974 und 1975.

4.4 Vorhersagen mittels Regressionsanalysen

4.4.1 Modelle mit internen Faktoren

Ein wichtiges Hilfsmittel für kurz- und mittelfristige Prognosen stellt die Regressionsanalyse dar. Wir beginnen mit einem

Beispiel

Die Zeitreihe des Geburtenüberschusses (Differenz aus Lebendgeborenen und Gestorbenen) lautet für 1967 bis 1973 (in 1000): +332, +236, +159, +76, +48, -30, -95, vgl. Abb.99.

Offensichtlich unterliegen die Geburtenüberschüsse y einer gewissen Abhängigkeit von der Zeit t. Dieses ist keine streng funktionale Abhängigkeit der Form $y = f(t)$, wie z.B. das Gesetz des freien Falls: $s = f(t) = g \cdot t^2/2$, wo sich nach Belegung der unabhängigen Variablen t mit einem bestimmten Wert der zugehörige Wert der abhängigen Variablen y bzw. s exakt als Funktionswert von f an der Stelle t ergibt.

Hier liegt eine statistische Abhängigkeit vor: $\hat{y} = f(t)$, d.h. zu einem vorgegebenen Wert der unabhängigen Variablen t läßt sich ein Schätzwert $\hat{y}$ für die abhängige Variable y angeben. y nennt man in der Statistik eine Zufallsvariable. Der tatsächliche y-Wert wird unter dem Einfluß von Zufallsschwankungen nicht exakt mit $\hat{y}$ übereinstimmen. Es ist deshalb auch nicht sinnvoll, eine Interpolationskurve zu suchen, welche alle Meßpunkte trifft, was prinzipiell durch Aufstellen eines Polynoms ausreichend hohen Grades möglich ist (vgl.II, 1.3.5). Stattdessen sucht man eine Funktion f, deren Graph eine möglichst gute "Ausgleichskurve" darstellt, d.h. sich der Lage der Meßpunkte möglichst gut anpaßt, ohne daß diese selbst auf der Kurve liegen müssen. Dabei sollen die zufallsbedingten Abweichungen herausgeglättet werden.

Zum Finden der "besten" Ausgleichskurve ist zunächst der Typ festzulegen. Dazu gibt es verschieden aufwendige und mathematisch fundierte Verfahren, vom "Draufschauen" auf eine graphische Darstellung über gewisse Plausibilitätsbetrachtungen bis zu statistischen Tests. Außerdem ist ein Optimalitätskriterium festzulegen.

4.4 Vorhersagen mittels Regressionsanalysen

In unserem Beispiel scheint ein angenähert linearer Verlauf vorzuliegen. Wir suchen also die beste Ausgleichsgerade *(Trendgerade)*:

$$\hat{y} = a_0 + a_1 t$$

In diesem Fall spricht man von *einfacher* (nur eine unabhängige Variable) *linearer Regression* oder *Trendrechnung* (Zeit als unabhängige Variable).

Methode der kleinsten Quadrate:

Unter gewissen - hier nicht näher zu erläuternden - Voraussetzungen ergibt sich die Schätzung für die statistisch beste Ausgleichsgerade (oder allgemein: -kurve) durch Minimierung der quadrierten Differenzen der y-Werte der Zeitreihe und der Schätzwerte der Ausgleichsgerade (bzw. -kurve):

$$\boxed{\sum_{t=1}^{n} (y_t - \hat{y}_t)^2 = \sum_{t=1}^{n} (y_t - a_0 - a_1 t)^2 = \text{Min}}$$

bei Vorliegen von n Zeitreihenwerten $y_1, \ldots, y_n$ zu äquidistanten Zeitpunkten (Perioden) $t = 1, \ldots, n$, vgl. Abb. 97.

Die Abweichung $e_t := y_t - \hat{y}_t$ bezeichnet man als *Residuum* zum Zeitpunkt t.

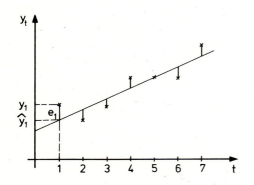
Abb. 97

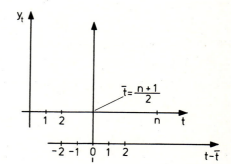
Abb. 98

Satz

Die Trendgerade $\hat{y} = a_0 + a_1 t$ besitzt die Koeffizienten:

$$a_1 = \frac{\sum_{t=1}^{n} t \cdot y_t - n \cdot \bar{t} \cdot \bar{y}}{\sum_{t=1}^{n} t^2 - n \cdot \bar{t}^2}$$

und $a_0 = \bar{y} - a_1 \cdot \bar{t}$ mit $\bar{t} = \Sigma t/n$ und $\bar{y} = \Sigma y_t/n$.

Herleitung: Wir suchen (s.o.) das Minimum der Funktion der beiden Veränderlichen a_0, a_1:

$$f(a_0, a_1) := \Sigma (y_t - a_0 - a_1 t)^2$$

In der Theorie der Funktionen mehrerer reeller Veränderlicher zeigt man, daß an den Extremstellen von f die partiellen Ableitungen nach a_0 und a_1 (vgl. II, 3.7.6) den Wert 0 annehmen müssen, d.h.:

$$f_{a_0} = 2 \cdot \Sigma (y_t - a_0 - a_1 t) \cdot (-1) = 0 \quad \text{und}$$

$$f_{a_1} = 2 \cdot \Sigma (y_t - a_0 - a_1 t) \cdot (-t) = 0$$

Daraus ergeben sich die sogenannten *Normalgleichungen*:

$$\Sigma y_t = a_0 \cdot n + a_1 \cdot \Sigma t$$
$$\Sigma t \cdot y_t = a_0 \cdot \Sigma t + a_1 \cdot \Sigma t^2$$

Dieses lineare Gleichungssystem für a_0 und a_1 besitzt die Lösung: $a_0 = D_0/D$, $a_1 = D_1/D$ mit

$$D_0 = \begin{vmatrix} \Sigma y_t & \Sigma t \\ \Sigma t \cdot y_t & \Sigma t^2 \end{vmatrix}, \quad D_1 = \begin{vmatrix} n & \Sigma y_t \\ \Sigma t & \Sigma t \cdot y_t \end{vmatrix}, \quad D = \begin{vmatrix} n & \Sigma t \\ \Sigma t & \Sigma t^2 \end{vmatrix}$$

Ausrechnen der Determinanten führt zu den angegebenen Koeffizienten.

4.4 Vorhersagen mittels Regressionsanalysen

Die Steigung a_1 ist der *Regressionskoeffizient*. Die Geradengleichung läßt sich auch schreiben als:

$$\hat{y} - \bar{y} = a_1 \cdot (t-\bar{t}).$$

Die Formeln lassen sich noch vereinfachen durch eine Verschiebung des Zeitnullpunktes (Koordinatentransformation) nach $\bar{t} = \Sigma t/n = n\cdot(n+1)/2n = (n+1)/2$, vgl. Abb.98: $a_1 = \Sigma(t-\bar{t})\cdot y_t / \Sigma(t-\bar{t})^2$

Für den Geburtenüberschuß (t=1 für 1967, $\bar{t}=4$, $\bar{y}=103{,}7$) ergibt sich:
$a_1 = -68{,}7$ $a_0 = 103{,}7 + 68{,}7 \cdot 4 = 378{,}5$, Trendgerade: $\hat{y} = 378{,}5-68{,}7\cdot t$
(vgl.Abb.99).

Eine Prognose zukünftiger y-Werte ist nun durch Einsetzen entsprechender t-Werte in die Gleichung für die Trengerade möglich, z.B.
$\hat{y}_{1974} = \hat{y}_8 = 378{,}5 - 68{,}7 \cdot 8 = -171$, $\hat{y}_{1975} = \hat{y}_9 = 378{,}5 - 68{,}7 \cdot 9 = -240$

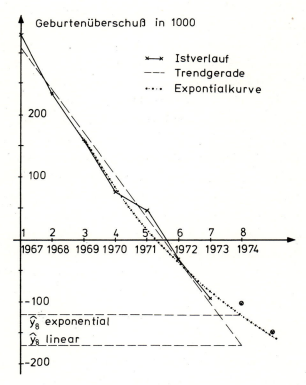

Abb.99

Definition

Man bezeichnet $\Sigma(y_t-\bar{y})^2$ als die *totale Varianz* der y-Werte (um den Mittelwert), $\Sigma(y_t-\hat{y}_t)^2 = \Sigma e_t^2$ als die *unerklärte Varianz* (Varianz um die Regression) und $\Sigma(\hat{y}_t-\bar{y})^2$ als die *erklärte Varianz* (Varianz auf der Regression).

Man rechnet aus: $\Sigma(y_t-\bar{y})^2 = \Sigma(y_t-\hat{y}_t)^2 + \Sigma(\hat{y}_t-\bar{y})^2$, d.h. die totale Varianz läßt sich zerlegen in die erklärte und die unerklärte Varianz. Das lineare Ausgleichsmodell paßt umso besser für die Zeitreihenwerte, je kleiner das Verhältnis von unerklärter Varianz (Zufallsschwankungen) zu totaler Varianz ist. Als Maß für den Grad der linearen Abhängigkeit führt man das *Bestimmtheitsmaß* B ein:

$$\boxed{B = 1 - \frac{\Sigma(y_t-\hat{y}_t)^2}{\Sigma(y_t-\bar{y})^2} = \frac{\Sigma(\hat{y}_t-\bar{y})^2}{\Sigma(y_t-\bar{y})^2}}$$

Die Meßpunkte liegen sämtlich exakt auf einer Geraden genau dann, wenn B = 1 ist. Der Grad der linearen Abhängigkeit und damit der Eignungsgrad des linearen Modells fällt mit sinkendem B. Die Wurzel aus B mit positivem bzw. negativem Vorzeichen bei positivem bzw. negativem Trend (Anstieg der Trendgeraden) bezeichnet man als *Korrelationskoeffizienten*. In unserem Fall errechnet sich $\Sigma(y_t-\hat{y}_t)^2$ zu 1696 und $\Sigma(y_t-\bar{y})^2$ zu 133909, d.h. B = 0,987 - ein sehr hoher Wert, der eine sehr gute Auswahl des Modells anzuzeigen scheint.

Wir hatten mit Hilfe der Trendrechnung nur Schätzwerte (sogenannte *Erwartungswerte*) für die Größe y gewonnen. Eine solche "Punktschätzung" reicht aber nicht aus. In der Statistik kann man zusätzlich gewisse Wertschranken (sogenannte *Vertrauensgrenzen*) für die Schätzwerte ermitteln. Dazu gibt man *statistische Sicherheiten* S vor, z.B. 80 %, 90 %, und berechnet dazu Wertschranken c_S um den Schätzwert $\hat{y}_t$, zwischen denen der tatsächliche Wert y_t mit der statistischen Sicherheit S (80 % bzw. 90 % Wahrscheinlichkeit) liegt:

$$\hat{y}_t - c_S \leq y_t \leq \hat{y}_t + c_S$$

Diese Sicherheitsgrenzen liegen umso weiter auseinander, je mehr man sich vom Zeitmittelpunkt $\bar{t}$ der Vergangenheitsdaten entfernt, vgl. Abb. 100.

4.4 Vorhersagen mittels Regressionsanalysen

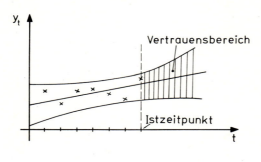

Abb.100

Für eine tiefergehende Betrachtung über das Bestimmtheitsmaß bzw. den Korrelationskoeffizienten und die formelmäßige Herleitung der Vertrauensgrenzen müssen erhebliche Statistikvorkenntnisse vorausgesetzt werden. Es sei hier auf die entsprechende Literatur verwiesen. Wir haben gesehen, wie man mit Hilfe der (linearen) Trendrechnung auf der Basis einer gewissen Anzahl Vergangenheitsdaten, die natürlich nicht zu klein sein darf, weil z.B. eine Trendgerade bei nur 2 bis 3 Meßpunkten viel zu wenig abgesichert ist, Prognosen erstellen kann. Kommt ein neuer Wert der Zeitreihe hinzu, z.B. der Geburtenüberschuß für das Jahr 1974, muß dieser in die Trendrechnung mit aufgenommen werden, d.h. $\bar{t}$, $\bar{y}$, a_1 und a_0 sind neu zu berechnen. Es ergibt sich eine neue, aktualisierte **Trendgerade.** Nun brauchen bei geeignetem Vorgehen nicht alle Rechnungen neu durchgeführt zu werden, aber trotzdem erfordert die Fortschreibung erheblichen Aufwand, wenn sehr viele Zeitreihen vorliegen.

Ein weiterer Nachteil der Trendrechnung, den wir schon von den gleitenden Durchschnitten kennen, ist die Tatsache, daß alle n Vergangenheitswerte mit dem gleichen Gewicht $1/n$ in die Trendrechnung eingehen. Die Methode reagiert damit sehr langsam auf Änderungen der Gesetzmäßigkeit, z.B. eine geänderte Steigung im linearen Verlauf oder den Übergang in eine nicht mehr lineare Abhängigkeit. Auf flexiblere Verfahren wird in 4.5 eingegangen.

Wir diskutieren zum Abschluß noch einmal das Modell der Geburtenüberschußprognose. Eine lineare Trendentwicklung würde bedeuten, daß die Zahl der Bundesbürger rapide abnimmt. Das scheint nicht ganz realistisch. Passender schiene ein Modell mit allmählich weniger stark wachsendem Geburtendefizit, etwa eine Exponentialfunktion mit negativem Exponenten:

$$\hat{y} = c + a_0 \cdot e^{a_1 t}$$

mit $a_1 < 0$ und $c < 0$, da y negative Werte annimmt, der Exponentialausdruck aber nicht. Umstellen und Logarithmieren ergibt eine lineare Beziehung in t:

$$\ln(\hat{y}-c) = \ln a_0 + a_1 \cdot t$$

Schätzt man c (s.u.), läßt sich eine lineare Trendrechnung für $\ln(\hat{y}-c)$ in Abhängigkeit von t durchführen, wenn wir die Variable $\hat{y}$ in $\ln(\hat{y}-c)$ transformiert haben. Anschließend wird aus der Trendgeraden durch Rücktransformation die Exponentialbeziehung gewonnen.

In unserem Beispiel ist c wegen $\lim_{t\to\infty} a_0 \cdot e^{a_1 t} = 0$ die Untergrenze von $\hat{y}$. Setzen wir z.B. c = -400 an, nehmen wir an, daß das Geburtendefizit nicht unter 400 sinkt. Für dieses Modell liefern die Formeln der Trendrechnung: $a_1 = -0,1404$ und $\ln a_0 = 6,7446$, d.h.

$$\ln(\hat{y}+400) = 6,7446 - 0,1404\, t \Longrightarrow \hat{y} = -400 + 849,5 \cdot e^{-0,1404\, t}$$

vgl. Abb.97. Die Residuen für dieses Modell und die Prognose für 1974 bis 1976 entnimmt man der nachfolgenden Tabelle. Das Bestimmtheitsmaß verbessert sich: B = 1 - 1043/133909 = 0,992, die Summe der quadrierten Residuen sinkt von 1696 auf 1043. Vertrauensgrenzen für die lineare Beziehung werden nach der Rücktransformation zu Wertschranken für die exponentielle Beziehung.

t	y_t	$\hat{y}_t$	e_t	$\ln(y_t+400)$	$\hat{y}_t$	e_t
1967/1	332	310	-22	6,5958	338	6
1968/2	236	241	5	6,4630	241	5
1969/3	159	172	13	6,3262	157	-2
1970/4	76	104	28	6,1654	84	8
1971/5	48	35	-13	6,1048	21	-27
1972/6	-30	-34	-4	5,9135	-34	4
1973/7	-95	-102	-7	5,7203	-82	13
1974/8		-171			-123	
1975/9		-240			-160	
1976/10					-191	
	lineares Modell			Exponential-Modell		

4.4 Vorhersagen mittels Regressionsanalysen

Der tatsächliche Wert in 1974 betrug -101, lag also unerwartet hoch. Das lineare Modell paßt sicher überhaupt nicht. Auch das Exponentialmodell muß überprüft werden. Tatsächlich setzte sich der "Abstieg" nach 1975 nicht mehr fort.

Wie in diesem Beispiel läßt sich der nicht-lineare Fall häufig durch geeignete Variablentransformation auf die einfache lineare Trendrechnung zurückführen. Man kann aber auch nach der Methode der kleinsten Quadrate optimale Ausgleichskurven von nicht-linearem Typ erhalten, vgl. Aufgabe 3.

Nicht angesprochen wurde das wichtige Problem der *Autokorrelation:* Zu den Voraussetzungen für die Trendanalyse gehört die statistische Unabhängigkeit der Beobachtungswerte und der Beobachtungsfehler (Residuen) im Modell. Bei Zeitreihen ist diese Unabhängigkeit häufig nicht gegeben. Es gibt Verfahren, Autokorrelation aufzudecken und bei der Trendrechnung zu berücksichtigen.

Aufgaben zu 4.4.1

1. Die Bevölkerungszahlen Japans in den Jahren 1965 - 1973 betrugen (in Mio): 1965: 98,88; 1966: 99,79; 1967: 100,83; 1968: 101,96; 1969: 103,17; 1970: 104,34; 1971: 105,60; 1972: 106,96; 1973: 108,35. Erstellen Sie Prognosen für 1974 bzw. 1980 mit einem Exponential-Modell (mit c=0). Interpretation des Regressionskoeffizienten? Bestimmtheitsmaß?

2. Schreiben Sie das Exponential-Modell des Geburtenüberschusses mit dem Wert für 1974 fort und erstellen Sie eine korrigierte Prognose für 1975 (tats. Wert:-149) und 1976.

3. (M) Leiten Sie analog zum linearen Fall die Normalgleichungen her für das parabolische Trendmodell $\hat{y} = a_0 + a_1 t + a_2 t^2$.

4.4.2 Modelle mit externen Faktoren

Für ein Prognosemodell wird man in den meisten Fällen nicht davon ausgehen können, daß sich die zukünftige Entwicklung einer Größe allein aus ihren Vergangenheitswerten ableiten läßt (interner Faktor), sondern davon, daß sie auch von anderen Einflußgrößen (externe Faktoren) abhängt. So werden z.B. Produktabsatzzahlen der Automobilindustrie von der gesamt-konjunkturellen Entwicklung, verkehrs- und steuerpolitischen Maßnahmen, Werbung und Modellentwicklung beeinflußt sein.

Eine Zeitreihe $\{y_t\}$ kann von einer anderen Zeitreihe $\{x_t\}$ - oder mehreren Zeitreihen - statistisch abhängen, mit ihr *korreliert* sein. Kennt man die Entwicklung der Größe x, kann man y schätzen. Für Prognosezwecke ist das besonders dann interessant, wenn die zukünftige Entwicklung der Größe x zu planen (z.B. Werbeaufwand), bekannt oder zumindest abschätzbar ist. Häufig besteht auch ein time lag zwischen den Größen x und y, d.h. der Meßwert x_{t-l}, der l Perioden zurückliegend auftrat, beeinflußt y_t. In diesem Fall lassen sich Vorhersagen für l Perioden im voraus erstellen. Typische Beispiele dafür wären Werbeaufwand in Auswirkung auf Verkäufe, Veränderung des Auftragsbestandes in Auswirkung auf die Beschäftigtenzahl, die Auswirkung veränderter Einkommensverhältnisse auf das Kaufverhalten oder Geburten und Schülerzahlen in Auswirkung auf benötigte Studienplätze. In diesen Beispielen erfolgt die Wirkung jeweils eine gewisse ermittelbare Anzahl von Perioden später.

Schließlich können noch *bedingte* oder *gekoppelte Prognosen* erstellt werden. Die Entwicklung der Zeitreihe $\{x_t\}$ wird vorhergesagt und daraus eine Prognose für die Größe y abgeleitet. Häufig werden alternative Entwicklungen von y bei verschiedenen Prognosealternativen für x betrachtet - nach dem Motto: "Was ist wenn?" -, z.B. die Entwicklung der Exporte in Abhängigkeit der zukünftigen Entwicklung des Dollarkurses.

Abhängigkeiten von einer Zeitreihe (Einflußgröße) lassen sich mittels *einfacher,* oft *linearer Regressionen* durchführen; bei mehreren Einflußgrößen muß man auf Modelle der *mehrfachen* (multiplen) *Regressionsanalyse* zurückgreifen, die höheren Aufwand erfordern und in dieser Einführung nur kurz behandelt werden sollen. In jedem Fall ist zunächst zu untersuchen, welche Einflußfaktoren von der Sache her eine Rolle spielen können, welche davon wirklich relevant sind, welche Abhängigkeiten der Faktoren untereinander bestehen und welche von ihnen sich gegebenenfalls unter einer der Größen subsummieren lassen.

Darauf zu achten ist auch, daß nicht sogenannte *Unsinnskorrelationen* aufgestellt werden, d.h. Beziehungen zwischen Größen, die zwar zahlenmäßig vorzuliegen scheinen, in Wahrheit aber gar nicht gegeben sind. So können z.B. Absatzzahlen aus verschiedenen Branchen ein ähnliches zeitliches Verhalten zeigen, das sich einfach aus der allgemeinen konjunkturellen Entwicklung ergibt, ohne daß sich die Größen selbst in irgendeiner Weise untereinander beeinflussen.

4.4 Vorhersagen mittels Regressionsanalysen

Als Beispiel einer bedingten Prognose mittels einfacher Regression betrachten wir die Entwicklung der Exporte der BRD, die sicherlich in großem Maße von den Einfuhren der Länder Westeuropas abhängt. Zur Überprüfung dieser Annahme stellen wir die nachfolgenden Zahlen für die Jahre 1970 - 1974 graphisch dar, vgl. Abb.101: x_t = Einfuhr der wichtigsten Länder Westeuropas (WE), y_t = Ausfuhr der BRD (jeweils in Milliarden DM).

	1970	1971	1972	1973	1974
x_t	389,4	407,1	449,5	526,7	712,1
y_t	125,3	136,0	149,0	178,4	230,6
$\hat{y}_t$	129,5	135,2	148,7	173,4	232,8
e_t	-4,2	0,8	0,3	5,0	-2,2

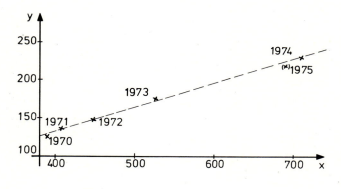

Abb.101

Ein linearer Regressionsansatz

$$\hat{y} = a_0 + a_1 \cdot x$$

scheint gerechtfertigt. Die Regressionsgerade berechnet sich nach den gleichen Formeln wie in 4.4.1, nur ist überall t durch x_t zu ersetzen, d.h. das Minimum von $\Sigma(y_t-a_0-a_1 \cdot x_t)^2$ ergibt sich für

$$a_1 = \frac{\Sigma x_t \cdot y_t - n \cdot \bar{x} \cdot \bar{y}}{\Sigma x_t^2 - n \cdot \bar{x}^2} \qquad a_0 = \bar{y} - a_1 \cdot \bar{x} \qquad (\bar{x} = \Sigma x_t/n,\ \bar{y} = \Sigma y_t/n).$$

In unserem Beispiel erhalten wir: $\bar{x}$ = 497, $\bar{y}$ = 163,9, a_1 = 0,32 und a_0 = 4,9, d.h. die Regressionsgerade

$$y = 4,9 + 0,32 \, x, \text{ vgl. Abb.101.}$$

Der Regressionskoeffizient 0,32 gibt an, daß bei Anstieg der WE-Importe um 1 Milliarde DM die Exporte der BRD im Mittel um 320 Millionen DM anwachsen. Sie gehen natürlich auch in andere Länder, d.h. der BRD-Importanteil beträgt nicht etwa 32 %. In der Tabelle oben sind die Schätzwerte der Regression und die Residuen notiert. Daraus ergibt sich ein hohes Bestimmtheitsmaß
B = 1 - 48,2/7150 = 0,993.

Schätzen wir für 1975 ein Absinken der WE-Einfuhren um 3 %, d.h. $\hat{x}_{1975}$ = 690,6, erhalten wir durch Einsetzen: $\hat{y}_{1975}$ = 224,5, also ein Absinken der BRD-Exporte um 2,65 %. Die tatsächlichen Werte für 1975 lauteten: x_{1975} = 686,4 ($\Rightarrow \hat{y}_{1975}$ = 225,9) und y_{1975} = 221,6. Mit diesen neuen Werten läßt sich das Modell nun fortschreiben:

$$\bar{x} = 173,5; \quad \bar{y} = 528,5; \quad a_1 = 0,315; \quad a_0 = 7 \Rightarrow \hat{y} = 7 + 0,315 \cdot x$$

Ein vermuteter Anstieg der WE-Einfuhren in 1976 um z.B. 6 % - 10 % ($\hat{x}_{1976}$ = 727,6 bis 755) führt zu Schätzwerten $\hat{y}_{1976}$ = 236,2 (+6,6 %) bis 244,8 (+10,5 %).

5 bzw. 6 Vergangenheitswerte sind natürlich zu wenig für ein abgesichertes Modell. Man sollte also noch weiter zurückliegende Jahre in die Regression mit aufnehmen, worauf hier wegen des manuellen Rechenaufwandes beim Nachvollziehen der Ergebnisse durch den Leser verzichtet wurde.

Mit *einem* Einflußfaktor wird man in der Regel nicht auskommen. Man geht dann über zu *multivariaten Modellen*, in denen man die mehrfache Regression als Grundlage für Prognosen verwendet: Für die Größe y mit Zeitreihe $\{y_t\}$ wird die Abhängigkeit von Einflußfaktoren $x_1, x_2, \ldots, x_m$ mit Zeitreihen $\{x_{1t}\}$ usw. bei jeweils n vorliegenden Vergangenheitswerten untersucht. Im Falle der *mehrfach linearen Regression* sucht man die (im Sinne der kleinsten Abweichungsquadrate für y) beste lineare Ausgleichsfunktion:

4.4 Vorhersagen mittels Regressionsanalysen

$$\hat{y} = a_0 + a_1 x_1 + \ldots + a_m x_m$$

Analog zur Herleitung im einfachen Fall ergeben sich hier z.B. für m = 2 die in den Aufgaben herzuleitenden *Normalgleichungen*:

$$\Sigma y_t = a_0 \cdot n + a_1 \cdot \Sigma x_{1t} + a_2 \cdot \Sigma x_{2t}$$

$$\Sigma x_{1t} y_t = a_0 \cdot \Sigma x_{1t} + a_1 \cdot \Sigma x_{1t}^2 + a_2 \cdot \Sigma x_{1t} \cdot x_{2t}$$

$$\Sigma x_{2t} y_t = a_0 \cdot \Sigma x_{2t} + a_1 \cdot \Sigma x_{1t} \cdot x_{2t} + a_2 \cdot \Sigma x_{2t}^2$$

Nach Bestimmung der $a_0, a_1, a_2, \ldots, a_m$ erhält man zu vorgegebenen Werten für $x_1, \ldots, x_m$ einen Schätzwert für y.

Auch Zeitreihen mit Saisonkomponente lassen sich über Einführung eines Saison-Einflußfaktors mit solchen Modellen behandeln. Zu weiteren Ausführungen über die mehrfache Regressionsanalyse sei auf die entsprechende Literatur verwiesen.

Aufgaben zu 4.4.2

1. In der nachfolgenden Tabelle sind für die Jahre 1965 - 1974 der Zuwanderungsüberschuß (ZÜ; überwiegend durch Zuzug bzw. Wegzug von Gastarbeitern) und die Anzahl offener Stellen (OS) zur Beschreibung des Arbeitsmarktes in der BRD gegenübergestellt.

in 1000	65	66	67	68	69	70	71	72	73	74
y = ZÜ	344	132	-177	278	572	574	431	331	384	-9
x = OS	649	540	302	488	747	795	648	546	572	315

   Analysieren Sie den Einfluß von OS auf ZÜ durch eine graphische Darstellung.
   a) Warum passen die Werte für 1965 - 1967 nicht gut ins Modell? Ist ihre Herausnahme auch von der Sache her zu rechtfertigen?
   b) Stellen Sie eine lineare Regressionsbeziehung für die Jahre 1968 - 1974 auf, interpretieren Sie den Regressionskoeffizienten und erstellen Sie eine Prognose für 1975 bei geschätzten 250 T. offenen Stellen.
   c) Machen Sie für die gleichen Daten einen logarithmischen Ansatz. Wie lautet hier die Regressionsbeziehung? Warum paßt das Modell besser? Interpretation! Analoge Prognose für 1975 wie in b).
   d) Die tatsächlichen Werte in 1975 sind: OS = 236; ZÜ = -199. Vergleich mit Prognosewert für OS = 236! Fortschreibung des Modells! Prognose für 1976 auf Grund der Schätzung von OS in 4.3.2, Aufgabe 1.

   Hinweis: In c) und d) ist wegen starker Auslöschung im Nenner von a_1 mit möglichst vielen Nachkommestellen zu rechnen.

2. (M) Leiten Sie die Normalgleichungen für die 2-fache lineare Regression her.

4.5 Verfahren der exponentiellen Glättung

4.5.1 Exponentielle Glättung 1. Ordnung

Die Analyse von Abhängigkeiten bzw. Gesetzmäßigkeiten von Zeitreihen und die darauf aufbauende Prognose mit Hilfe von Regressionsmodellen hatte zwei entscheidende Nachteile, die bereits angesprochen wurden:
- gleiche Gewichtung aller Vergangenheitswerte
- erheblicher Rechen- und i.a. auch Speicheraufwand.

Diese Nachteile vermeiden die Verfahren, die auf der *Methode der exponentiellen Glättung* (engl. exponential smoothing) aufbauen. Allerdings ergeben sich zunächst nur Prognoseverfahren mit internen Faktoren, d.h. ohne die Möglichkeit der Integration externer Einflußfaktoren. Ihr Hauptanwendungsgebiet liegt in der Bedarfsvorhersage in Prognosesystemen für Hunderte oder Tausende von Zeitreihen.

Die Methode der exponentiellen Glättung, entwickelt von dem Amerikaner R.G. Brown Ende der 50er Jahre, beruht auf einer speziellen gewogenen Mittelwertbildung, bei der die Gewichte mit wachsendem Alter der Zeitreihenwerte exponentiell abnehmen.

Definition

Der *exponentiell geglättete Mittelwert* (Durchschnitt) berechnet sich zu

$$M_t := \alpha \cdot y_t + (1-\alpha) \cdot M_{t-1}$$

Dabei sei M_t der in der Periode t, M_{t-1} der in der Periode t-1 errechnete Mittelwert, y_t der Wert der Zeitreihe in der Periode t und α ein Glättungsfaktor (Gewichtsfaktor) mit $0 < \alpha < 1$. Der neue Mittelwert ergibt sich also aus einem Anteil (Gewicht α) des neuen Zeitreihenwertes und einem Anteil (Gewicht $1-\alpha$) des alten Mittelwertes. Da die Berechnungsformel rekursiv ist, benötigen wir einen Startwert für den Mittelwert. Auf dieses Problem wird in 4.5.4 bei der Behandlung des Anlaufverfahrens eingegangen.

Beispiel

Alter Mittelwert $M_{t-1} = 18$, Zeitreihenwert $y_t = 15$, Glättungsfaktor $\alpha = 0{,}333$ ergibt: $M_t = 0{,}666 \cdot 18 + 0{,}333 \cdot 15 = 17$.

4.5 Verfahren der exponentiellen Glättung

Die Ähnlichkeit von geglättetem Mittelwert und gleitender Durchschnittsbildung ersieht man aus der Darstellung:

$$M_t = M_{t-1} - \alpha \cdot M_{t-1} + \alpha \cdot y_t.$$

Statt den ältesten Zeitreihenwert aus der Mittelwertbildung herauszunehmen, wird hier ein Anteil $\alpha \cdot M_{t-1}$ des letzten geglätteten Wertes gegen den Anteil $\alpha \cdot y_t$ des neuesten Zeitreihenwertes ausgetauscht.

Satz

> In die Bildung des exponentiell geglätteten Durchschnitts M_t gehen die Zeitreihenwerte y_{t-i} mit den (exponentiell abnehmenden) Gewichten $\alpha \cdot (1-\alpha)^i$ ein. M_t minimiert die mit $\alpha \cdot (1-\alpha)^i$ gewichteten Abweichungsquadrate der "unendlichen" Zeitreihe $y_t, y_{t-1}, \ldots,$ (vgl.4.3.1, Aufgabe 3, für die gleichgewichteten Abstandsquadrate beim gleitenden Mittelwert).

<u>Beweis</u>: Setze in $M_t = \alpha \cdot y_t + (1-\alpha) \cdot M_{t-1}$ ein: $M_{t-1} = \alpha \cdot y_{t-1} + (1-\alpha) \cdot M_{t-2}$; erhalte: $M_t = \alpha \cdot y_t + (1-\alpha) \cdot \alpha \cdot y_{t-1} + (1-\alpha)^2 \cdot M_{t-2}$. Einsetzen von M_{t-2} ergibt: $M_t = \alpha \cdot y_t + (1-\alpha) \cdot \alpha \cdot y_{t-1} + (1-\alpha)^2 \cdot \alpha \cdot y_{t-2} + (1-\alpha)^3 \cdot M_{t-3}$ usw. Nach Zurückgehen um T Perioden:

$$M_t = \alpha \cdot \sum_{i=0}^{T} (1-\alpha)^i \cdot y_{t-i} + (1-\alpha)^{T+1} \cdot M_{t-T}$$

wobei der letzte Summand bei genügend großem T wegen $|1-\alpha|<1$ vernachlässigt werden kann. Bildet man die unendliche Reihe der Gewichte: $\alpha \cdot \Sigma (1-\alpha)^i$, so hat sie den Summenwert 1, denn mit der Summenformel für die unendliche geometrische Reihe ($\Sigma q^i = (1-q)^{-1}$ für $|q|<1$) gilt: $\alpha \cdot \Sigma (1-\alpha)^i = \alpha \cdot (1-(1-\alpha))^{-1} =$
$= 1$.

Suchen wir die Lösung x des Problems

$$f(x) = \alpha \cdot \sum_{i=0}^{\infty} (1-\alpha)^i \cdot (x-y_{t-i})^2 = \text{Minimum},$$

so erhalten wir aus $f'(x) = 2\alpha \cdot \Sigma (1-\alpha)^i (x-y_{t-i}) = 0$ (gliedweise Ableitung im Konvergenzbereich, vgl.III,2.4.2) wegen $\alpha \cdot \Sigma (1-\alpha)^i = 1$:

$$x = \alpha \cdot \sum_{i=0}^{\infty} (1-\alpha)^i \cdot y_{t-i}$$

Bemerkung: Die Gewichtsfaktoren sind - im Unterschied zum gewogenen gleitenden Durchschnitt, vgl. 4.3.1 - allein durch Vorgabe von α sämtlich bestimmt.

Eine weitere Betrachtungsweise der Methode ergibt sich aus der Schreibweise:

$$M_t = M_{t-1} + \alpha \cdot (y_t - M_{t-1}).$$

Der neue Mittelwert ergibt sich aus dem alten plus dem Anteil α der Abweichung zwischen neuem Zeitreihenwert und altem Mittelwert.

Wie stark der Abweichungseinfluß in die Glättung eingehen soll, wird durch die Wahl des Glättungsparameters α bestimmt. Großes α bewirkt großen Einfluß von Schwankungen und damit große Reagibilität, aber geringe Stabilität bei der Durchschnittsbildung, weil der jüngste Zeitreihenwert sehr stark gewichtet wird (z.B. mit 50 % bei $\alpha = 0,5$) und die Gewichte für die älteren Daten rasch abnehmen (bei $\alpha = 0,5$: 25 % bzw. 12,5 % usw. für die 1 bzw. 2 Perioden alten Werte usw.). Entsprechend sorgt ein kleines α für hohe Stabilität bei geringer Reagibilität durch geringen Einfluß des jüngsten Zeitreihenwertes und nur langsam abnehmende Gewichte der Vergangenheitsdaten, z.B. bei $\alpha = 0,1$: 10 % Gewicht für den jüngsten Wert, 9 % für den eine Periode alten, 8,1 % für den 2 Perioden alten Wert usw., vgl. auch Abb.102.

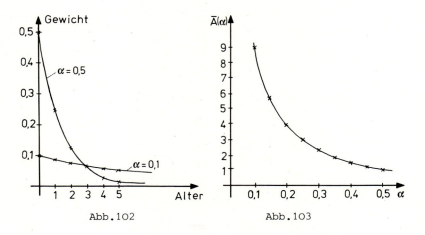

Abb.102   Abb.103

4.5 Verfahren der exponentiellen Glättung

In der Wahl der Glättungsparameter liegt ein Hauptproblem der Methoden, die mit exponentieller Glättung arbeiten. Deshalb soll die Rolle und Auswirkung von α hier noch weiter diskutiert werden. In der Praxis wird meistens ein α-Wert zwischen 0,1 und 0,3 gewählt.

Die Wahl von α läßt sich eventuell über einen Vergleich mit der für die jeweilige Zeitreihe sinnvollen Anzahl Glieder für eine gleitende Durchschnittsbildung treffen. Dazu kann man das mittlere Informationsalter $\bar{A}$ - bei gleitenden Durchschnitten über N Zeitreihenwerte ist $\bar{A}(N) = (N-1)/2$ (vgl. 4.3.1) - vergleichen.

Satz

> Das mittlere Informationsalter der für den geglätteten Mittelwert herangezogenen Zeitreihenwerte beträgt:
> $$\bar{A}(\alpha) = (1-\alpha)/\alpha \qquad \text{(Beweis: vgl. Aufgabe 1)}$$

Wegen $d\bar{A}(\alpha)/d\alpha = -\alpha^2 < 0$ ist das mittlere Informationsalter eine mit wachsendem α streng monoton fallende Funktion von α, vgl. Abb.103.

Folgerung

> Bei exponentieller Glättung mit $\alpha = 2/(N+1)$ besitzen die Daten das gleiche mittlere Informationsalter wie in gleitenden Durchschnitten über N Zeitreihenwerte. (vgl. Aufgabe 1)

Für N = 5 ergibt sich $\alpha = 0,33$, für N = 12 $\alpha = 0,15$, d.h. 5 - 12 Perioden im gleitenden Durchschnitt entsprechen α-Werten zwischen 0,15 und 0,33.

Für das Beispiel aus Abb.95 in 4.3.1 finden Sie die exponentiell geglätteten Mittelwerte für $\alpha = 0,1$ und $\alpha = 0,5$ in der nachfolgenden Tabelle. Als Startwert M_3 wurde der Mittelwert der ersten 5 Zeitreihenwerte gewählt (vgl.4.5.4). Die Abb.104a und 104b illustrieren den oben erwähnten Effekt der Wahl von α: $\alpha = 0,1$ glättet sehr stark und gleicht insbesondere die Zufallsschwankungen in den Anfangsperioden gut aus. Die Mittelwerte hängen aber der Aufwärtsentwicklung stark nach, die bei $\alpha = 0,5$ gut mitgemacht wird. Dafür müssen hier Anfangsschwankungen in Kauf genommen werden.

y_t	3710	3750	3600	3820	3650	3610	3880	3800	3720
M_t^1 ($\alpha=0,1$)			3687	3700	3695	3687	3706	3715	3716
M_t^2 ($\alpha=0,5$)			3687	3754	3702	3656	3768	3784	3752
y_t	3960	4220	4160	4510	4040	4370	4480	4630	4400
M_t^1	3740	3788	3825	3894	3909	3955	4007	4069	4103
M_t^2	3856	4038	4099	4304	4172	4271	4376	4503	4451

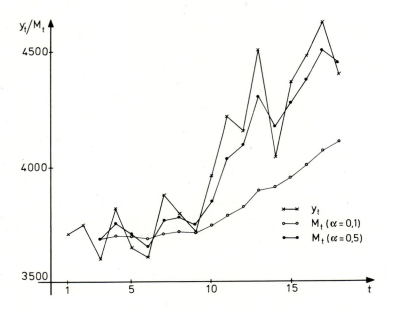

Zur weiteren Beurteilung des Verhaltens des exponentiell geglätteten Mittelwerts in Abhängigkeit von α sei auf die - analog zu Aufgabe 1 in 4.3.1 - in den Aufgaben behandelte Reaktion auf eine Niveauveränderung bzw. Zufallsschwankung in einer Zeitreihe verwiesen. Vorhersageverfahren mit exponentieller Glättung ergeben sich nun aus verschiedenen Annahmen über die zukünftige Entwicklung des Mittelwertes, wobei in den Methoden der Praxis i.a. konstante und lineare, evtl. noch quadratische Modelle verwendet werden sowie Modelle mit und ohne Berücksichtigung von Saisoneinflüssen (additiv oder multiplikativ). Durch Analyse der Vergangenheitsdaten wird festgestellt, ob das jeweils kompliziertere und damit aufwendigere Modell statistisch abgesichert und damit gerechtfertigt ist.

Im Falle eines konstanten Modells kann der exponentiell geglättete Mittelwert selbst - wie schon der gleitende Durchschnitt - direkt als Prognosewert

4.5 Verfahren der exponentiellen Glättung

gewählt werden. Die Fortschreibungs- und Prognoseformel bei Vorliegen eines neuen Zeitreihenwertes y_t für das konstante Modell lautet:

$$M_t := \alpha \cdot y_t + (1-\alpha) \cdot M_{t-1} \; ; \; \hat{y}_{t,t+i} := M_t$$

Als entscheidende Vorteile gegenüber den gleitenden Durchschnitten erkennen wir:
- M_t enthält die gesamte Vergangenheitsinformation, d.h. nur M_t und α sind zu notieren bzw. zu speichern.
- abnehmende Gewichtung der Vergangenheitswerte mit zunehmenden Alter
- Steuerung der Gewichtung und damit der Reagibilität und Stabilität über einen Parameter (α).

Aufgaben zu 4.5.1

1. (M) Beweisen Sie a) die Formel: $\bar{A}(\alpha) = (1-\alpha)/\alpha$ (Hinweis: Summenwert der unendlichen Reihe $\Sigma i \cdot q^i = (1-q)/q^2$ für $|q|<1$) und b) die Folgerung in 4.5.1

2. Berechnen Sie für die Fälle a) und b) der Aufgabe 1 aus 4.3.1 die geglätteten Durchschnitte mit $\alpha = 0,15$ bzw. $\alpha = 0,33$, vergleichen Sie die Resultate und stellen Sie sie graphisch dar. Vergleichen Sie die Ergebnisse auch mit denen aus 4.3.1, Aufgabe 1.

4.5.2 Das lineare Trendmodell

Konstante Prognosemodelle laufen hinter der wahren Entwicklung her, wenn die Zeitreihe Trendentwicklungen enthält, was fast immer der Fall ist. Der Prognosefehler ist umso größer, je mehr Perioden vorhergesagt werden und je mehr Gewicht die älteren Vergangenheitswerte erhalten, d.h. je kleiner α gewählt ist. Signifikante Mittelwertänderungen $M_t - M_{t-1}$ lassen auf einen Trend schließen.

Wir betrachten nun - analog zu 4.4.1 - das *lineare Trendmodell*:

$$\boxed{\hat{y}_{t,t+i} = a_t + b_t \cdot i}$$

mit Koeffizienten a_t (*Grundwert* zur Periode t) und b_t (*Trendwert* zur Periode t). Um aus den Vergangenheitsdaten bis zur Periode t eine Prognose für die Perioden t+i für i = 1,2,... erstellen zu können, suchen wir geeignete

Schätzungen dieser Koeffizienten mittels exponentieller Glättung. Zu diesem Zweck bilden wir geglättete Durchschnitte 2. Ordnung und entwickeln zunächst die Analogie für gleitende Durchschnitte 2. Ordnung.

Ist M_t der in Periode t ermittelte gleitende Durchschnitt über N Vergangenheitswerte, so ist dieser Wert gültig für den Zeitpunkt $t-(N-1)/2$ (vgl.4.3.1). Bei konstantem Modell ($b_t \equiv 0$) ist $\hat{y}_{t,t+i} = M_t = a_t$. Bei linearem Verlauf ergibt sich dagegen ein Anstieg vom Zeitpunkt $t-(N-1)/2$ bis zum Zeitpunkt t:

$$a_t - M_t = b_t \cdot (N-1)/2, \text{ vgl. Abb.105}$$

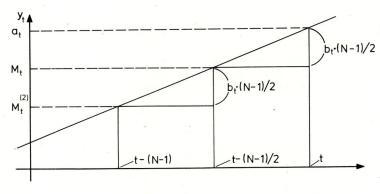

Abb.105

Definition

$$M_t^{(2)} := (M_t + M_{t-1} + \ldots + M_{t-N+1})/N$$

heißt *gleitender Durchschnitt 2. Ordnung*.

Satz

Der gleitende Durchschnitt 2. Ordnung ist statistisch gültig für den Zeitpunkt $t-(N-1)$.

Denn: M_t ist gültig für $t-(N-1)/2$, M_{t-1} für $t-(N-3)/2$ usw., M_{t-N+1} für $t-N+1-(N-1)/2 = t-(3N-3)/2$. Mittelwert der Zeitpunkte ist $t-(N-1)$.

4.5 Verfahren der exponentiellen Glättung

Bei konstantem Verlauf ist $M_t^{(2)} = M_t$, bei linearem Verlauf bedeutet der time lag von $(N-1)/2$ Perioden zwischen M_t und $M_t^{(2)}$ wie oben:

$$M_t - M_t^{(2)} = b_t \cdot (N-1)/2, \text{ vgl. Abb.105}$$

Auflösen dieser Formel nach b_t und Einsetzen in die Gleichung für a_t ergibt die Berechnungsformeln:

$$b_t = 2 \cdot (M_t - M_t^{(2)})/(N-1); \quad a_t = M_t + (N-1) \cdot b_t/2 = M_t + M_t - M_t^{(2)} = 2 M_t - M_t^{(2)}$$

Entsprechend kann man bei der exponentiellen Glättung vorgehen, indem man das Fundamentaltheorem von Brown und Meyer verwendet. Wir wollen uns hier mit einer Analog-Herleitung zu der Methode der gleitenden Durchschnitte begnügen.

Definition

$M_t^{(2)}$ bezeichne den *exponentiell geglätteten Durchschnitt 2. Ordnung* mit der Fortschreibungsformel:

$$\boxed{M_t^{(2)} := \alpha \cdot M_t + (1-\alpha) M_{t-1}^{(2)}}$$

wobei M_t der exponentiell geglättete Durchschnitt 1. Ordnung ist.

Der time lag der exponentiell geglätteten Durchschnitte beträgt $(1-\alpha)/\alpha$ (vgl. 4.5.1) anstelle von $(N-1)/2$ bei den gleitenden Durchschnitten. Ersetzen wir im obigen Formelsatz die gleitenden durch die exponentiell geglätteten Durchschnitte und $(N-1)/2$ durch $(1-\alpha)/\alpha$, ergeben sich die Beziehungen:

$$a_t - M_t = M_t - M_t^{(2)} = b_t \cdot (1-\alpha)/\alpha$$

Das führt zu den *Formeln für die exponentielle Glättung 2. Ordnung* (linearer Trend):

$$\boxed{\begin{array}{l} a_t = 2 \cdot M_t - M_t^{(2)} \qquad b_t = (M_t - M_t^{(2)}) \cdot \alpha/(1-\alpha) \\[4pt] \text{für } M_t = \alpha \cdot y_t + (1-\alpha) \cdot M_{t-1} \text{ und } M_t^{(2)} = \alpha \cdot M_t + (1-\alpha) \cdot M_{t-1}^{(2)} \\[4pt] \underline{\text{Prognose:}} \quad \hat{y}_{t,t+i} = a_t + b_t \cdot i \end{array}}$$

Notiert bzw. gespeichert werden müssen für dieses Prognosemodell die Größen α, M_{t-1} und $M_{t-1}^{(2)}$. In einem Anlaufverfahren (s. 4.5.4) müssen Startwerte für die geglätteten Durchschnitte errechnet werden.

Wir sehen uns den Rechenablauf in dem nachfolgenden Beispiel an:

t	y_t	M_t	$M_t^{(2)}$	a_t	b_t	$\hat{y}_{t-1,t}$	$\hat{y}_{t-2,t}$	e_t	$\bar{e}_t$	MAD_t	AWS_t
1	201										
2	213										
3	219	210,8	201,0	220,6	9,8				aus Regression		
4	227	218,9	210,0	227,8	8,9						
5	243	231,0	220,5	241,5	10,5				0	2	
6	239	235,0	227,7	242,3	7,3	252		-13	-6,5	+7,5	-0,87
7	254	244,5	236,1	252,9	8,4	249,6	262,5	+5,4	-0,6	+6,5	-0,10
8	271	257,7	246,9	268,5	10,8	261,3	256,9	+9,7	+4,6	+8,1	+0,57
9	292	274,9	260,9	288,9	14,0	279,3	269,7	+12,7	+8,6	+10,4	+0,83
10	320	297,4	279,2	315,6	18,2	302,9	290,1	+17,1	+12,9	+13,7	+0,94
11	335	316,2	297,7	334,7	18,5	333,8	316,9	+1,2	+7,0	+7,5	+0,93
12	360	338,1	317,9	358,3	20,2	353,2	352	+6,8	+6,9	+7,1	+0,97
13	378	358,1	338,0	378,2	20,1	378,5	371,7	-0,5	+3,2	+3,8	+0,84
14	394	376,1	357,1	395,1	19,0	398,3	398,7	-4,3	-0,6	+4,1	-0,15
15	416	396,0	376,5	415,5	19,5	414,1	418,4	+1,9	+0,7	+3,0	+0,23
16	436	416,0	396,3	435,7	19,7	435	433,1	+1	+0,8	+2,0	+0,40
17						455,5	454,5				
18							475,1				

In der Zeitreihe folgt auf einen einigermaßen gleichmäßigen Anstieg in den Perioden 1 - 4 ein Rückgang von Periode 5 auf 6 und dann ein Übergang zu steilerem Anstieg (parabolisch), bis dieser ab ca. Periode 10 wieder ziemlich konstant wird. Die exponentielle Glättung 2. Ordnung benötigt Startwerte für M_t und $M_t^{(2)}$, die hier für die Periode 3 aus den Anfangswerten y_1 bis y_5 nach dem in 4.5.4 beschriebenen Verfahren berechnet wurden. Als Glättungsparameter wurde $\alpha = 0,5$ gewählt.

Man erkennt den time lag der Werte M_t um $(1-\alpha)/\alpha = 1$ Periode zu y_t, entsprechend von $M_t^{(2)}$ zu M_t. Der Grundwert a_t erhöht sich anfangs - bei geringerer Steigung - langsam, später kräftiger. Der Trendwert b_t fällt von Periode 5 auf 6 deutlich. Es dauert bis zur Periode 10, bis er den steileren Anstieg erfaßt hat. Entsprechend liegen die eine Periode und erst recht die 2 Perioden vorher erstellten Prognosen bis zur Periode 10 bzw. 11 deutlich zu tief. Bei kleinerem α wäre die Reaktion auf den veränderten Trend noch erheblich langsamer erfolgt (vgl. Aufgabe).

4.5 Verfahren der exponentiellen Glättung

Durch geeignete Umformung lassen sich auch Formeln zur direkten Fortschreibung der a_t, b_t ohne Berechnung der M_t, $M_t^{(2)}$ aufstellen. Das sei am Beispiel für a_t demonstriert:

Setzt man $M_t^{(2)} = \alpha \cdot M_t + (1-\alpha) \cdot M_{t-1}^{(2)}$ und $M_t = \alpha \cdot y_t + (1-\alpha) \cdot M_{t-1}$ ein in $a_t = 2 M_t - M_t^{(2)}$, so erhält man:

$a_t = \alpha \cdot (2-\alpha) \cdot y_t + (2-\alpha)(1-\alpha) \cdot M_{t-1} - (1-\alpha) M_{t-1}^{(2)}$.

Andererseits ist $(1-\alpha)^2 \cdot (a_{t-1} + b_{t-1}) =$
$= (1-\alpha)^2 \cdot (2 M_{t-1} - M_{t-1}^{(2)} + (M_{t-1} - M_{t-1}^{(2)}) \cdot \alpha/(1-\alpha)) =$
$= (1-\alpha)(2-\alpha) M_{t-1} - (1-\alpha) M_{t-1}^{(2)}$

Einsetzen liefert die Beziehung:

$$a_t = \alpha \cdot (2-\alpha) \cdot y_t + (1-\alpha(2-\alpha)) \cdot (a_{t-1} + b_{t-1}) \text{ und ähnlich:}$$

$$b_t = (\alpha/(2-\alpha)) \cdot (a_t - a_{t-1}) + (1-\alpha/(2-\alpha)) \cdot b_{t-1}; \text{ allgemeiner:}$$

$$a_t = \beta \cdot y_t + (1-\beta) \cdot (a_{t-1} + b_{t-1}), \quad b_t = \gamma \cdot (a_t - a_{t-1}) + (1-\gamma) \cdot b_{t-1}$$

Diese Formeln lassen sich so interpretieren: Der neue Grundwert a_t errechnet sich aus einem Anteil des um den Trendwert (Anstieg für eine Periode) erhöhten alten Grundwerts und einem Anteil des neuen Zeitreihenwertes, der neue Trendwert aus einem Anteil des alten Trendwertes und einem Anteil des Anstiegs vom alten zum neuen Grundwert.

Das lineare Trendmodell eignet sich noch für Zeitreihen mit langsamen Trendänderungen, paßt sich aber bei deutlichen Trendänderungen nur langsam an. Hier kann man ein quadratisches Modell mittels exponentieller Glättung 3. Ordnung verwenden, in dem zusätzlich ein quadratischer Trend fortgeschrieben wird.

Aufgabe zu 4.5.2

Tabellieren Sie den Verlauf der linearen Trendrechnung mit $\alpha = 0{,}25$ des Beispiels aus 4.5.2 für die Perioden 1 - 14. Verwenden Sie die gleichen Startwerte für a_3 und b_3. Vorsicht: M_3 und $M_3^{(2)}$ verändern sich. Vergleichen Sie die Resultate mit denen für $\alpha = 0{,}5$ sowie die Prognosen $\hat{y}_{t-2,t}$ und $\hat{y}_{t-1,t}$ mit den Werten y_t (am besten graphisch).

4.5.3 Saisonmodelle

Unterliegen die Werte einer Zeitreihe saisonalen Einflüssen, so müssen diese von einem Modell mit exponentieller Glättung berücksichtigt werden. Im anderen Fall würde ein rein saisonbedingtes Ansteigen oder Fallen der Zeitreihenwerte als ein allgemein positiver oder negativer Trend interpretiert, was keineswegs dem tatsächlichen Verlauf entspricht. Geht man von einem Saisonzyklus von 12 Perioden (Monaten) und einer multiplikativen Saisonalität aus und verzichtet man wegen des Rechenaufwandes auf eine Ermittlung des Saisonkomponente durch Fourieranalyse, so arbeitet man meistens - wie bereits in 4.3.2 dargestellt - mit einem Vektor von 12 Saisonkoeffizienten oder -indizes, die wie der Grund- und der Trendwert fortgeschrieben werden müssen. Das ergibt folgendes Modell:

Definition

Die Prognose

$$\hat{y}_{t,t+i} = (a_t + b_t \cdot i) \cdot S_{t+i}$$

mit dem zum Zeitpunkt t berechneten Grundwert a_t und Trendwert b_t sowie dem für die Periode t+i gültigen, in der einen Zyklus zurückliegenden Periode t+i-12 errechneten Saisonindex S_{t+i} bezeichnet man als *trendsaisonales Modell*.

Zur Verdeutlichung: Will man im Januar für März vorhersagen, muß man den (saisonbereinigten) Grundwert von Januar, den Trend bis März und den im März des Vorjahres ermittelten Saisonkoeffizienten berücksichtigen.

Auch hier lassen sich Fortschreibungsformeln mittels exponentieller Glättung für Grundwert, Trendwert und Saisonkoeffizienten aufstellen.

4.5.4 Startwerte

Für die Verfahren der exponentiellen Glättung benötigt man Startwerte für geglättete Durchschnitte, Grundwert, Trendwert, Saisonkoeffizienten. Diese Startwerte werden in einem *Anlaufverfahren* ermittelt, in dem evtl. auch noch Glättungsparameter optimiert werden können.

4.5 Verfahren der exponentiellen Glättung

In den meisten Modellen verwendet man als Anlaufverfahren eine Regressionsrechnung mit Bestimmung der Regressionsgeraden für Vergangenheitswerte $y_1,\ldots,y_{2n+1}$ (der Einfachheit halber von ungerader Anzahl angenommen).

Der Regressionskoeffizient gibt einen mittleren Trendwert über die Perioden 1 bis 2n+1 an, wobei die quadratischen Abweichungen der Zeitreihenwerte von der Regressionsgeraden gleich gewichtet werden, unabhängig von ihrem Alter (vgl. 4.4.1). Um hier die Vorteile der exponentiellen Glättung nicht zu verschenken und eine möglichst schnelle Anpassung an eventuelle jüngste Trendveränderungen zu erhalten, wählt man den Regressionskoeffizienten als Trendwert für die Periode 0 oder n+1 ($\bar{t}$):

$$b_0 \text{ bzw. } b_{n+1} := \text{Regressionskoeffizient.}$$

Das konstante Glied bei der Regression kann als Grundwert zum Zeitpunkt 0 aufgefaßt werden:

$$a_0 := \text{konstantes Glied bzw. } a_{n+1} := a_0 + (n+1) \cdot b_0$$

oder gleichbedeutend: $a_{n+1} = \Sigma y_t/(2n+1)$, und $a_0 = a_{n+1} - (n+1) \cdot b_{n+1}$.

Die exponentielle Glättung beginnt dann mit dem Zeitreihenwert y_1 bzw. y_{n+2} bereits in den Vergangenheitsdaten.

Soll nicht direkt fortgeschrieben werden, ergeben sich Startwerte für die exponentiell geglätteten Durchschnitte M_t und $M_t^{(2)}$ aus der Auflösung der Beziehungen $a_t = 2M_t - M_t^{(2)}$ und $b_t = (M_t - M_t^{(2)}) \cdot \alpha/(1-\alpha)$, vgl. 4.5.2 zu:

$$M_0 = a_0 - b_0 \cdot (1-\alpha)/\alpha \qquad M_0^{(2)} = a_0 - 2b_0 \cdot (1-\alpha)/\alpha \text{ bzw.}$$

den entsprechenden Formeln mit Index n+1 statt 0.

Im Beispiel zu 4.5.2 wurden auf diese Weise aus den Vergangenheitswerten $y_1,\ldots,y_5$ die Startwerte a_3, b_3, M_3, $M_3^{(2)}$ gewonnen, vgl. Aufgabe.

Als Glättungsparameter α wird im Anlaufverfahren in der Regel ein geeigneter Erfahrungswert verwendet. Will man das "beste" α bestimmen, muß man ein Optimalitätskriterium vorgeben. Zu diesem Zweck kann man z.B. für die Perioden $t = 0,\ldots,2n$ bei vorgegebenem α a_t und b_t exponentiell geglättet fortschreiben und dabei die Schätzwerte für die Periode t+1: $\hat{y}_{t,t+1} = a_t + b_t$ mit den tatsächlichen Werten y_{t+1} vergleichen (sogenannte *Ex-post-Prognose* bei bekannten Istwerten).

Optimal ist das α mit kleinster Abweichungsquadratsumme

$$q(\alpha) = \sum_{t=0}^{2n} (y_{t+1} - \hat{y}_{t,t+1})^2 / 2n+1.$$

Auf die Ermittlung von α wird hier nicht weiter eingegangen.

<u>Aufgabe zu 4.5.4</u>

Berechnen Sie die Startwerte zum Beispiel aus 4.5.2.

4.5.5 Prognosekontrolle

Auch Vorhersageverfahren, die auf exponentieller Glättung aufbauen, liefern Erwartungswerte für die zu prognostizierende Größe, also Punktschätzungen, können aber durch Berechnung von statistischen Vertrauensgrenzen zu Intervallschätzungen ergänzt werden.

Vertrauensgrenzen der Prognosewerte bzw. Schranken für den *Prognosefehler* $e_t := y_t - \hat{y}_{t-1,t}$ (bei Vorhersage für die nächste Periode) dienen gleichzeitig – wie etwa in der Qualitätskontrolle – zur Überwachung des Prognosemodells durch automatische Auslösung von *Abweichungssignalen* (tracking signals). Solche Abweichungssignale können Hinweise auf einen Strukturbruch in der Gesetzmäßigkeit der Zeitreihe sein, denen der Prognoseanwender nachzugehen und aufgrund dessen er gegebenenfalls sein Modell anzupassen hat.

Eine ausgiebige Erörterung der Vertrauensgrenzen und Abweichungssignale überschreitet den Rahmen einer Einführung, insbesondere auch von den mathematischen Voraussetzungen her. Erwähnt sei nur das häufig verwendete Abweichungsmaß MAD der *mittleren absoluten Abweichung* (<u>m</u>ean <u>a</u>bsolute <u>d</u>eviation), welches wie die Komponenten der Zeitreihe selbst exponentiell geglättet fortgeschrieben wird, um jüngste Abweichungen stärker zu gewichten als ältere:

$$MAD_t = \alpha \cdot |e_t| + (1-\alpha) \cdot MAD_{t-1}$$

Als Startwert für MAD kann man die mittlere absolute Abweichung aus der Regressionsrechnung oder aus der Ex-post-Prognose wählen.

Während in einem passenden Prognosemodell die Fehler e_t mal positiv und mal negativ ausfallen, sind sie bei einer ständig zu tief bzw. zu hoch liegenden Prognose stets positiv bzw. negativ. Bildet man also den Fehlermittelwert, der wieder exponentiell geglättet wird:

$$\bar{e}_t = \alpha \cdot e_t + (1-\alpha) \cdot \bar{e}_{t-1}$$

so muß er in einem guten Modell nahe bei 0 liegen. Man startet mit $\bar{e}_{2n+1} = 0$. Den Quotienten aus $\bar{e}_t$ und MAD_t kann man als *Abweichungssignal* (AWS) wählen:

$$AWS_t = \bar{e}_t / MAD_t$$

Aufgaben zu 4.5.5

1. (M) Warum gilt: $-1 \leq AWS_t \leq 1$? (Hinweis: Schluß von t-1 auf t) Was bedeutet betragsmäßig großes AWS_t?

2. Berechnen Sie für das Beispiel aus 4.5.2 bei Startwerten $\bar{e}_5 = 0$ und $MAD_5 = 2$ die fortgeschriebenen Werte $\bar{e}_t$, MAD_t und AWS_t. Interpretation der Resultate!

4.6 Verfahren der langfristigen Prognose, Wachstumsfunktionen

Die Voraussetzung für eine langfristige industrielle oder makroökonomische Planung sind Vorstellungen über zukünftige Entwicklungen von Volkswirtschaft, Branchen, Märkten sowie **Absatzchancen für Industrie- und Konsumgüter**. Viele Faktoren beeinflussen die zukünftige Absatzentwicklung: die allgemeine konjunkturelle Entwicklung, das spezielle Branchenwachstum, die eigenen Strategien und die der Konkurrenz.

Langfristige Vorhersagen sind wegen der größeren Unsicherheiten über den langen Zeitraum naturgemäß mit größeren Unsicherheitsfaktoren und damit meistens auch mit größeren Fehlern behaftet als kurzfristige. Sie erfordern deshalb eine noch exaktere Analyse der Vergangenheitsdaten und eine ständige Anpassung des Prognosemodells. Weiterhin wird man aus den obengenannten Gründen kaum langfristige Prognosen auf Produktebene erstellen, sondern Vorhersagen auf der höheren Ebene der Produktgruppen, Branchen oder Absatzmärkte machen.

Planungsperioden sind i.a. Jahre; der Planungs- und damit der *Prognosehorizont* beläuft sich je nach Vorhersagegröße auf 3 - 20 Jahre. Lewandowski [1] gibt folgende maximale Horizonte an:

Makroökonomie	15 - 20 Jahre
Branchen	10 - 15 "
Langlebige Güter (z.B. PKW)	8 - 12 "
Güter mit mittlerer Lebensdauer (z.B. Fernseher)	6 - 10 "
Kurzlebige Güter (z.B. Textilien)	3 - 6 "

Man unterscheidet wieder *endogene*, d.h. nur die Zeit bzw. die eigene Vergangenheit berücksichtigende und exogene, d.h. weitere ökonomische Einflußfaktoren umfassende Modelle, von denen wir uns nur mit den ersteren befassen wollen.

In den Modellen ist neben dem *Neubedarf* an Gütern auch der sogenannte *Ersatzbedarf* zu berücksichtigen, den wir hier nicht behandeln wollen. Endogene Modelle bauen in der Regel auf Wachstumshypothesen in Form von Differentialgleichungen für Marktniveau bzw. Produktbestand auf, als deren Lösungen sich sogenannte *Wachstumsfunktionen* ergeben. Diese Modelle und Funktionen wurden häufig in Gebieten der Biologie und der Bevölkerungsstatistik entwickelt und auf ökonomische Anwendungen übertragen, weil man es hier mit ähnlichen "Lebenszyklen" für Produkte und Wachstumsprozessen zu tun hat. Eine wichtige Rolle spielt der Begriff der *Sättigungsgrenze* als maximal erreichbarer Bestand, vgl. Abb.91.

Im Folgenden bezeichne $B(t)$ bzw. B_t (weil nur zu diskreten Zeitpunkten gemessen wird) den Bestand zum Zeitpunkt t, S die Sättigungsgrenze bzw. das Marktniveau und $b_t = B_t/S$ den Sättigungsgrad. Wachstumshypothesen machen Annahmen über die Zuwachsrate $B_t' = dB_t/dt$ des Bestandes oder $b_t' = db_t/dt$ des Sättigungsgrades, wobei nur Funktionen b_t mit $0 \leq b_t \leq 1$ in Frage kommen.

Die wichtigsten *Hypothesen ohne Sättigungsgrenze* sind:
- der *lineare Wachstumsprozeß*: $B_t' = c$, d.h. $B_t = a + c \cdot t$
- der *exponentielle Wachstumsprozeß*: $B_t' = c_0 + c_1 \cdot B_t$ mit $c_1 > 0$

4.6 Verfahren der langfristigen Prognose, Wachstumsfunktionen

Die lineare Differentialgleichung 1. Ordnung $y' - c_1 \cdot y = c_0$ besitzt nach III.,3.2.4 die allgemeine Lösung

$$y = e^{c_1 x} \cdot (c + \int c_0 \cdot e^{-c_1 x} \, dx)$$

d.h. für den exponentiellen Wachstumsprozeß gilt:

$$B_t = a + c \cdot e^{bt} \quad \text{mit } a = -c_0/c_1, \; b = c_1.$$

Bei den Hypothesen mit Sättigungsgrenze geht man von einer Zuwachsrate aus, die vom erreichten Bestand und/oder dem verbleibenden Marktpotential $S-B_t$ abhängt:

$$\boxed{B_t' = f(B_t, S-B_t)} \quad \text{vgl. Abb.106}$$

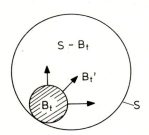

Abb.106

Das Verhältnis von Teilfläche B_t zur Gesamtfläche S gibt den erreichten Sättigungsgrad b_t wieder.

Wachstumshypothese 1:
Die Zuwachsrate B_t' ist nur proportional dem noch nicht erreichten Marktpotential $S-B_t$, d.h.

$$\boxed{B_t' = c_0 \cdot (S-B_t), \; c_0 > 0.}$$

Die Lösung dieser linearen Differentialgleichung 1. Ordnung lautet analog zu oben:

$$B_t = c_0 \cdot S/c_0 - c \cdot e^{-c_0 t} = S \cdot (1-(c/S) \cdot e^{-c_0 t}) = S \cdot (1-e^{a-bt}) \text{ bzw.}$$

$$b_t = 1-e^{a-bt}$$

Dabei ist die Konstante $c > 0$, $a = \ln(c/S)$, $b = c_0$. Bezeichnet man mit B_0 den Bestand zum Zeitpunkt $t = 0$ (beliebig gewählt, z.B. Istzeitpunkt), folgt aus $B_0 = S-c$: $c = S-B_0$ (noch nicht erreichtes Marktpotential), also $a=\ln(1-B_0/S) = \ln(1-b_0)$. Es liegt ein *exponentieller Wachstumsprozeß mit Sättigungsgrenze* vor, vgl. Abb.107/108 Kurven (1).

Wachstumshypothese 2:

Die Zuwachsrate B_t' ist proportional dem erreichten Bestand B_t und dem noch nicht erreichten Marktpotential $S-B_t$, d.h.:

$$\boxed{B_t' = c_0 \cdot B_t \cdot (S-B_t) = c_0 \cdot S \cdot B_t - c_0 \cdot B_t^2, \quad c_0 > 0}$$

Diese Hypothese kann man so interpretieren, daß die Nachfrage proportional zum Bekanntheitsgrad (repräsentiert durch B_t) und dem noch nicht erfaßten Käuferkreis ist. Die Differentialgleichung ist nach III, 3.2.5 eine **Bernoulli**-sche Differentialgleichung vom Typ $y'-c_0 \cdot S \cdot y = -c_0 \cdot y^2$, welche sich mittels der Substitution $z := y^{-1}$ auf die lineare Differentialgleichung: $z'+c_0 \cdot S \cdot z = c_0$ zurückführen läßt. Diese besitzt (s.o.) die Lösung:

$$z = c_0/(c_0 \cdot S) + c \cdot e^{-c_0 \cdot S \cdot t}$$

d.h. es ist

$$y = z^{-1} = (S^{-1} + c \cdot e^{-c_0 \cdot S \cdot t})^{-1} = S \cdot (1 + c \cdot S \cdot e^{-c_0 \cdot S \cdot t})^{-1}$$

Ersetzen wir y durch B_t, $c_0 \cdot S$ durch $b(>0)$ und $\ln(c \cdot S)$ durch a, d.h. $c \cdot S = e^a > 0$, so erhalten wie als entsprechende Wachstumsfunktion:

$$B_t = S \cdot (1+e^{a-bt})^{-1} \text{ bzw. } b_t = (1+e^{a-bt})^{-1},$$

die sogenannte *logistische Funktion*, vgl. Abb.107/108 Kurven (2).

4.6 Verfahren der langfristigen Prognose, Wachstumsfunktionen

Für $B_0 := B(t=0)$ ergibt sich:

$$B_0 = S \cdot (1+e^a)^{-1}, \text{ d.h. } a = \ln(S/B_0 - 1)$$

Dividiert man die Differentialgleichung der Wachstumshypothese durch S, so erhält man eine entsprechende Differentialgleichung für den Sättigungsgrad b_t:

$$b_t' = c_0 \cdot b_t \cdot (1-b_t)$$

Um den nicht gesättigten Anteil $1-b_t$ stärker oder schwächer auf die Wachstumsrate einwirken lassen zu können und damit asymmetrische Kurvenverläufe zu erhalten, führte Lewandowski eine allgemeinere Differentialgleichung ein:

$$b_t' = c_0 \cdot b_t \cdot (1-b_t)^\beta$$

deren Lösung er als *generalisierte logistische Funktion 1. Ordnung* bezeichnet. Es liegt wieder eine **Bernoulli**sche Differentialgleichung vor, die entsprechend III, 3.2.5 gelöst wird.

Wachstumshypothese 3:

Die Zuwachsrate B_t' ist proportional dem erreichten Bestand B_t und der Differenz der Logarithmen von S und B_t, d.h.:

$$\boxed{B_t' = c_0 \cdot B_t \cdot (\ln S - \ln B_t), \quad c_0 > 0}$$

Schreibt man die Differentialgleichung in der Form: $B_t'/B_t = c_0 \cdot \ln(S/B_t)$ für $B_t \neq 0$ und setzt $z_t := \ln(S/B_t)$ mit der Ableitung: $z_t' = -B_t'/B_t$ (Kettenregel), so ergibt sich für z_t die lineare Differentialgleichung: $z_t' + c_0 \cdot z_t = 0$ mit der allgemeinen Lösung: $z_t = c \cdot e^{-c_0 \cdot t}$. Die Resubstitution $B_t = S \cdot e^{-z_t}$ liefert die gesuchte Lösung der ursprünglichen Differentialgleichung:

$$B_t = S \cdot e^{-c \cdot e^{-c_0 t}} = S \cdot e^{-c \cdot b^t} \quad \text{bzw.} \quad b_t = e^{-c \cdot b^t}$$

mit $b = e^{-c_0}$, $0 < b < 1$, vgl. Abb.107/108 Kurven(3).

Diese Funktion ist die sogenannte *Gompertzfunktion* (nach B. Gompertz, 1825).
Für $B_0 = B(t=0)$ folgt aus $B_0 = S \cdot e^{-c}$: $c = \ln(S/B_0)$.

Entsprechend der Verallgemeinerung von Hypothese 2 hat Lewandowski die allgemeine logistische Logarithmusfunktion oder *logistische Funktion 2. Ordnung* eingeführt, der die allgemeinere Wachstumsannahme:

$$B_t' = c_0 \cdot B_t (\ln S - \ln B_t)^\beta$$

zu Grunde liegt.

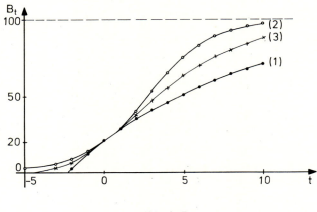

Abb.107

Zum Vergleich der verschiedenen Typen von Wachstumsfunktionen sei ihr Kurvenverlauf sowie das Verhalten von B_t' für eine einheitliche Ausgangssituation in t=0 dargestellt: $B_0 = 20$, $B_0' = 8$, $S = 100$.

Man erhält dann
für Hypothese 1: (1) $B_t = 100 \cdot (1 - e^{\ln 0,8 - 0,1 t})$, $c_0 = 0,1$,
für Hypothese 2: (2) $B_t = 100 \cdot (1 + e^{\ln 4 - 0,5 t})^{-1}$, $c_0 = 0,005$,
für Hypothese 3: (3) $B_t = 100 \cdot e^{-\ln 5 \cdot e^{-0,25t}}$, $c_0 = 0,25$.

Tatsächlich gehen die 3 Kurven für B_t sämtlich durch den Punkt (0|20), vgl. Abb.107, die für B_t' durch den Punkt (0|8), vgl.Abb.108. Bei (1) steigt der Bestand zunächst kräftig an, die Zuwachsrate nimmt aber ständig ab. (2) zeigt ein symmetrisches Verhalten der Zuwachsraten um einen Zeitpunkt dicht bei t=3. An dieser Stelle erreicht der Bestand gerade das halbe Marktniveau

4.6 Verfahren der langfristigen Prognose, Wachstumsfunktionen

(b_t = 0,5). Bei (3) tritt eine asymmetrische Zuwachsrate auf, deren Maximum etwa bei t = 2 liegt und damit vor der Halbsättigung. Eine allgemeinere Diskussion erfolgt in den Aufgaben.

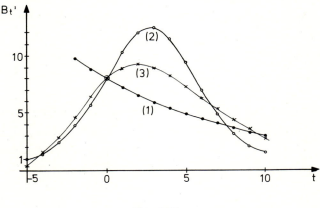

Abb.108

Aus der Reihe der vielen weiteren Hypothesen sei das *Modell von Weblus* herausgegriffen. Weblus ging davon aus, daß gewisse gehobene Gebrauchsgüter zunächst von einkommensstärkeren Schichten rascher, später von einkommensschwächeren Schichten weniger rasch gekauft werden, was zu einem nicht mehr konstanten, sondern mit der Zeit abnehmenden Wachstumskoeffizienten führt. Speziell für den Absatz von Fernsehgeräten ersetzte er in der logistischen Funktion c_0 durch $c_t = c_0/t$.

<u>Wachstumshypothese 4:</u>
Die Zuwachsrate ist proportional dem erreichten Bestand B_t und dem noch nicht erreichten Marktpotential $S-B_t$ bei einem zeitabhängigen Proportionalitätsfaktor c_0/t:

$$\boxed{B_t' = B_t \cdot (S-B_t) \cdot c_0/t}$$

Als Lösung dieser Differentialgleichung ergibt sich:

$$B_t = S/(1+b^{c_1} \cdot t^{-c_1}) \quad \text{bzw.} \quad b_t = 1/(1+b^{c_1} \cdot t^{-c_1})$$

für t > 0, $c_1 = c_0 \cdot S$. Die Zuwachsrate ist wieder asymmetrisch.

Liegen noch keine oder zu wenige Werte einer langfristigen Marktentwicklung vor, muß man wohl von einer geeigneten Wachstumshypothese - evtl. mit Analogieschlüssen aus vergleichbaren Situationen - ausgehen und das Modell dann bei der Fortschreibung auf Gültigkeit überprüfen. Sonst kann man eine - wie schon im Beispiel in 4.4.1 durch Umstellen und Logarithmieren lineare - Regressionsanalyse zur Bestimmung der optimalen Parameter durchführen und die Summe der quadrierten Residuen für verschiedene Wachstumsmodelle vergleichen.

Nicht unproblematisch ist die Schätzung der Sättigungsgrenzen. Anmerkungen dazu findet man u.a. in [5].

Ist das Modell und sind die Parameter (inklusive dem Zeitnullpunkt) festgelegt, erfolgt die Prognose durch Einsetzen des entsprechenden t-Werts in die Funktion für den Bestand B_t oder den Sättigungsgrad b_t. Bei Hinzutreten neuer Bestandswerte ist das Modell zu überprüfen und gegebenenfalls zu korrigieren, insbesondere auch hinsichtlich der vermuteten Sättigungsgrenze S, die sich mit der Zeit verändert haben kann.

Aufgaben zu 4.6

1. (M) Diskutieren Sie die Funktionen b_t, die sich bei den 4 Wachstumshypothesen ergeben:
   a) Zeigen Sie, daß $b_t \to 1$ für $t \to \infty$ gilt, d.h. die Sättigung asymptotisch erreicht wird.
   b) Wann wird $b_t = 0$?
   c) Wendepunkt von B_t bei Hypothese 2? (Wert von B_t und t)
   d) Wendepunkt von b_t bei Hypothese 3? (Wert von b_t und t)
   e) Zeitpunkt der Halbsättigung für Hypothese 4?

2. (M) Bestätigen Sie durch Differenzieren die Lösung der Wachstumshypothese 4.

3. Stellen Sie eine Wertetabelle auf, zeichnen Sie die Kurven für b_t und b_t' im Weblus-Modell mit $S = 1$, $c_0 = 4$ und Halbsättigung nach 5 Perioden. Wo liegt der Wendepunkt von b_t im Vergleich zum Zeitpunkt der Halbsättigung?

Zusammenfassung

Obwohl gewisse Generalisierungen der unterschiedlichen Modelle auf der Basis der Theorie der stochastischen Prozesse vorgenommen wurden, ist die Prognoserechnung noch längst kein abgeschlossenes Gebiet der mathematischen Statistik. Viele Verfahren und spezielle Vorgehensweisen beruhen auf Erfahrungen, haben sich in der Praxis bewährt und sind z.T. nicht unbedingt theoretisch abgesichert.

4.6 Verfahren der langfristigen Prognose, Wachstumsfunktionen

Weiterhin ist es oft sehr schwierig, die tatsächlichen Einflußfaktoren einer Zeitreihe, eines Zufallsprozesses zu bestimmen, oder gar Änderungen der Gesetzmäßigkeit vorherzusehen. Nach einer relativ stabilen Entwicklung bis in die sechziger Jahre mit recht gut treffenden Vorhersagen sorgten Ölkrise, Pillenknick, Atomkraftrisiko oder die rasante Entwicklung neuer Technologien für Strukturbrüche in Zeitreihen, welche die seitherigen Prognosen ungültig werden ließen.

Schließlich muß man stets berücksichtigen, daß Vorhersagen nur Erwartungswerte einer Zufallsvariablen liefern, d.h. daß eigentlich keine Punktschätzungen, sondern Intervallschätzungen in Form von Vertrauensbereichen zu vorgegebenen statistischen Sicherheiten sinnvoll sind. Allzu häufig will aber ein Prognosebenutzer, dem diese Tatsache nicht bekannt ist, Schätzwerte statt Intervallen vorhergesagt bekommen und ist dann vom Prognosemodell enttäuscht, wenn der tatsächliche Wert vom Prognosewert abweicht, obwohl er vielleicht noch innerhalb der Sicherheitsgrenzen liegt.

Ein automatischer Prognoseablauf scheint unter den oben geschilderten Umständen in vielen Fällen heute noch nicht möglich. Beurteilung und Eingriffe von Experten scheinen noch unumgänglich. Dennoch sollten bei Kenntnis der mathematisch-statistischen Hintergründe, wozu dieses Kapitel eine elementare Grundlage liefern sollte, Prognosemodelle eine wichtige Entscheidungshilfe neben anderen in Planungsprozessen darstellen.

Obwohl - auch durch die Fortschritte der EDV - ein deutlicher Zuwachs in der Verbreitung von Prognosesystemen festzustellen ist, verwendeten 1983 - nach Aussage von Lewandowski - aber nur etwa 5% der europäischen Mittel- und Großunternehmen regelmäßig moderne wissenschaftliche Methoden bei der Absatzanalyse und -prognose.

Literatur zu 4.

1. Lewandowski, R.: Prognose- und Informationssysteme und ihre Anwendungen, Band 1: Berlin, New York: de Gruyter 1974;
   Band 2: Mittelfristige Prognose- und Marketing-Systeme. Berlin, New York: de Gruyter 1980
2. Mertens, P. (Hrsg.): Prognoserechnung, 4. Auflage. Würzburg, Wien: Physica-Verlag 1981
3. Makridakis, S.; Wheelwright, S.C.; Mc Gee, V.E.: Forecasting: Methods and Applications, 2. Auflage. New York 1983
4. Hüttner, M.: Markt- und Absatzprognosen. Stuttgart: Kohlhammer 1982
5. Hüttner, M.: Prognoseverfahren und ihre Anwendung. Berlin, New York: de Gruyter 1986

5 Bestandsoptimierung
H. Kernler

5.1 Einführung

In Industriebetrieben ist etwa soviel Kapital in Vorräten gebunden, wie in Anlagen und Maschinen. Das bedeutet, daß die ganze Fabrik mit allen Werkzeugen und Maschinen etwa gleichviel Kapital bindet, wie die Bestände, die irgendwo in der Produktion lagern. In Handelsbetrieben ist das Vermögensverhältnis zwischen Beständen und Anlagen noch weit ungünstiger.

Hohe Bestände sind unerwünscht, denn das in Beständen gebundene Kapital erfordert bis zu 30 % Kapitaldienst. Das bedeutet, daß für jede in Beständen gebundene DM pro Jahr zusätzlich etwa 30 Pf für den Kapitaldienst aufzuwenden sind. Eine Firma, die Anlagen im Wert von 6 Millionen und Bestände in derselben Höhe hat, muß pro Jahr etwa 2 Millionen an Lagerhaltungskosten veranschlagen. Die Lagerhaltungskosten umfassen im wesentlichen Zinsen, Versicherungsprämien, Pflege-, Verwaltungs- und Raumkosten.

Ein Teilziel der Bestandsoptimierung besteht darin, die Lagerhaltungskosten zu senken.

Hohe Bestände sind andererseits erwünscht, denn sie schützen vor verschiedenen Risiken, wie z.B. vor

- verspäteter Lieferung von Material,
- Engpässen in der Produktion,
- Ausfall von Maschinen und
- Nachfrageschwankungen auf dem Absatzmarkt.

Die Kosten, die durch fehlende Bestände verursacht werden, nennt man Fehlmengenkosten.

Desweiteren können durch hohe Bestände die Stückkosten gesenkt werden:

- Viele Lieferanten bieten erhebliche Rabatte, wenn große Mengen bestellt werden. Dadurch sinken die Kosten je Stück.
- In der eigenen Produktion fallen für jeden Auftrag (Los) Rüstkosten an. Diese Rüstkosten sind unabhängig von der zu fertigenden Menge. Je größer das Los gewählt wird, desto geringer wird der Anteil der Rüstkosten an den Kosten pro Stück. Man nennt diese Kosten auch auftragsfixe Kosten.

Das Ziel der Bestandsoptimierung besteht also darin,

- die Lagerhaltungskosten,
- die Fehlmengenkosten und
- die auftragsfixen Kosten

zu minimieren.

Diese Aufgabe kann in zwei Teilaufgaben zerlegt werden, nämlich

- die Minimierung der auftragsfixen Kosten und der zugehörigen Lagerhaltungskosten und
- die Minimierung der Fehlmengenkosten und der zugehörigen Lagerhaltungskosten.

Die erste Aufgabe wird in den folgenden Kapiteln behandelt.

5.2 Andlersche Grundgleichung

5.2.1 Herleitung

Optimal sind solche Bestellmengen (Auftragsmengen, Lose), die die Summe der Auftrags- und Lagerhaltungskosten minimieren. Dazu wird die Gleichung der *Bestellkosten* je Bestellung aufgestellt:

(1) $\quad K_b = a + p \cdot x$

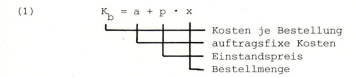

- Kosten je Bestellung
- auftragsfixe Kosten
- Einstandspreis
- Bestellmenge

Falls z.B. für das Rüsten eines Auftrags 3 Stunden anzusetzen sind, für jedes gefertigte Stück 0,1 Std. benötigt werden und das Material pro Stück 1,-- DM kostet, so ergeben sich bei einem Stundensatz von 35 DM und einer Bestellmenge von 100 Stück

$$K_b = 3 \cdot 35 + (0,1 \cdot 35 + 1) \cdot 100,$$

also Bestellkosten von 555 DM; bei einer Bestellmenge von 200 Stück ergeben sich Bestellkosten von 1005 DM. Auf diese Beispieldaten wird auch im folgenden Text Bezug genommen:

auftragsfixe Kosten: $a = 105$ DM
Einstandspreis: $p = 4,50$ DM/Stück
Lagerkostensatz: $q = 0,3$
Jahresbedarf: $M = 400$ Stück

Die entsprechende Gleichung für die *Lagerhaltungskosten* lautet:

(2) $$K_1 = \frac{K_b}{2} \cdot q \cdot t$$

- Lagerkosten je Bestellung
- Bestellkosten / 2
- Lagerkostensatz
- Zeit zwischen 2 Lagerzugängen

Setzt man einen linearen Lagerabgang voraus, so ist für die Zeit bis zum nächsten Lagerzugang im Mittel die halbe Bestellmenge zu lagern und damit auch zu verzinsen.

Bei einem Lagerkostenprozentsatz von 30 % ergeben sich im ersten Fall bei vierteljährlichem Bestellrhythmus Lagerkosten von:

$$K_1 = \frac{555}{2} \cdot 0,30 \cdot \frac{1}{4},$$

also $K_1 = 20,81$ DM.

Im zweiten Fall betragen die Lagerkosten bei halbjährlicher Bestellung $K_1 = 75,37$ DM.

5.2 Andlersche Grundgleichung

Die Gesamtkosten K je Bestellung ergeben sich aus der Summe von (1) und (2):

$$K = K_1 + K_b$$

(3) $$K = a + p \cdot x + \frac{(a + p \cdot x) \cdot q \cdot t}{2}$$

In dieser Gleichung hängt t von der Bestellmenge x ab. Da in den meisten Fällen der Jahresbedarf M mit großer Genauigkeit abschätzbar ist, kann über das Verhältnis

(4) $$M : x = 1 : t \iff t = \frac{x}{M}$$

eine Substitution von t in der Gleichung (3) erfolgen:

(5) $$K = a + p \cdot x + \frac{a \cdot q}{2M} x + \frac{p \cdot q}{2M} x^2$$

Die Gleichung (5) setzt einen linearen Bedarfsverlauf innerhalb eines Jahres voraus. K sind die Gesamtkosten je Bestellung. Die minimalen Gesamtkosten für einen Artikel können nach der Gleichung:

$$K_j = n \cdot K$$

- Jahresgesamtkosten
- Anzahl Bestellungen pro Jahr

mit

$$n = 1/t = M / x$$

hergeleitet werden:

(6) $$K_j = \frac{Ma}{x} + pM + \frac{aq}{2} + \frac{pq}{2} \cdot x$$

Dazu wird K_j differenziert,

$$\frac{d K_j}{d x} = - \frac{Ma}{x^2} + \frac{pq}{2}$$

und die Nullstelle der ersten Ableitung gesucht

(7) $$0 = - \frac{Ma}{x_o^2} + \frac{pq}{2} \implies \boxed{x_o = \sqrt{\frac{2 Ma}{pq}}}$$

Definition

Die Gleichung (7) nennt man die Andlersche Grundgleichung.

Zum gleichen Ergebnis kommt man, wenn man aus der Gleichung (5) die minimalen Stückkosten k herleitet.

(8) $$k = \frac{K}{x} = \frac{a}{x} + p + \frac{aq}{2M} + \frac{pq}{2M} x$$

Leiten Sie bitte selbst aus Gleichung (8) die Gleichung (7) her!

Die Gleichung (8) kann graphisch so interpretiert werden:

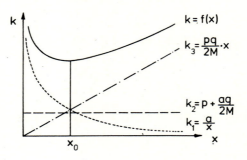

Abb. 109

k_1 sind die auftragsfixen Kosten,

k_2 sind die variablen Kosten, die sich aus dem Einstandspreis und der Verzinsung der auftragsfixen Kosten je gelagertem Stück zusammensetzen,

k_3 sind die Lagerhaltungskosten.

Bei der Bestimmung des Minimums sind die Kosten k_2 ohne Einfluß.

Setzt man die Werte des Beispiels von Seite 214 in die Andlersche Grundgleichung ein, so ergibt sich eine optimale Bestellmenge von:

$$x_o = \sqrt{\frac{2 \cdot 400 \cdot 105}{4,50 \cdot 0,3}} = 250 \text{ Stück}$$

Die Jahresgesamtkosten sind nach Gleichung (6)

bei $x = 100$ $K_j = 2303,25$ DM

bei $x = 200$ $K_j = 2160,75$ DM

bei $x_o = 250$ $K_{jo} = 2152,50$ DM

5.2 Andlersche Grundgleichung

Die Stückkosten sind nach Gleichung (8)

bei $x = 100$ $k_j = 5{,}76$ DM/St.
bei $x = 200$ $k_j = 5{,}40$ DM/St.
bei $x_o = 250$ $k_{jo} = 5{,}38$ DM/St.

Zusammenfassung:

Die Berechnung optimaler Bestellmengen soll zur Minimierung der Bestellkosten und der Lagerhaltungskosten führen. Dazu wird die Gleichung der Lagerhaltungskosten (2) und die Gleichung der Bestellkosten (1) zu einer Gesamtkostengleichung (3) zusammengefaßt. Die Kosten je Bestellung werden auf Kosten je Stück umgerechnet (8). Das Minimum der Stückkosten ergibt sich durch Nullsetzen der 1. Ableitung (7).

Aufgabe zu 5.2.1

Ein Lieferant bietet Schalter zu 2,50 DM/Stück an. Der Jahresbedarf an Schaltern beträgt etwa 2000 Stück. Der Lagerkostenprozentsatz ist mit 30 % pro Jahr anzusetzen. Jede Bestellung verursacht in der Einkaufsabteilung Kosten von 30 DM (Briefe, Porto, Telefonate,...,).
a) Berechnen Sie die optimale Bestellmenge, die minimalen Stückkosten und die minimalen Gesamtkosten pro Jahr.
b) Wie verändern sich die Stückkosten und die Gesamtkosten, wenn 4 Bestellungen pro Jahr aufgegeben werden?

5.2.2 Anwendung der Andlerschen Grundgleichung

In vielen Fertigungsabteilungen ist man nicht so sehr an der Bestellmenge, sondern vielmehr an der Bestellhäufigkeit (Bestellrhythmus) interessiert. Die optimale Bestellhäufigkeit n_o erhält man aus Gleichung (7) und

$$n_o = \frac{1}{t_o} = \frac{M}{x_o}$$

(9.1) $$n_o = \sqrt{\frac{p\,q\,M}{2\,a}}$$

Die optimale Bestellzeit t_o, also die Zeit zwischen 2 Bestellungen ist dann

(9.2) $$t_o = \frac{1}{n_o} = \sqrt{\frac{2\,a}{p\,q\,M}}$$

Die optimalen Jahresgesamtkosten erhält man aus den Gleichungen (6) und (7):

(10) $\quad K_{jo} = \sqrt{2\,a\,p\,q\,M} + p\,M + \dfrac{a\,q}{2}$

Fehlerbehaftete Grunddaten können optimale Lösungsansätze ad absurdum führen. Deshalb werden im Anschluß die Fehlermöglichkeiten und deren Auswirkung auf das Ergebnis untersucht:
Während der Jahresgesamtbedarf M und der Preis p für jeden Artikel ziemlich genau bekannt sind, lassen sich die auftragsfixen Kosten und die Lagerhaltungskosten je Artikel nicht exakt bestimmen. Die folgende Aufstellung zeigt, aus welchen Kostenarten sich die Lagerhaltungskosten zusammensetzt:

Lagerung	5,4 %
Zinsen	8,5 %
Steuern	0,6 %
Versicherung	0,1 %
Risiko	7,0 %
Gesamt	21,6 %

Es ist nun beispielsweise nicht möglich, die Kosten für Lagerung (also die Raumkosten und die Personalkosten für den Lagerverwalter) einem Artikelbestand verursachungsgerecht zuzuordnen, denn diese Kostenarten verhalten sich nicht exakt proportional zum Wert des Lagerbestandes. Dasselbe gilt für die Kostenarten, aus denen sich die auftragsfixen Kosten zusammensetzen:

Fertigungsplanung	3,90 DM
Einlagerung	2,70 DM
Bestellung	13,80 DM
Qualitätskontrolle	12,10 DM
Buchhaltung	4,-- DM
Datenverarbeitung	1,50 DM
Büromaterial	1,70 DM
Gesamt	39,70 DM

Wie stark ist der Einfluß von ungenau angenommenen Lagerhaltungskosten auf die Gesamtkosten? Die optimale Bestellmenge x_o ergäbe sich, wenn x_o mit den richtig angesetzten Lagerhaltungskosten q_o errechnet würde (nach der Andlerschen Grundgleichung):

$$x_o = \sqrt{\dfrac{2\,M\,a}{p\,q_o}}$$

5.2 Andlersche Grundgleichung

Die Lagerhaltungskosten q_1 seien um den Faktor f fehlerhaft angesetzt:

$$q_1 = f \cdot q_o$$

Die tatsächliche, unkorrekte Bestellmenge x_1 beträgt dann:

(11) $\quad x_1 = \sqrt{\dfrac{2\,M\,a}{p\,q_1}} = \sqrt{\dfrac{2\,M\,a}{p\,q_o\,f}} = \dfrac{x_o}{\sqrt{f}}$

Die Auswirkung der fehlerhaften Annahme von q_1 auf die Jahresgesamtkosten ergibt sich aus den Gleichungen (6) und (10):

$$\Delta K_j = K_{j1} - K_{jo}$$
$$= \dfrac{M\,a}{x_1} + \dfrac{p\,q_o}{2}\,x_1 + p\,M + \dfrac{a\,q_o}{2}$$
$$\quad - \sqrt{2\,a\,p\,M\,q_o} - p\,M - \dfrac{a\,q_o}{2}$$

(errechnet wird hierbei die tatsächliche Kostendifferenz. Deshalb muß in Gleichung (6) q_o und nicht der fälschlich angenommene Wert q_1 eingesetzt werden.)
Durch Einsetzen von (11) ergibt sich:

$$\Delta K_j = \dfrac{\dfrac{M\,a}{\sqrt{\dfrac{2\,M\,a}{p\,q_o\,f}}} + \dfrac{p\,q_o}{2} \cdot \sqrt{\dfrac{2\,M\,a}{p\,q_o}} - \sqrt{2\,M\,a\,p\,q_o}}$$

$$= \sqrt{2\,M\,a\,p\,q_o} \cdot \dfrac{\sqrt{f}}{2} + \sqrt{2\,M\,a\,p\,q_o} \cdot \dfrac{1}{2\sqrt{f}} - \sqrt{2\,M\,a\,p\,q_o}$$

(12) $\quad \Delta K_j = \left(\dfrac{f+1}{2\cdot\sqrt{f}} - 1\right) \cdot \sqrt{2\,M\,a\,p\,q_o}$

Die folgende Tabelle zeigt den Einfluß von zu hoch und zu niedrig angesetzten Lagerhaltungskosten auf die beeinflußbaren Jahresgesamtkosten. In der 3. Spalte sind die Differenzen für das Beispiel aufgeführt:

f	$\dfrac{1+f}{2\cdot\sqrt{f}} - 1$	ΔK_j	f	$\dfrac{1+f}{2\cdot\sqrt{f}} - 1$	ΔK_j
1,00	0	0,-- DM	1,00	0	0,-- DM
1,05	0,000297	0,09 DM	0,95	0,000329	0,11 DM
1,10	0,001136	0,38 DM	0,90	0,001390	0,47 DM
1,15	0,002443	0,82 DM	0,85	0,003303	1,11 DM
1,20	0,004158	1,38 DM	0,80	0,006230	2,10 DM

Wenn also die Lagerhaltungskosten fehlerhafterweise mit 33 % statt mit 30 % angesetzt werden, dann erhöht dieser Fehler (f = 1,1) die beeinflußbaren Jahreskosten um 0,1136 % (bzw. um 0,38 DM).

Der Einfluß eines fehlerhaften Ansatzes bei den Lagerhaltungskosten ist gering. Die Andlersche Gleichung kann demnach auch dann erfolgversprechend eingesetzt werden, wenn nur die ungefähre Größe der Lagerhaltungskosten bekannt ist.

In der kommerziellen Praxis wird der Bedarf M und der Preis p je Artikel vorgegeben, die auftragsfixen Kosten a und die Lagerhaltungskosten q werden abgeschätzt und für alle Artikel einer Gruppe (Rohmaterialien, Einkaufsteile, Eigenfertigungsteile, Endprodukte) gemeinsam vorgegeben. Soll aus Liquiditätsgründen das im Lager gebundene Kapital gesenkt werden, so genügt es, die Lagerkostenansätze der entsprechenden Artikelgruppen zu erhöhen. Die Andlersche Gleichung ergibt dann bei Neubestellungen geringere Losgrößen x_o, womit der gewünschte Effekt erreicht wird:

Die Jahresgesamtkosten steigen um

$$\Delta K_j = \left(\frac{f+1}{2\cdot\sqrt{f}} - 1\right)\sqrt{2Mapq}$$

Dafür wird infolge der Bestandssenkung Kapital freigesetzt, und zwar in Höhe von durchschnittlich:

$$\Delta L = \left(\frac{x_o}{2} - \frac{x_1}{2}\right) p$$

Durch Einsetzen von (7) und (11) ergibt sich:

$$\Delta L = \left(\frac{x_o}{2} - \frac{x_o}{2\cdot\sqrt{f}}\right)\cdot p = \sqrt{\frac{Map}{2q}}\left(1 - \frac{1}{\sqrt{f}}\right)$$

(13)
$$\Delta L = \left(1 - \frac{1}{\sqrt{f}}\right)\cdot\sqrt{\frac{Map}{2q}}$$

5.2 Andlersche Grundgleichung

In unserem Beispiel ergäbe die Erhöhung der Lagerhaltungskosten um 20 % erhöhte Kosten von:

$$\Delta K_j = 1{,}38 \text{ DM pro Jahr};$$

dafür würden Mittel verfügbar in Höhe von:

$$\Delta L = \left(1 - \frac{1}{\sqrt{1{,}2}}\right) \sqrt{\frac{400 \cdot 105 \cdot 4{,}5}{2 \cdot 0{,}3}} = 48{,}90 \text{ DM}$$

Da sich die Lagerhaltungskosten - wie schon erwähnt - nur in gewissen Grenzen proportional zu dem gelagerten Wert verhalten, muß der Gültigkeitsbereich der beiden zuletzt gezeigten Gleichungen empirisch überprüft werden.

Zusammenfassung:

Der Einfluß eines fehlerhaften Ansatzes der Lagerhaltungskosten oder auftragsfixen Kosten ist relativ gering. Die Andlersche Gleichung ermöglicht dem Management eines Unternehmens das in Beständen gebundene Kapital

    der Preisentwicklung,
    der Bedarfsentwicklung,
    der Zinsenentwicklung und
    der Entwicklung der Liquidität

anzupassen.

In der kommerziellen Praxis dient der Lagerkostensatz q zur Anpassung der Bestände an den Finanzplan; die Gleichungen (12) und (13) zeigen die Veränderung des gebundenen Kapitals und den Einfluß auf die Jahresgesamtkosten auf.

Aufgaben zu 5.2.2

1. Überprüfen Sie Ihr Ergebnis der Aufgabe von Seite 217 mit den Gleichungen (9.1) und (10).

2. Leiten Sie den Einfluß von fehlerhaften auftragsfixen Kosten a auf die Jahresgesamtkosten K_j her!

3. Das in Beständen gebundene Kapital soll um 5 % gesenkt werden.
    a) Welcher Lagerkostensatz ist dann in der Aufgabe von Seite 217 zu wählen?
    b) Um welchen Betrag werden die Jahresgesamtkosten steigen?
    c) Welche Menge ist zu bestellen?

5.2.3 Erweiterung des Grundmodells auf zwei Artikel

Für zwei Artikel ergeben sich die Jahresgesamtkosten gemäß (6):

(14) $K_j = K_{j1} + K_{j2}$

$$= \frac{M_1 a_1}{x_1} + p_1 M_1 + \frac{a_1 q_1}{2} + \frac{p_1 q_1}{2} x_1 +$$

$$\frac{M_2 a_2}{x_2} + p_2 M_2 + \frac{a_2 q_2}{2} + \frac{p_2 q_2}{2} x_2$$

Die partielle Ableitung nach x_1 ergibt

$$\frac{\delta K_j}{\delta x_1} = \frac{p_1 q_1}{2} - \frac{a_1 M_1}{x_1^2}$$

Für das Minimum gilt erwartungsgemäß:

$$x_{o1} = \sqrt{\frac{2 a_1 M_1}{p_1 q_1}}$$

Die partielle Ableitung nach x_2 ergibt entsprechend:

$$x_{o2} = \sqrt{\frac{2 a_2 M_2}{p_2 q_2}}$$

Das bedeutet, daß bei mehreren Artikeln jeder Artikel einzeln optimiert werden kann.

Bei begrenzter Lager-, Lieferanten-, Transportkapazität oder Liquidität können die einzelnen Artikel nur getrennt optimiert werden, solange folgende Gleichung erfüllt ist:

(15) $z \geq z_1 \cdot x_{o1} + z_2 \cdot x_{o2}$

- verfügbare Kapazität
- Kapazitätsbedarf für Artikel 1
- Kapazitätsbedarf für Artikel 2

Sobald Gleichung (15) nicht mehr erfüllt ist, wird die verfügbare Kapazität durch die Einzeloptima überschritten.

5.2 Andlersche Grundgleichung

Jetzt müssen die beiden Artikel gemeinsam optimiert werden. Die Kapazität muß der Gleichung

(16) $\quad z = z_1 x_1 + z_2 x_2$

genügen.

Für die weitere Herleitung bedient man sich der Lagrangeschen Multiplikatorenmethode. Gleichung (16) wird zweimal erweitert:

$$(x_1 z_1 + x_2 z_2 - z) \cdot L = 0$$

$$K_j + (x_1 z_1 + x_2 z_2 - z) \cdot L = K_j$$

und nach K_j aufgelöst. Durch Einsetzen von (14) ergibt sich:

$$K_j = \frac{p_1 q_1}{2} x_1 + \frac{p_2 q_2}{2} x_2 + \frac{a_1 M_1}{x_1} + \frac{a_2 M_2}{x_2} + p_1 M_1 + p_2 M_2 + \frac{a_1 q_1}{2} + \frac{a_2 q_2}{2} +$$

$$L z_1 x_1 + L z_2 x_2 - L \dot{z}$$

Die partiellen Ableitungen nach x_1 und x_2 lauten:

$$\frac{\delta K_j}{\delta x_1} = \frac{p_1 q_1}{2} - \frac{a_1 M_1}{x_1^2} + L z_1 = 0$$

$$\frac{\delta K_j}{\delta x_2} = \frac{p_2 q_2}{2} - \frac{a_2 M_2}{x_2^2} + L z_2 = 0$$

oder als Gleichung:

(17) $\quad \dfrac{p_1 q_1}{2 z_1} + \dfrac{a_1 M_1}{z_1 x_1^2} = \dfrac{p_2 q_2}{2 z_2} + \dfrac{a_2 M_2}{z_2 x_2^2}$

Die Gleichungen (16) und (17) bilden ein Gleichungssystem mit 2 Unbekannten. x_1 und x_2 können also bestimmt werden. In den meisten Fällen muß eine Gleichung 4. Grades gelöst werden, was manuell zwar schwierig, auf EDV-Anlagen aber unter Einsatz numerischer Methoden unproblematisch ist.

Aufgabe zu 5.2.3

Für zwei Artikel sind folgende Werte gegeben:

$$
\begin{array}{ll}
a_1 = 30 \text{ DM} & a_2 = 30 \text{ DM} \\
M_1 = 100 \text{ Stück} & M_2 = 50 \text{ Stück} \\
p_1 = 2 \text{ DM/Stück} & p_2 = 3 \text{ DM/Stück} \\
q_1 = 0,3 & q_2 = 0,3 \\
z_1 = 6 \text{ dm}^3 & z_2 = 9 \text{ dm}^3
\end{array}
$$

Der verfügbare Lagerplatz z beträgt 600 dm^3. Berechnen Sie die Bestellmengen x_1 und x_2.

5.2.4 Erweiterung des Grundmodells auf mehrere Teillieferungen

Die Andlersche Grundgleichung (7) setzt voraus, daß je Bestellung eine Lieferung erfolgt. Häufiger ist der Fall, daß eine Bestellung mehrere Lieferungen umfaßt (Abrufaufträge). Sei c die Anzahl Teillieferungen, die der Lieferant je Bestellung zugesteht und w der Umfang einer Teillieferung, dann gilt

$$x = c \cdot w$$

Gleichung (1) gilt unverändert:

$$K_b = a + p\,x$$

Gleichung (2) ist zu modifizieren, da im Mittel nur eine halbe Teillieferung am Lager liegt:

$$K_1 = \frac{a\,q\,t}{2} + \frac{p\,q\,t}{2}\,w$$

$$K_1 = \frac{a\,q\,t}{2} + \frac{p\,q\,x\,t}{2\,c}$$

Setzt man (4) ein

$$K_1 = \frac{a\,q\,x}{2\,M} + \frac{p\,q\,x^2}{2\,M\,c}$$

Die Gesamtkosten betragen dann:

$$K = K_b + K_1$$
$$K = a + p\,x + \frac{a\,q\,x}{2\,M} + \frac{p\,q\,x^2}{2\,M\,c}$$

5.2 Andlersche Grundgleichung

Die Kosten je Stück betragen:

$$k = \frac{K}{x} = \frac{a}{x} + p + \frac{a\,q}{2\,M} + \frac{p\,q}{2\,M\,c}\,x$$

Um das Optimum zu finden wird diese Gleichung abgeleitet:

$$k' = \frac{p\,q}{2\,M\,c} - \frac{a}{x^2}$$

und gleich Null gesetzt:

(18) $$x_o = \sqrt{\frac{2\,M\,a}{p\,q} \cdot c}$$

Bei Abrufaufträgen erhöht sich also die optimale Bestellmenge um den Faktor $\sqrt{c}$.

Beispiel

Ein Lieferant B bietet den Artikel unseres Beispiels zu 4,-- DM/pro Stück an, wenn ein Gesamtauftrag über 1000 Stück erteilt wird. Die einmaligen Bearbeitungskosten betragen für den gesamten Auftrag 300 DM. Um die Abrufmenge zu ermitteln, muß Gleichung (18) nach c aufgelöst werden:

$$c = \frac{x_o^2\,p\,q}{2\,M\,a} = \frac{1000^2 \cdot 4 \cdot 0{,}3}{2 \cdot 400 \cdot 300} = 5$$

Optimal wären dann 5 Teillieferungen, das bedeutet etwa alle 6 Monate einen Abruf über 200 Stück. Die Jahresgesamtkosten erhält man, wenn man Gleichung (10) um den geringeren Lagerbestand modifiziert:

$$K_{jw} = \frac{M\,a}{x} + p\,M + \frac{a\,q}{2} + \frac{p\,q}{2}\,w$$

(19) $$K_{jw} = \frac{M\,a}{x} + p\,M + \frac{a\,q}{2} + \frac{p\,q\,x}{2\,c}$$

$$K_{jw} = 1885\ \text{DM}$$

und das ist günstiger, als $K_{jo} = 2152{,}50$ DM bei Eigenfertigung.

Aufgabe zu 5.2.4

Der Lieferant von Aufgabe 5.2.1 a) bietet 3 Abrufe je Bestellung an.
a) Wie groß ist die optimale Bestellmenge und die jeweilige Abrufmenge zu wählen?

b) Wie groß wäre die optimale Bestellmenge, wenn der Lieferant je Abruf eine Bearbeitungsgebühr von 15·DM forderte?
c) Wäre es unter der Voraussetzung von b) überhaupt noch sinnvoll, Abrufaufträge zu erteilen, oder ist der Bestellmodus von Aufgabe 5.2.1 günstiger?

5.2.5 Mengenabhängige Preise

Stückpreise werden fast nie als lineare Gleichungen, sondern meistens als Treppenfunktionen angeboten - daher rührt auch die Bezeichnung Rabattstaffeln. Für den Artikel unseres Beispiels von Seite 214 biete ein Lieferant folgende Konditionen:

Bei Bestellungen unter 100 Stück beträgt der Preis 5,-- DM/Stück,
ab 100 Stück beträgt der Preis 4,70 DM/Stück,
ab 200 Stück beträgt der Preis 4,50 DM/Stück,
ab 500 Stück beträgt der Preis 4,-- DM/Stück.

Die auftragsfixen Kosten betragen a = 25 DM pro Bestellung.

Solche Rabattstaffeln lassen sich nur schwierig als eine geschlossene Funktion p = f(x) darstellen. Daher ist es auch nicht möglich, eine einzige Gleichung für die optimale Bestellmenge herzuleiten. Stattdessen wird die Grundgleichung abschnittweise für jeden einzelnen Rabattsatz i angewandt und anschließend wird geprüft, welches der Einzeloptima das Gesamtoptima darstellt.

Die optimale Bestellmenge für den Rabattsatz i wird nach der Andlerschen Grundgleichung berechnet; dabei bezeichne P_i den Preis des i-ten Rabattsatzes:

$$(20) \qquad x_{oi} = \sqrt{\frac{2\,M\,a}{p_i\,q}}$$

Falls die optimale Bestellmenge x_{oi} außerhalb des Gültigkeitsbereichs der i-ten Rabattstufe liegt, muß statt x_{oi} der nächstgelegene Grenzwert der i-ten Stufe eingesetzt werden. Die Kosten für ein Stück betragen auf der i-ten Stufe gemäß (8):

$$(21) \qquad k_i = \frac{a}{x_i} + p_i + \frac{a\,q}{2\,M} + \frac{p_i\,q}{2\,M}\,x_i$$

Für unser Beispiel ergeben sich mit (20) folgende Werte für x_{oi}:
x_{o1} = 115 Stück, x_{o2} = 119 Stück, x_{o3} = 121 Stück, x_{o4} = 129 Stück.

5.2 Andlersche Grundgleichung

Die optimalen Bestellmengen x_{O1}, x_{O3} und x_{O4} liegen außerhalb des Gültigkeitsbereichs der entsprechenden Stufen. Stattdessen sind die nächstgelegenen Grenzwerte einzusetzen, also:

$$x_{O1} = 99 \text{ Stück (oberer Grenzwert)}$$
$$x_{O2} = 119 \text{ Stück (unverändert)}$$
$$x_{O3} = 200 \text{ Stück (unterer Grenzwert)}$$
$$x_{O4} = 500 \text{ Stück (unterer Grenzwert)}$$

Abschließend ist aufgrund von (21) zu prüfen, welcher der 4 Werte das Optimum darstellt.

$$k_1 = \frac{25}{99} + 5 + \frac{25 \cdot 0,3}{2 \cdot 400} + \frac{5 \cdot 0,3}{2 \cdot 400} \cdot 99$$

$$k_1 = 5,45 \text{ DM/Stück}$$
$$k_2 = 5,44 \text{ DM/Stück}$$
$$k_3 = 5,51 \text{ DM/Stück}$$
$$k_4 = 6,-- \text{ DM/Stück}.$$

Die optimale Bestellmenge beträgt demnach $x_{O2} = 119$ Stück.

Aufgabe zu 5.2.5

Für einen Artikel sind folgende Werte gegeben:

Bestellkosten	30 DM/Bestellung
Jahresbedarf	4000 Stück
Lagerkostensatz	35 % p.a.

a) Ein Lieferant A bietet den Artikel zu 1,80 DM/Stück an.
b) Ein Lieferant B bietet den Artikel zu 1,60 DM/Stück an, wenn insgesamt mindestens 10 000 Stück abgenommen werden.
c) Ein Lieferant C bietet folgende Rabattstaffel:

unter 1 000 Stück	2,-- DM/Stück
ab 1 000 Stück	1,80 DM/Stück
ab 3 000 Stück	1,50 DM/Stück

d) Die Kosten bei Eigenfertigung betragen 300 DM pro Fertigungsauftrag. Die Stückkosten betragen 1,30 DM/Stück.

Entscheiden Sie sich für einen Lieferanten oder für Eigenfertigung!

Zusammenfassung von Abschnitt 5.2

Das Minimum der Bestell- und Lagerkosten erhält man durch Differenzierung der Gesamtkostenkurve. Die Andlersche Gleichung gilt nur unter folgenden Voraussetzungen:

1. Die Lagerhaltungskosten sind proportional zum gelagerten Wert.
2. Jede Bestellung ist unabhängig von anderen Bestellungen.
3. Je Bestellung erfolgt eine Lieferung.
4. Die Preise sind stückzahlunabhängig.
5. Der Bedarfsverlauf ist horizontal.

o Die Andlersche Gleichung wurde in Abschnitt 5.2.2 auf ihre Brauchbarkeit untersucht, insbesondere, wenn die angenommenen Lagerkosten fehlerhaft sind (Voraussetzung 1).

o Im Abschnitt 5.2.3 wurde die 2. Voraussetzung behandelt: Es ist möglich, bei beschränkter Kapazität das Gesamtoptimum für mehrere Artikel gemeinsam zu bestimmen; der Rechenaufwand dafür ist aber im allgemeinen sehr groß.

o Im Abschnitt 5.2.4 wurde eine Gleichung hergeleitet, die die 3. Voraussetzung aufhebt.

o Im Abschnitt 5.2.5 wurde gezeigt, wie die Grundgleichung anzuwenden ist, wenn die Voraussetzung 4 zutrifft.

Im folgenden Abschnitt 5.3 werden Gleichungssysteme hergeleitet, die bei unregelmäßigem, schwankendem Bedarf anzuwenden sind (Voraussetzung 5 nicht gegeben).

5.3 Dynamische Bestellmengen

5.3.1 Problemstellung

In Handelsbetrieben kann man normalerweise davon ausgehen, daß die Nachfrage nach einem Artikel linear ist. Ausnahmen davon sind Saisonartikel oder neue Produkte. Auch Marketingmaßnahmen werden (hoffentlich) den Verlauf der Nachfrage beeinflussen.

In Industriebetrieben kann nur in seltenen Fällen ein horizontaler Bedarfsverlauf zugrundegelegt werden. Jedes Produkt durchläuft mehrere Fertigungsstufen. Produziert wird aber keineswegs kontinuierlich, sondern losweise. Das bedeutet, daß der Bedarf der Endproduktstufe bezüglich der Baugruppen plötzlich sprunghaft steigt und dann wieder auf Null zurückgeht. In der Einzelteile-Fertigungsstufe verstärkt sich dieser Effekt noch, so daß der Bedarf an Rohmaterial starken Schwankungen unterliegt.

5.3 Dynamische Bestellmengen

5.3.2 Gleitende Wirtschaftliche Losgröße

Bei schwankendem Bedarf ist der Bedarf B eine Funktion der Zeit. Das bedeutet, daß im Mittel nicht die halbe Bestellmenge am Lager liegt, sondern mehr oder weniger, je nach Art des Bedarfsverlaufs. Ähnlich wie bei den Rabattstaffeln kann nur schwerlich eine Funktion $B = f(t)$ für den Bedarfsverlauf aufgestellt werden. Vielmehr wird auch hier die Gesamtfunktion in Abschnitte mit linearem Bedarfsverlauf (Perioden) zerlegt. Die Perioden wählt man gleich lang; sie haben den Index i. Dabei bezeichne B_i den Bedarf der i-ten Periode.

Das Minimum dieser in Perioden zerlegten Funktion kann nicht (wie in 5.2) durch Differentiation ermittelt werden. Es wird zweckmäßigerweise durch schrittweises Probieren gefunden.

Als Beispiel dienen folgende Werte:

Bedarf:
$B_1 = 20 \quad B_2 = 30 \quad B_3 = 25 \quad B_4 = 35 \quad B_5 = 30 \quad B_6 = 30$

Preis: $p = 2{,}50$ DM/Stück

Bestellkosten: $a = 2{,}--$ DM

Lagerkosten: $q_j = 24\ \%$ p.a.

Periodenlänge: 1 Monat

Zuerst muß der Lagerkostensatz, der pro Jahr angegeben ist, auf eine Periode umgerechnet werden:

$$q = \frac{q_j}{12} = 0{,}02$$

Gesucht wird die Stückkostenfunktion, die sich aus den Bestell- und Lagerkosten zusammensetzt.

Dazu vorab einige Festlegungen:

Die Lagerkosten für die Lagerung eines Stücks
über eine Periode hinweg sind $\quad p \cdot q$

Die bis zur Periode i zu lagernde Menge beträgt $\quad B_i$

Die Lagerdauer der Menge B_i beträgt (i - 1) volle
Perioden und 1/2 Periode, wenn B_i in der i-ten
Periode gleichmäßig entnommen wird. Die Lagerdauer
ist also $\quad i - \frac{1}{2}$

Bestellt werden können nur Bedarfswerte B_i von unmittelbar aufeinanderfolgenden Perioden. Die Bestellmenge ist also $\quad \Sigma B_i$

Gleichung (3) in 5.2.1 ist die Grundgleichung für die Gesamtkosten:

$$K = a + p\,x + a\,q\,\frac{t}{2} + p\,q\,(x \cdot \frac{t}{2})$$

Setzt man die obigen Festlegungen sinngemäß in diese Gleichung ein, so ergibt sich folgende Gesamtkostengleichung für eine Bestellung:

$$(20) \quad K = a + p \sum_{i=1}^{n} B_i + a\,q \sum_{i=1}^{n} (i - \frac{1}{2}) + p\,q \sum_{i=1}^{n} (i - \frac{1}{2})\,B_i$$

Die Stückkostengleichung lautet:

$$k = \frac{K}{\sum B_i} = \frac{a}{\sum B_i} + p + \frac{a \cdot q \sum (i - \frac{1}{2})}{\sum B_i} + \frac{p \cdot q \cdot \sum (i - \frac{1}{2}) B_i}{\sum B_i}$$

Der 1. Summand stellt die anteiligen Bestellkosten dar.
Der 2. Summand ist der Preis. Auf der Optimierung hat dieser Ausdruck keinen Einfluß; er kann daher entfallen.
Der 3. Summand ist die Verzinsung der Bestellkosten während der Lagerdauer. Dieser Ausdruck ist stets verschwindend klein, kann also ebenfalls weggelassen werden.
Der 4. Summand stellt die anteiligen Lagerkosten dar, die sich aus

Lagerkosten • Lagerzeit • gelagerte Stückzahl

errechnen. Die zur Optimierung verwendete Gleichung lautet also:

$$(21) \quad k_v = \frac{a + p \cdot q \sum (i - \frac{1}{2})\,B_i}{\sum B_i} = \text{MIN!}$$

Durch Iteration ist i so zu bestimmen, daß k_v ein Minimum wird.

5.3 Dynamische Bestellmengen

Für unser Beispiel lauten die k_v-Werte:

$i = 1:$ $\quad k_v = \dfrac{2 + 2{,}50 \cdot 0{,}02 \cdot (0{,}5 \cdot 20)}{20} = 0{,}125$

$i = 2:$ $\quad k_v = \dfrac{2 + 0{,}05 \, (10 + 1{,}5 \cdot 30)}{50} = 0{,}095$

$i = 3:$ $\quad k_v = \dfrac{2 + 0{,}05 \, (10 + 45 + 2{,}5 \cdot 25)}{75} = 0{,}105$

Das Minimum liegt bei $i = 2$. Auf Seite 232 wird gezeigt, daß die Gesamtkostenkurve nur 1 Minimum besitzt. Die zusätzlichen Lager- und Bestellkosten betragen 9,5 Pf pro Stück. Die in der 1. Periode zu liefernde Menge beträgt B_i = 50 Stück. Die 3. Periode wird jetzt zur 1. Periode, d.h. alle i-Werte werden um den Betrag 2 erniedrigt. Dann wird das Verfahren wiederholt:

$i = 1:$ $\quad k_v = \dfrac{2 + 0{,}05 \, (0{,}5 \cdot 25)}{25} = 0{,}105$

$i = 2:$ $\quad k_v = \dfrac{2 + 0{,}05 \, (12{,}5 + 1{,}5 \cdot 35)}{60} = 0{,}087$

$i = 3:$ $\quad k_v = \dfrac{2 + 0{,}05 \, (65 + 2{,}5 \cdot 30)}{90} = 0{,}100$

Die 2. Bestellung muß in der 3. Periode eintreffen. Sie lautet über 60 Stück und verursacht zusätzliche Kosten von 8,7 Pf pro Stück. Die Tabelle zeigt den Bedarf und die zugeordneten Bestellungen:

Periode:	1	2	3	4	5	6
Bedarf:	20	30	25	35	30	30
Bestellung:	50		60		60	

Zusammenfassung

Bei wechselndem Bedarf muß die optimale Bestellmenge iterativ gesucht werden. Die dafür zugrunde gelegte Stückkostengleichung setzt sich analog zu 5.2 aus dem Bestell- und dem Lagerkostenanteil zusammen. Die optimale Bestellmenge ist gefunden, sobald die Stückkosten wieder ansteigen.

Aufgabe zu 5.3.2

Für ein Eigenfertigungsteil gelten folgende Werte:
Rüstkosten: 50 DM; Herstellkosten: 4,45 DM/Stück; Lagerkosten: 27 % p.a.

Bedarfszahlen für die Monate

Jan	Feb	Mrz	Apr	Mai	Jun	Jul	Aug	Sep	Okt	Nov	Dez
10	60	20	60	40	10	70	40	40	40	20	20

Berechnen Sie die optimalen Bestellmengen und die zugehörigen Liefertermine!

5.3.3 Stückperiodenausgleich

Das Verfahren der Gleitenden Wirtschaftlichen Losgröße ist bei manueller Berechnung sehr aufwendig. Das folgende Verfahren geht von derselben Voraussetzung aus, wie die Gleitende Wirtschaftliche Losgröße, ist aber sowohl manuell als auch maschinell einfacher zu handhaben.

Zur Verdeutlichung der Herleitung verwenden wir statt der Gleichung (21) die analoge, aber einfachere Gleichung (8)

$$k = \frac{a}{x} + p + \frac{a\,q}{2\,M} + \frac{p\,q}{2\,M}\,x$$

und vereinfachen diese, indem wir - wie bei Gleichung (21) - die konstanten Glieder entfernen:

$$k_v = \frac{a}{x} + \frac{p\,q}{2\,M}\,x$$

Diese Gleichung entspricht der Gleichung (21):

$$k_v = \frac{a}{\Sigma B_i} + \frac{p\,q\,\Sigma(i-1/2)\cdot B_i}{\Sigma B_i}$$

Das Minimum der Stückkostengleichung (8) erhält man - wie bereits anfangs gezeigt - durch Differenzieren:

$$x_o = \sqrt{\frac{2\,M\,a}{p\,q}}$$

Es wird behauptet, daß der Schnittpunkt der Bestell- und Lagerkostenkurve genau unter dem Minimum der Gesamtkosten liegt. (Vergleiche die Abbildung auf Seite 216.) Den Beweis erhält man durch Gleichsetzen der beiden Gleichungen:

$$y = \frac{a}{x} \quad \text{und} \quad y = \frac{p\,q}{2\,M}\,x$$

$$\frac{a}{x} = \frac{p\,q}{2\,M}\,x \implies x = \sqrt{\frac{2\,M\,a}{p\,q}}$$

5.3 Dynamische Bestellmengen

Der Schnittpunkt der Bestell- und Lagerkostenkurve liegt auf demselben x-Wert, wie das Minimum der Gesamtkostenkurve. Wendet man diese Erkenntnis auf die Gleichung (21) an, so heißt das, daß das Minimum dort liegt, wo die Bestellkosten und die Lagerkosten denselben Wert haben. Daher gilt:

$$(22) \qquad \frac{a}{\Sigma B_i} = \frac{p \cdot q \, \Sigma \, (i-1/2) \, B_i}{\Sigma B_i}$$

Eine einfache Umformung ergibt dann die Formel für den Stückperiodenausgleich:

$$(23) \qquad \frac{a}{p \cdot q} = \sum_{i=1}^{n} (i - \frac{1}{2}) \cdot B_i$$

$a/(p \cdot q)$ ist die sogenannte Stückperiodenzahl STP, die je Artikel nur einmal errechnet werden muß. Sie gibt an, welche Menge über wieviele Perioden hinweg gelagert werden soll.

$\Sigma (i - 1/2) \, B_i$ ist sowohl manuell als auch maschinell recht einfach zu bilden und darüberhinaus anschaulich zu deuten: Das Optimum ist dann erreicht, wenn das kumulierte Produkt aus Periodenzahl und Bedarf der Stückperiodenzahl am nächsten ist. Für unser Beispiel bedeutet das:

$$\frac{a}{p \cdot q} = \frac{2}{2{,}50 \cdot 0{,}02} = 40 \text{ STP}$$

1. Periode: $0{,}5 \cdot 20 \Longrightarrow \Sigma = 10$ STP
2. Periode: $+ 1{,}5 \cdot 30 \Longrightarrow \Sigma = 55$ STP

55 STP liegt näher an 40 STP, als 10 STP. Damit ist die Bestellmenge auf $B_1 + B_2$ festgelegt und beträgt 50 Stück. Es ist also optimal, 20 Stück eine halbe Periode und 30 Stück eineinhalb Perioden lang zu lagern.
Die 2. Bestellmenge wird nach demselben Verfahren ermittelt:

3. Periode: $0{,}5 \cdot 25 \Longrightarrow \Sigma = 12{,}5$ STP
4. Periode: $+ 1{,}5 \cdot 35 \Longrightarrow \Sigma = 65$ STP

Es sind 60 Stück in der 3. Periode zu bestellen, da 65 STP näher bei 40 STP liegt, als 12,5 STP.
Die 3. Bestellung ergibt 60 Stück in der 5. Periode gemäß:

5. Periode: 0,5 · 30 ⟹ Σ = 15 STP
6. Periode: + 1,5 · 30 ⟹ Σ = 50 STP.

Die Ergebnisse des Stückperiodenausgleichs sind natürlich dieselben, wie bei der Gleitenden Wirtschaftlichen Losgröße, da dieselbe Grundgleichung verwendet wird. Nur das Rechenverfahren ist beim Stückperiodenausgleich wesentlich einfacher und anschaulicher.

Zusammenfassung
Im Schnittpunkt der Bestellkosten- und Lagerkostenkurve liegt auch das Minimum der Gesamtkostenkurve. Wendet man diese Tatsache auf die Gleichung der Gleitenden Wirtschaftlichen Losgröße (21) an, so kann diese weiter vereinfacht werden. Das Ergebnis ist die Gleichung (23) des Stückperiodenausgleichs. Diese Gleichung besteht aus einer Konstanten und einer Summe. Die Konstante ist der Richtwert, der angibt, welche Menge wielange zu lagern ist; die Summe wird aus den Bedarfswerten hergeleitet. Diese Formel bringt dieselben Ergebnisse, wie die Gleitende Wirtschaftliche Losgröße, ist aber einfacher zu berechnen.

Aufgabe zu 5.3.3

Überprüfen Sie Ihre Ergebnisse von Aufgabe 5.3.2 mit Hilfe des Stückperiodenausgleichs!

5.3.4 Verfeinerung des Stückperiodenausgleichs

Am Beispiel der Gleitenden Wirtschaftlichen Losgröße kann man zeigen, daß die zusätzlichen Lager- und Bestellkosten k_v von Bestellmenge zu Bestellmenge schwanken. In unserem Fall brachte das 1. Los Zusatzkosten von 9,5 Pf/Stück, das 2. Los von 8,7 Pf/Stück und das 3. Los von 8,3 Pf/Stück. Das rührt z.T. daher, daß nur ganze Periodenbedarfe B_i zur Losbildung herangezogen werden, daß also auch die gebildeten Lose vom Minimum der Gesamtkosten mehr oder weniger entfernt liegen. Falls die Perioden kürzer gewählt werden, nehmen diese Differenzen zwar ab, sie verschwinden jedoch nie ganz.

Die Optimierung zielt nicht darauf ab, die Zusatzkosten pro Stück zu nivellieren, sondern die niedrigsten Gesamtkosten für einen Artikel zu finden. Ob allerdings die niedrigsten Gesamtkosten für einen Artikel durch die Gleichungen (21) oder (23) gefunden werden, wurde nicht bewiesen. Das Problem liegt in der

5.3 Dynamische Bestellmengen

Tatsache, daß die Entscheidung über die erste Bestellmenge kurzfristig optimal erscheint; sie beeinflußt jedoch die Bildung der folgenden Bestellmengen und beeinflußt damit die gesamte Bestellstrategie. Es kann also durchaus vorkommen, daß die erste, vernünftig erscheinende Bestellmengenberechnung die Gesamtkosten langfristig negativ beeinflußt. Um die Gesamtkosten zu minimieren, muß für die Bildung der einzelnen Bestellungen jeweils der gesamte Bedarfsverlauf herangezogen werden.

Lösbar ist diese Aufgabe, indem alle nur möglichen Bestellkombinationen ermittelt werden und für jede solche Kombination die Gesamtkosten errechnet werden. Die Kombination mit den niedrigsten Gesamtkosten ist die optimale. Allerdings ergeben sich bei diesem Vorgehen enorm viele Kombinationen. Die Anzahl der möglichen Kombinationen ist durch das Pascalsche Dreieck festgelegt. Die Gleichung dafür lautet:

$$r = \sum_{g=0}^{n} \binom{n}{g}$$

Bei n=10 Bedarfswerten sind dies bereits r = 512 Kombinationen, die durchzurechnen sind.

Bei 25 bis 50 Perioden, die man in der Praxis vorsieht, muß man sich der Methode der Dynamischen Iteration bedienen. Das Prinzip der Dynamischen Iteration besteht darin, eine Kette von Entscheidungen so aufzubereiten, daß man sich bei jeder neuen Entscheidung auf eine in sich schon optimale Teilkette beziehen kann. Nur so ist es möglich, die optimale Bestellstrategie mit vertretbarem Rechenaufwand zu finden.

Eine einfachere Methode geht davon aus, daß bereits der jeweilige Abgleich zwischen zwei aufeinanderfolgenden Bestellmengen eine Kombination ergibt, die nahe bei der Kombination mit den niedrigsten Gesamtkosten liegt. Dazu greift man am besten auf das Verfahren des Stückperiodenausgleichs zurück.

Im Anschluß an die Ermittlung der jeweiligen Bestellmenge mit Gleichung (23) wird geprüft, ob es günstiger ist, den unmittelbar folgenden Bedarf noch zu der Bestellmenge hinzuzufügen, oder nicht. Der Rechengang soll an dem nachfolgenden Beispiel aufgezeigt werden:

Gegeben sind die Bedarfswerte:

$$B_1 = B_3 = B_5 = B_7 = 10 \text{ Stück}$$
$$B_2 = B_4 = B_6 = B_8 = 90 \text{ Stück}$$

Die Bestellkosten betragen a = 100 DM und die Stückperiodenzahl a / (p · q) sei 100 STP.

Der Stückperiodenausgleich <u>ohne</u> anschließenden Vergleich ergibt nach (23) je eine Bestellung über 100 Stück in den Perioden 1, 3 und 5.
Beim Stückperiodenausgleich <u>mit</u> Vergleich wird die erste Bestellmenge genauso errechnet, nämlich zu 100 Stück, was 0,5 · 10 + 1,5 · 90 = 140 STP erfordert. Obgleich die optimale STP-Zahl 100 bereits überschritten ist, wird trotzdem untersucht, ob es günstiger wäre, den Bedarf B_3 = 10 noch zum 1. Los hinzuzuschlagen und dafür das 2. Los erst in der 4. Periode aufzusetzen. Wenn der Bedarf B_3 zum 1. Los hinzugenommen wird, dann erhöht sich der Gesamtaufwand um 2 · 10 = 20 STP, da der Bedarf B_3 zusätzlich während der ersten beiden Perioden zu lagern ist.

Dem steht gegenüber, daß dafür der Bedarf B_4 in der 3. Periode nicht gelagert werden muß, wofür 1 · 90 = 90 STP abzuziehen sind. Es ist also um 70 STP günstiger, den Bedarf B_3 zum 1. Los hinzuzunehmen!

Dasselbe Verfahren wird mit dem Bedarf B_4 durchgeführt: Der Gesamtaufwand würde bei Hinzunahme von B_3 und B_4 zum 1. Los um 2 · B_3 + 3 · B_4 = 290 STP steigen, dafür würden durch verspätetes Aufsetzen des 2. Loses in der 5. Periode 1 · B_4 + 2 · B_5 = 110 STP eingespart. Es lohnt sich also, den Bedarf B_3 zum 1. Los hinzuzunehmen, es lohnt sich aber nicht, den Bedarf B_4 dazuzuschlagen.

Das 2. Los umfaßt ohne anschließenden Vergleich B_4 und B_5 mit 60 STP. Der **Vergleich bei Hinzunahme von B_6** ergibt

einen Mehraufwand von 2 · 90 = 180 STP und
eine Einsparung von   1 · 10 = 10 STP.

Der Bedarf B_6 sollte nicht zum 2. Los hinzugenommen werden.

5.3 Dynamische Bestellmengen

Solange also die folgende Ungleichung erfüllt ist, ist es günstiger, den Bedarf B_{i+k} zu dem vorher ermittelten Los hinzuzunehmen:

(24) $$\sum_{i=1}^{n-k} (i + 1) \cdot B_{i+k} > \sum_{i=1}^{n-k} i \cdot B_{i+k+1}$$

wobei k die durch Gleichung (23) ermittelte Periode i darstellt (in unserem Beispiel ist k = 2 bzw. k = 5).

Die durch Gleichung (24) eingesparten Gesamtkosten kann man aus Gleichung (21) ableiten:

$$k_v = \frac{q}{\Sigma B_i} + \frac{p \cdot q \cdot STP}{\Sigma B_i}$$

STP ist die ermittelte, tatsächliche Stückperiodenzahl einer Bestellung

$$\Sigma B_i \cdot k_v = a + p \cdot q \cdot STP$$

Die beeinflußbaren Gesamtkosten K_g eines Artikels erhält man, wenn man die Kosten einer Bestellung mit der Anzahl Bestellungen g multipliziert, die für den Artikel über alle Perioden hinweg ermittelt wurden.

$$K_g = g \cdot k_v \cdot \sum_{i=1}^{g} B_i = g \cdot a + g \cdot p \cdot q \sum_{i=1}^{g} STP_i$$

Die Kosteneinsparung ergibt sich aus der Differenzbildung zwischen dem normalen Stückperiodenausgleich (Index 1) und dem verfeinerten Vergleich (Index 2):

$$\Delta K_g = (g_1 - g_2) \cdot a + (g_1 - g_2) \cdot p \cdot q \cdot \left(\sum_{i=1}^{g_1} STP_{1i} - \sum_{i=1}^{g_2} STP_{2i} \right)$$

In unserem Beispiel ergeben sich folgende Werte für STP:

	1	2
1. Los	140	165
2. Los	140	60
3. Los	140	60
4. Los	140	45
Σ STP	560	330

Die Einsparung beträgt demnach

$$K_g = p \cdot q (\Sigma STP_1 - \Sigma STP_2) = 1 \cdot (560 - 330) = 230 \text{ DM}$$

Zusammenfassung von 5.3

Dynamische Bestellmengenberechnungen werden angewandt, wenn die Bedarfe zeitlich schwanken.

Die Gleichung der Gleitenden Wirtschaftlichen Losgröße ermittelt das Kostenminimum durch iterativen Vergleich der Stückkosten bei unterschiedlichen Bestellmengen.

Zu demselben Ergebnis führt der Stückperiodenausgleich, der davon ausgeht, daß das Minimum der Stückkostenkurve denselben x-Wert hat, wie der Schnittpunkt der Bestell- mit der Lagerkostenkurve.

Die Gesamtkosten für einen Artikel können noch weiter gesenkt werden, indem man je 2 Bestellungen miteinander abgleicht. Mit Gleichung (24) ist ein Kriterium gegeben, das darauf hinzielt, die Bestellungen nach Möglichkeit in bedarfsstarken Perioden anzuliefern.

Aufgabe zu 5.3.4

a) Korrigieren Sie Ihre Ergebnisse von Aufgabe 5.3.3 mit Hilfe der Gleichung (24).
b) Wie groß ist die Einsparung aufgrund dieser Maßnahme?

Literatur zu 5.

1 Heinen, Edmund: Industriebetriebslehre, Entscheidungen im Industriebetrieb; Wiesbaden 1972.

2 Trux, Walter: Einkauf und Lagerdisposition mit Datenverarbeitung, München 1968.

6 Anhang: Lösungen der Aufgaben

<u>1.2.1</u>

1. $n \cdot (n-1)/2$ 2. $\Sigma d(x) = 2 \cdot |V(G)|$
2. Telefongraph bei 6 Personen z.B. Abb.L1
   Bei n=7, d(x) = 3 für alle Knoten, wäre $\Sigma d(x) = 21$ ungerade $\Rightarrow$ Unmöglichkeit
4. Jede Kante liefert je einen Beitrag zu $\Sigma d^+(x)$ und $\Sigma d^-(x)$.
5. Tritt ein Knoten x_i in der Kantenfolge zweimal auf, lasse Kreis von x_i nach x_i weg.
6. Sei $K(x) \cap K(y) \neq \emptyset$. Für alle $s \in K(x) \cap K(y)$ gilt: Es existiert ein Weg zwischen x und s und zwischen s und y, also auch zwischen x und y $\Rightarrow$ $K(x) \subset K(y)$ und $K(y) \subset K(x) \Rightarrow K(x) = K(y)$; Äquivalenzrelation.
7. Kante aus Kreis $\Rightarrow$ Zusammenhang bleibt nach Entfernen erhalten. Kante nicht aus Kreis $\Rightarrow$ Kein Weg zwischen Kantenendpunkten nach Entfernen
9. Angrenzungsgraph: Knoten = Länder, Kanten zu angrenzenden Ländern; je 2 adjazente Knoten müssen verschieden gefärbt sein;
   3 Farben genügen, vgl. Abb.L2.

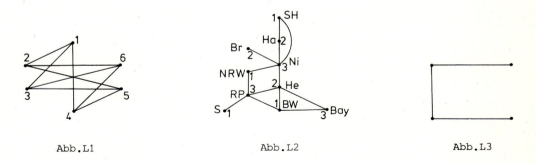

Abb.L1   Abb.L2   Abb.L3

<u>1.2.2</u>

1. Basis n=1 oder 2; entferne 1 Kante aus Baum mit n Knoten $\Rightarrow$ zerfällt in 2 Teilbäume mit m und n-m Knoten und nach Induktionsannahme m-1 bzw. n-m-1 Kanten $\Rightarrow$ insgesamt m-1+n-m-1+1 = n-1 Kanten.

240 6 Anhang: Lösungen der Aufgaben

3. 123, 124, 135, 145, 146, 356, 456
4. (1) Falls G = Baum: fertig, sonst suche Kreis in G, streiche beliebige Kante daraus; G bleibt zusammenhängend; gehe nach (1). Verfahren bricht nach endlich vielen Schritten ab.
5. 16 Gerüste; minimal: Abb.L3.

1.2.3

1. a) nein, b) Spaltensumme = 0, c) $d^+(x_i) = \Sigma$ positive m_{ij}, $d^-(x_i) =$
   $= \Sigma$ Beträge negative m_{ij}, $d(x_i) = \Sigma |m_{ij}|$, jeweils über j summiert.
2. a) $M = \left(\begin{array}{c} M_1 \\ \hline M_2 \end{array}\right)$, b) $A = \left(\begin{array}{c|c} 0 & A_1 \\ \hline A_2 & 0 \end{array}\right)$ mit Blockmatrizen A_1, A_2, M_1, M_2, Spaltensummen in M_1 und M_2 jeweils 1.
3. $w_{ij} = 1$, falls $a_{ij}^{(1)}$ oder $a_{ij}^{(2)}$ oder ... $a_{ij}^{(n)} > 0$, d.h. Kantenfolge der Länge 1,2,... oder n von x_i nach x_j existiert.
4. a) $a_{ij}^{(k)} = 1$, falls Kantenfolge der Länge k von x_i nach x_j existiert, = 0 sonst; S = W, b) Adjazenzmatrix A(G)
5. $w_{12}=w_{13}=w_{23}=w_{41}=w_{42}=w_{43}=w_{45}=w_{51}=w_{52}=w_{53}=1$; $w_{ij} = 0$ sonst.

1.3.2

1. t_j: Spalte jeweils Knoten x_j in 2 Knoten $x_j^{(1)}$, $x_j^{(2)}$ mit $b(x_j^{(1)}, x_j^{(2)}) =$
   $= t_j$ auf oder addiere noch t_k in Schritt (3) (Wartezeit nur wenn x_k verlassen wird). t_{ijk}: $x_i = V(x_j) \Rightarrow$ addiere $t_{v(x_j),x_j,x_k}$ in Schritt (3).
2. a) Vereinige KW $x_s \rightarrow x_1$ mit KW $x_1 \rightarrow x_e$; berechne KW für: $x_s \rightarrow x_1$, $x_s \rightarrow x_2$, $x_1 \rightarrow x_2$, $x_2 \rightarrow x_1$, $x_1 \rightarrow x_e$, $x_2 \rightarrow x_e$; prüfe ob $x_s \rightarrow x_1 \rightarrow x_2 \rightarrow x_e$ oder $x_s \rightarrow x_2 \rightarrow x_1 \rightarrow x_e$ kürzer; allgemein: KW für $x_s \rightarrow x_i$, $x_i \rightarrow x_e$, $x_i \rightarrow x_j$ i,j = 1,...,n, i $\neq$ j.
   b_1) Zunächst KW: A $\rightarrow$ B mit Zwischenknoten $x_1,...,x_m$, suche Minimum von $|d(A,x_i)-d(x_i,B)|$ für i=1,...,m; C = so gefundenes x_i.
   b_2) KW: A $\rightarrow x_j$, B $\rightarrow x_j$ für alle $x_j \neq$ A, B im Netz; $d(x_j)$ = Max($d(A,x_j)$, $d(B,x_j)$); suche Minimum von $d(x_j)$.
3. Vgl.Abb.L4; KW: 1-2-3, 1-2-4-5-7; 1-2-4-5-8; 1-6
4. Optimaler Übertragungsweg: 1-2-5-3-6-7 mit Wahrscheinlichkeit für korrekte Übertragung: p = 0,408

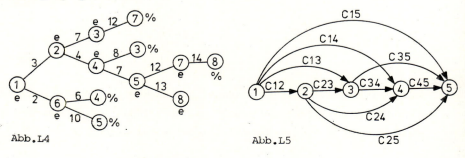

Abb.L4   Abb.L5

6 Anhang: Lösungen der Aufgaben   241

5. Vgl.Abb.L5; A(G) = obere Dreiecksmatrix; Beispiel: c_{15} = 182,5, c_{14} = 130, c_{13} = 85, c_{12} = 45, c_{25} = 135, c_{24} = 90, c_{23} = 50, c_{35} = 95, c_{34} = 55, c_{45} = 60; kürzeste Wege: 1-3-5 oder 1-2-5 mit "Distanz" (Kosten) 130 TDM, d.h. 1 Verkauf nach 2 oder 3 Jahren.

1.3.3

a) mindestens n, höchstens n·(n-1), b) bei m Kanten: m Schritte je Baum, n·m Schritte insgesamt ⟹ zwischen n^2 und n^2·(n-1) Schritten, c) maximal n^3 Schritte (4); entsprechend weniger, wenn viele Elemente a_{ij} = ∞ auftreten; Operation einfacher als bei DA

1.4.1

a) (1,2),(2,5),(5,6); b) Quellen: 1,2; Senken: 4,6,7; c) vgl. Abb.L6;
d) z.B. Erhöhung um 1 auf Weg 1-3-6-7

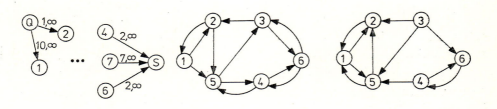

Abb.L6   Abb.L7a   Abb.L7b

1.4.2

1. Suche Weg in N' von Quelle zu Senke; N' zu Abb.24c bzw. e vgl. Abb.L7a bzw. b (kein Weg von 1 nach 6).
2. Vgl. Abb.L8a (1.Schritt) und L8b (Flußmaximal; X_1 = {Q,x_1,x_2,x_3}, X_2 = {x_4,x_5,x_6,x_7,S}).

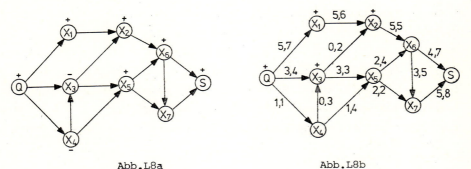

Abb.L8a   Abb.L8b

1.4.3

$f(x_Q) = 1$ mit $C(F) = 6$; $f(x_Q) = 2$ mit $C(F) = 13$; $f(x_Q) = 3$ mit $C(F) = 26$

1.4.4

1. a) Vgl. Abb.L9; paarer Graph mit Kantenkapazitäten k_{ij}, Bewertungen C_{ij}, Flüssen = Transportmengen x_{ij}
   b) (Q, A_i) bzw. (B_j, S) haben Kosten 0 und Kapazitäten a_i bzw. b_j.
   c) $f(x_Q) \leq$ Min $(\Sigma a_i, \Sigma b_j)$; $X_1 = \{Q\}$ bzw. $X_1 = X(N) - \{S\}$; bei anderen (X_1, X_2) reichen Transportkapazitäten weder aus, um das gesamte Angebot abzutransportieren, noch den gesamten Bedarf zu befriedigen.
2. Paarer Graph mit Knoten $\{P_i\}$ und $\{S_j\}$; Kantenbewertungen e_{ij}, -kapazitäten $k_{ij} = 1$; N mit fiktiven Q, S und Kosten 0, Kapazitäten 1 der neuen Kanten (vgl. Aufgabe 1); der kostenminimale Maximalfluß in N (Stärke n) löst das Problem; $f(P_i, S_j) = 1$ bedeutet Zuweisung von Stelle j an Person i.

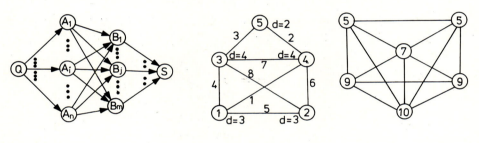

Abb.L9   Abb.L10   Abb.L11

1.5

1. Vgl. Abb.L10; Eulerscher Kantenzug von 1 nach 2 (Kantenfolge 1 bis 8)
2. Ziehe in Abb.32 alle möglichen geradlinigen Verbindungen zwischen den Kreisen. Maximalpunktzahl, wenn jede Kante genau einmal durchlaufen werden kann, $d(x)$ gerade für alle Knoten bis auf zwei $\Rightarrow$ Eulerscher Kantenzug von 10 nach 7 existiert; Konstruktion vgl. 1.5; Ergebnis siehe Abb.L11: 107 Punkte
3. Quellen: 1 mit $d^+(1) - d^-(1) = 2$; 7 mit $d^+(7) - d^-(7) = 1$; Senken: 2 mit $d^-(2) - d^+(2) = 1$; 6 mit $d^-(6) - d^+(6) = 2$; kürzeste Distanzen: $d(2,1) = 4$; $d(2,7) = 18$; $d(6,1) = 17$; $d(6,7) = 15$; Transportproblem: 1 Weg $2 \to 1$, 1 Weg $6 \to 7$, 1 Weg $6 \to 1$ ergibt unproduktive 36 Minuten auf optimaler Tour $\Rightarrow$ insgesamt Summe aller Kantenbewertungen + 36 = 105 Minuten; Route selbst nach Algorithmus für Eulerschen Kreis zu bestimmen.

2.2.1

1. a) $\{(-3,m),(-2,c),(-1,d),(0,1),(1,da),(2,h),(3,k)\}$

   b) $\bigcup_{i=-3}^{3} (i, t_{i+4})$

2. a) $t = \bigcup_{i=b}^{b+999} (i, t_i)$ b) $\bigcup_{i'=0}^{999} (i', t_{i'+b})$ c) $U_{-b}(t)$

2.2.2

1. a) $t \in 10_4^*$,   b) $t \in A_{\in 11}^*$,   c) $t \in 2_4^*$,   d) $t \in 10_{\in 6}^*$,   e) $t \in (A \cup 10)_{\in 7}^*$
   (A: Alphabet der großen lateinischen Buchstaben)

2. a) {xxx,yyy,zzz,xxy,xyx,yxx,xxz,xzx,zxx,yyx,yxy,xyy,yyz,yzy,zyy,zzx,xzz,
      xzz,zzy,zyz,yzz,xyz,xzy,yxz,yzx,zxy,zyx}

   b) {ε,x,y,z, xx, yy, zz, xy, yx, xz, zx, yz, zy}

3. A: Eingabe x,y,z; B: Ausgabe x; C: Ausgabe y; D: Ausgabe z; p: ist x größer als y?, q: ist x größer als z?, r: ist y größer als z?
   Algorithmus: $Ap\uparrow_1 r\uparrow_2 C.\downarrow_1 q\uparrow_2^3 D.\downarrow_3 B$. (auch andere Lösungen sind möglich)

2.2.3

1. a) {a,b,c,d,ab,bc,cd,abc,bcd,abcd}

   b) {a,b,aa,ab,bb,aaa,aab,abb,aaab,aabb}

   c) {a,aa,aaa,aaaa}

2. a) $T_n = T_{n-1} + n$ b) $T_n = n(n+1)/2$,   c) $T_n = T_{n-1} + 1$, $T_n = n$

3. a) φ',   b) φ und φ'' (denn: das Fano-Kriterium ist nicht notwendig!)

2.2.4

1. a) $E_{0,5}(t)$, $E_{5,1}(t)$, $E_{6,2}(t)$, $E_{8,8}(t)$

   b) $K_{5,11}(t)$, $K_{0,5}(K_{6,10}(t)) = K_{1,10}(K_{0,5}(t))$, $K_{0,6}(K_{8,8}(t)) =$
      $= K_{2,8}(K_{0,6}(t))$, $K_{0,8}(t)$.

2. $K_{m,1}(K_{0,k}(t)) = K_{0,k}(K_{k+m,1}(t)) = E_{k,m}(t)$

3. $E_{k,n-k}(t) = K_{0,k}(t)$.

2.2.5

1. $s = \varphi_5(\varphi_3(\varphi_1(t,a'),b'),c')$

2. $t' = \varphi_j(K_{j,1}[\varphi_i(K_{i,1}(t),t_j)],t_i) = \varphi_i(K_{i,1}[\varphi_j(K_{j,1}(t),t_i)],t_j)$

3. $f: A^* \to A^*$ mit $t \to f(t) = t^R$. a) f ist bijektiv, $f(f(t)) = t$ bzw.
   $(t^R)^R = t$. b) $f(st) = f(t)f(s)$ bzw. $(st)^R = t^R s^R$.

2.2.6

$f(s,t) = (s \wedge t) \vee (\neg s \wedge \neg t)$; $g(s,t) = (s \vee t) \wedge (\neg s \vee \neg t)$

2.3.1

1. $(a*b)*c = a*(b*c) = a+b+c-ab-ac-bc+abc$; $b*a = b-ba+a = a-ab+b = a*b$;
   $a*e = a \Longrightarrow e(1-a) = 0$ hat $e=0$ (Neutralelement!) als Lösung.
   $a*a^{-1} = 0 \Longrightarrow a^{-1}(a-1) = a \Longrightarrow a^{-1} = a/(a-1)$ für $a \neq 1$, d.h. alle
   $a \in \mathbb{Q} \setminus \{1\}$ besitzen Inverse, $(\mathbb{Q},*)$ ist keine Gruppe!

2. a) $a*b = b$ für alle $a,b \in \{1,2,3,4\} \Longrightarrow (a*b)*c = c$, $a*(b*c) = b*c = c$ für
   alle $a,b,c \in \{1,2,3,4\}$. b) "·" ist auf $\mathbb{C}$ assoziativ und kommutativ (I,3.1),
   1 ist Neutralelement; $1^{-1} = 1$, $j^{-1} = -j$, $(-1)^{-1} = -1$, $(-j)^{-1} = j$; c) es ist
   z.B. $(2*4)*3 = 4*3 = 3$, aber $2*(4*3) = 2*3 = 1$.

2.3.2

1. a) $E = \{a,d\}$, b) $E = \{b\}$, c) $E = \{a,b,c\}$
2. $E' = \{1,j\}$ für $(\mathbb{C}',+)$, $E'' = \{1,-1,j,-j\}$ für $(\mathbb{C}'',+)$

2.3.3

1. a) $c^4 = c^2$, $c^3 = c$, $d^2 = d$, $c^2*d = d*c^2 = d*c = d*c*d = d$
   b) $b^5 = b$, $b^6 = b^2$, $b^7 = b^3$, $b^8 = b^4$, allg. $b^n = b^{n-4}$ für $n > 4$
2. $A = \{c',d'\}$, $E = \{c,d\}$, $h(c') = c$, $h(d') = d$, $h(st) = h(s)*h(t)$ für alle
   $s,t \in A^+$. a) d, b) a, c) b, d) c

2.4.2

1. aa, bb, cc.   2. $10 \mapsto 1$, $01 \mapsto 1$

2.4.3

1. a) cca   b) ccbbba   c) kein Ende!   d) kein Ende, d.h. (A,P,M) ist kein
   abbrechender Algorithmus!
2. z.B. (1) $+| \to |+$, (2) $+ \to \varepsilon$, oder z.B. (1) $|+| \to ||$.
3. Ergebniswort ist $||$ (d.h. der ggT von 6 und 4 ist 2)

2.4.4

1. abccbcc, bccbacc, abaacc, abbacc, abccba, bccbcc, abacc, abbcc, abccb,
   baacc, bbacc, bccba, abaa, abba, abcc, bacc, bbcc, bccb, aba, abb, baa,
   bba, bcc, ab, ba, bb, b.

2. Die acht Wörter sind ε, a, c, ac, cc, acc, ccc, accc. Sind s, t bel. Worte über A, so wende man auf beide den Markov-Algorithmus an: $s \stackrel{*}{\Longleftrightarrow} t$ gilt genau dann, wenn man in beiden Fällen auf das gleiche (der acht) Worte geführt wird (denn dann gehören s und t zur gleichen Äquivalenzklasse und sind überführbar).

2.5.1

1. a) L^*, b) L^*, c) $\{ε\}$, d) L^+
2. Linke und rechte Seiten jeder Formel gesondert bestimmen und als gleich (im Sinne der Mengengleichheit) nachweisen!
3. $L^3 = \{(ab)^3, (ba)^3, (ab)^2ba, ab(ba)^2, (ba)^2ab, ba(ab)^2, ab^2a^2b, ba^2b^2a\}$
4. a) $(L^R)^R = \{(t^R)^R | t \in L\} = \{t | t \in L\} = L$.
   b) $(L_1 L_2)^R = \{(st)^R | s \in L_1, t \in L_2\} = \{t^R s^R | s \in L_1, t \in L_2\} = L_2^R L_1^R$.
5. $L^* = A^*$, falls L ein Alphabet ist, also nur aus Zeichen, d.s. Worte der Länge 1, besteht.

2.5.2

1. a) alle Wörter mit 1 als Präfix, 0 als Postfix und beliebigem Mittelstück,
   b) alle Wörter, die eine gerade Anzahl von Nullen besitzen (sonst beliebig),
   c) alle Wörter, die Nullen und Einsen in einer geraden Anzahl (einschl. Null) aufweisen.
2. $x = 1^*0$. Damit steht links ein die reguläre Menge $\{0,10,110,1110,...\}$ bezeichnender regulärer Ausdruck. Rechts entsteht der reguläre Ausdruck $11^*0 \cup 0$, der die Menge $\{1\}\{0,10,110,1110,...\} \cup \{0\} = \{10,110,1110,11110,...\} \cup \{0\} = \{0,10,110,1110,...\}$ bezeichnet.

2.5.3

1. $L(G) = \{a^{2n-1}b | n \in \mathbb{N}\}$; $(a^2)^*ab$
2. $A_T = \{a,b\}$, $A_N = \{A,B,S\}$, P: $S \to Ab$, $A \to Ba$, $B \to Aa$, $B \to ε$
3. Die Anzahl der Nullen ist teilbar durch 3. Der reguläre Ausdruck ist $1^*(01^*0(01^*01^*0 \cup 1)^*01^* \cup ε)$

3.3.1

1. Der Automat hat vier Zustände: q_0, q_1, q_2, q_3, mit q_0=Startzustand und q_3=Endzustand. Bei Eingabe der richtigen Ziffernkombination durchläuft der Automat die Zustände: q_0, q_1, q_2 und q_3. Er verbleibt jeweils in den Zuständen q_0, q_1 bzw. q_3 wenn nicht die Ziffer 3,7 bzw. 5 eingegeben wurde.

2. Der Automat hat zwei Zustände: q_0 und q_1. Zustand q_0 bedeutet "Lampe aus", q_1 "Lampe ein". Die Eingabe "ein" veranlaßt den Übergang von q_0 nach q_1 bzw. bei "aus" erfolgt ein Übergang von q_1 nach q_0. Im Zustand q_0 bleibt der Automat bei Eingabe von "aus". Entsprechendes gilt für q_1.

3. Der Automat ist genauso aufgebaut wie der von 2. Als Eingabezeichen definiert man: $\binom{0}{0}$ für S_1 und S_2 "nicht betätigt", $\binom{0}{1}$ für S_1 "nicht betätigt", S_2 "betätigt", $\binom{1}{0}$ für S_1 "betätigt" und S_2 "nicht betätigt" und $\binom{1}{1}$ für S_1 und S_2 "betätigt". Übergänge von q_0 nach q_1 (und umgekehrt) erfolgen bei Eingabe von $\binom{1}{0}$ und $\binom{0}{1}$. Bei Eingabe von $\binom{0}{0}$ und $\binom{1}{1}$ bleibt der Automat in dem gerade eingenommenen Zustand.

<u>3.3.2</u>

1. a) Startzustand darf nicht zugleich ein Endzustand sein.
   b) Start- und Endzustand fallen zusammen.
2. a) $\delta(q_0,a)=q_1$, $q_1 \in F$
   b) $\delta(q_0,a)=\delta(q_0,b)=q_1$, $q_1 \in F$
   c) $\delta(q_0,a)=q_0$, $q_0 \in F$
   d) $\delta(q_0,a)=q_1$, $\delta(q_1,a)=q_1$, $q_1 \in F$
   e) $\delta(q_0,a)=q_1$, $\delta(q_1,a)=q_2$, $\delta(q_2,a)=q_1$, $q_1 \in F$
3. $\delta(q_0,a_i)=q_1$, $\delta(q_1,a_i)=q_1$, $a_i \in \{a,b,c\}$, $q_1 \in F$
4. $L = \{a\}(\{b\} \cup \{aa\})*$
5. $\delta(q_0,a_i)=q_1$, $\delta(q_0,b_i)=q_2$, $\delta(q_1,a_i)=\delta(q_1,b_i)=q_1$, $\delta(q_2,a_i)=\delta(q_2,b_i)=q_2$
   $a_i \in \{A,B,C,\ldots,H,O,P,\ldots,Z\}$ $b_i \in \{I,J,K,L,M,N\}$, $q_1,q_2 \in F$
6. Siehe Abb.L12

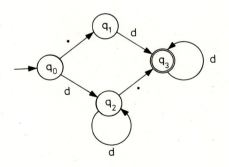

Abb.L12

<u>3.3.3</u>

1. Anfangskonfiguration: $(q_0,1)$ und $(q_0,0)$
   Endkonfiguration: (q_1,ε), und (q_2,ε); Wortmenge: $L=(\{1\}\{0\}*\{1\}\cup\{1\})\{0\}*$

2. $(q_0,10^i 10) \vdash (q_1,0^i 10) \vdash^i (q_1,10) \vdash (q_2,0) \vdash (q_2,\varepsilon)$ und
   $\delta^*(q_0,10^i 10) = \delta^*(q_1,0^i 10) = \ldots = \delta^*(q_1,10) = \delta^*(q_2,0) = \delta^*(q_2,\varepsilon)$

3.3.4
1. Siehe Abb.L13
2. Siehe Abb.L14
3. $L(U) = (\{a\}\cup\{b\})^*\{a\}(\{a\}\cup\{b\})^*\{a\}(\{a\}\cup\{b\})^*$
   $L(A) = \{b\}^*\{a\}\{b\}^*\{a\}(\{a\}\cup\{b\})^*$
4. a) $\delta(q_0,a)=q_{13}$, $\delta(q_2,c)=q_2$, $\delta(q_4,b)=q_4$, $\delta(q_{24},b)=q_4$,
      $\delta(q_{24},c)=q_2$, $\delta(q_3,a)=\delta(q_{13},a)=q_3$, $F=Q' \setminus \{q_0\}$
   b) $\delta(q_0,a)=q_{12}$, $\delta(q_{12},b)=q_{13}$, $\delta(q_{13},a)=q_2$, $\delta(q_1,b)=q_1$,
      $\delta(q_2,a)=q_3$, $\delta(q_3,a)=q_2$, $\delta(q_{13},b)=q_1$, $F=\{q_{12},q_{13},q_1,q_2\}$

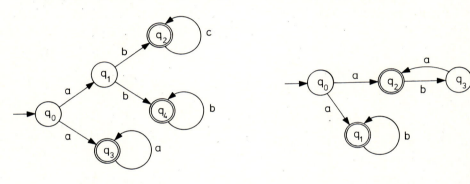

Abb.L13   Abb.L14

3.3.5
1. Zustände q_4 und q_5 sind nicht erreichbar.
2. $[q_0]=\{q_0\}$, $[q_{15}]=\{q_{15}\}$, $[q_3]=\{q_3,q_4,q_5,q_{24},q_{34}\}$, q_6 ist nicht erreichbar.

3.3.6
1. $\delta(q_0,0)=q_3$, $\delta(q_3,0)=\delta(q_3,1)=q_3$, $F=\{q_3\}$, q_0 = Startzustand

3.3.7
1. $P=\{q_0 \to .q_1,\ q_0 \to dq_2,\ q_1 \to dq_3,\ q_2 \to dq_2,\ q_2 \to .q_3,\ q_3 \to dq_3,\ q_3 \to \varepsilon\}$.
   Für eine ε-freie Grammatik kommen die Regeln: $q_2 \to .$ und $q_3 \to d$ hinzu.
   Ableitung: $q_0 \Rightarrow dq_2 \Rightarrow ddq_2 \Rightarrow dd.q_3 \Rightarrow dd.dq_3 \Rightarrow dd.dd$ mit $d \in \{0,1,\ldots,9\}$
2. Ab Zustand q_3 gilt: $\delta(q_3,E)=q_4$, $\delta(q_4,d)=q_5$, $\delta(q_5,d)=q_5$, $F=\{q_5\}$. Die Regeln werden ergänzt zu: $q_3 \to Eq_4$, $q_4 \to dq_5$, $q_5 \to d$, (ε-frei!)

3. $\delta(q_0,s)=q_1$, $\delta(q_1,i)=q_2$, $\delta(q_2,;)=q_3$, $\delta(q_3,i)=q_2$,
   $A=(Q,\Sigma,\delta,q_0,\{q_2\})$, $Q=\{q_0,q_1,q_2,q_3\}$
4. $q_1 \to q_0 s$, $q_2 \to q_1 i$, $q_2 \to q_3 i$, $q_3 \to q_2;$, $q_0 \to \varepsilon$, $G=(Q,\Sigma,P,\{q_2\})$
   Ableitung: $q_2 \Rightarrow q_3 i \Rightarrow q_2;i \Rightarrow q_1 i;i \Rightarrow q_0 si;i \Rightarrow si;i$

3.3.8

1. Siehe Abb.L15, $L(U)=(\{.\}\{d\}^+ \cup \{.\}\{d\}^*)\{E\}\{d\}^+$
2. a) Hinzufügen der Regeln: $q_2 \to q_i$ für alle $q_i \in Q_0$ und $q_j \to q_e$ für alle $q_j \in F$
   b) $q_s \to q_0$, $q_s \to q_2$, $q_0 \to aq_1$, $q_2 \to aq_3$, $q_1 \to bq_1$, $q_3 \to bq_2$, $q_1 \to q_e$, $q_3 \to q_e$, $q_e \to \varepsilon$
   c) $q_s \Rightarrow q_2 \Rightarrow aq_3 \Rightarrow abq_2 \Rightarrow abaq_3 \Rightarrow abaq_3 \Rightarrow ababq_2 \Rightarrow ababaq_3$
      $ababaq_e \Rightarrow ababa$

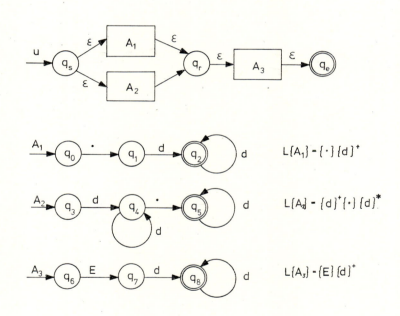

Abb.L15

3.4.1

1. Siehe Abb.L16 mit folgenden Abkürzungen:
   g = Geld einwerfen, r = Rückgabeknopf drücken,
   w = Warentaste drücken, k = keine Reaktion,
   ü = Geldrückgabe, a = Warenausgabe
   q_0 = Automat blockiert, q_1 = Automat frei.

6 Anhang: Lösungen der Aufgaben   249

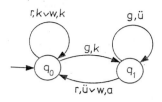

Abb.L16

2. $\delta(q_0,e)=\{q_1,q_2\}$, $\lambda(q_0,e)=l$, $\delta(q_1,t)=q_1$, $\lambda(q_1,t)=b$, $\delta(q_2,t)=q_2$, $\lambda(q_2,t)=B$, $\delta(q_1,a)=q_0$, $\lambda(q_1,a)=s$, $\delta(q_2,a)=q_0$, $\lambda(q_2,a)=s$, $\delta(q_1,g)=q_2$, $\lambda(q_1,g)=0$, $\delta(q_2,k)=q_1$, $\lambda(q_2,k)=u$, mit e = Einschalten, a = Ausschalten, g = Großschreibung, k = Kleinschreibung, t = Tastendruck und l = Motor läuft, s = Motor steht, b = kleine Buchstaben, B = große Buchstaben, o = Wagen oben, u = Wagen unten.

3.4.2

1. $\delta(q_0,0)=\delta(q_0,1)=q_0$ und $\lambda(q_0,0)=1$, $\lambda(q_0,1)=0$
2. $\delta(q_0,a)=q_0$, $\lambda(q_0,a)=a$, $\delta(q_0,t)=q_1$, $\lambda(q_0,t)=0$, $\delta(q_1,a)=q_1$, $\lambda(q_1,a)=0$ mit $a\in\Sigma\setminus\{t\}$
3. $L_e = (\{a\}\{b\}^*\{a\})^*\cup\{a\}(\{b\}^*\{aa\})^* \in \Sigma^*$
   $L_a = (\{b\}\{a\}^*\{b\})^*\cup\{b\}(\{a\}^*\{bb\})^* \in \Delta^*$

3.4.3

1. $\mu(q_0, \binom{0}{0}))=(q_0,0)$, $\mu(q_0, \binom{0}{1}))=(q_0,1)$, $\mu(q_0, \binom{1}{0}))=(q_0,1)$
   $\mu(q_0, \binom{1}{1}))=(q_1,0)$ Übertrag wird gespeichert,
   $\mu(q_1, \binom{0}{0}))=(q_0,1)$, $\mu(q_1, \binom{0}{1}))=(q_1,0)$, $\mu(q_1, \binom{1}{0}))=(q_1,0)$,
   $\mu(q_1, \binom{1}{1}))=(q_1,1)$, in dem Zustand q_1 wird der Übertrag berücksichtigt, der im Zustand q_0 entstand.

4.3.1

1. a) Vgl. Abb.L17,   b) vgl. Abb.L18
2. ab M^g_3: 3656,3747,3696,3643,3776,3805,3760,3872,4092,4158,4376; stärkere Schwankungen, schnellere Anpassung; time lag gleich 0,5 Perioden
3. $f(x) = \Sigma(x-y_t)^2 = $ Min $\Longrightarrow f'(x) = 2\cdot\Sigma(x-y_t) = 0 \Longrightarrow N\cdot x-\Sigma y_t = 0 \Longrightarrow$
   $x = \Sigma y_t/N$ mit $f''(x) = N > 0 \Longrightarrow$ Minimum

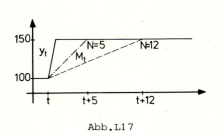
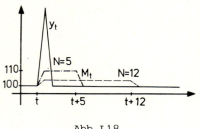

Abb.L17   Abb.L18

4.3.2

1. 311,304,297,290,281,273,264,255,248,243,240,237,235,233,229,228,227,228, 229,231,232,232,233 (vgl. Abb.L19: x-x Anzahl offener Stellen, o-o 12-Monatsdurchschnitt); Prognose für 76:235

2. 1082; $S_j=0,99$; $x/0,99 \leq 1037 \Rightarrow x$ maximal 1047

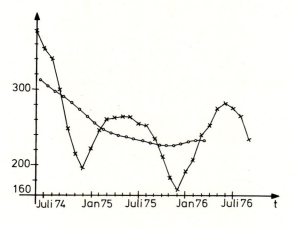

Abb.L19

4.4.1

1. Ansatz $\hat{y} = a_0 \cdot e^{a_1 t} \Rightarrow \ln \hat{y} = \ln a_0 + a_1 \cdot t$; $a_1 = 0,0115$ (bedeutet mittleren Anstieg um 1,15 % pro Jahr); $\ln a_0 = 4,5799 \Rightarrow a_0 = 97,5 \Rightarrow \hat{y} = 97,5 \cdot e^{0,0115t}$; $\hat{y}_{1974} = 109,38$ (tats. 109,67), $\hat{y}_{1980} = 117,2$; B = 0,998

2. n = 8, t = 4,5; $\ln(y_8+400) = 5,7004$; $a_1 = -0,1343$, $a_0 = 835,5 \Rightarrow$ $y = 835,5 \cdot e^{-0,1343t} - 400$; $\hat{y}_{1975} = -151$, $\hat{y}_{1976} = -182$

3. $f(a_0,a_1,a_2) = \Sigma(y_t - a_0 - a_1 t - a_2 t^2)^2$ = Min; Nullsetzen der partiellen Ableitungen nach a_0, a_1, a_2 ergibt:
$$a_0 \cdot n + a_1 \cdot \Sigma t + a_2 \cdot \Sigma t^2 = \Sigma y_t$$
$$a_0 \cdot \Sigma t + a_1 \cdot \Sigma t^2 + a_2 \cdot \Sigma t^3 = \Sigma t \cdot y_t$$
$$a_0 \cdot \Sigma t^2 + a_1 \cdot \Sigma t^3 + a_2 \cdot \Sigma t^4 = \Sigma t^2 \cdot y_t$$

4.4.2

1. a) Werte liegen zu tief, noch relativ wenige Gastarbeiter

   b) $\hat{y} = -346,8 + 1,2135x$; je offene Stelle im Mittel eine Zuwanderung von 1,2 Personen, $\hat{y}_{1975} = -43$

   c) $\hat{y} = a_0 + a_1 \cdot \ln x \Longrightarrow \hat{y} = -3704,5 + 642,25 \cdot \ln x$. $\Sigma e_t^2 = 1617$ gegenüber 6.852 im linearen Fall. Interpretation: Bei hoher Anzahl offener Stellen unterdurchschnittlicher Zuwachs (Potential begrenzt) oder unterdurchschnittliche Abwanderung (geringerer Druck); entsprechend hoher Abwanderungsdruck bzw. Zuwanderungsdruck (Nachholbedarf) bei niedrigem Stellenniveau; $\hat{y}_{1975} = -158$

   d) $\hat{y} = -195$ bei OS = 236; $\hat{y} = -3719 + 644,5 \cdot \ln x \Longrightarrow$ für $\hat{x}_{1976} = 235$: $\hat{y}_{1976} = -200$

2. $f(a_0, a_1, a_2) = \Sigma(y_t - a_0 - a_1 x_{1t} - a_2 x_{2t})^2 = \text{Min} \Longrightarrow f_{a_0} = 2 \cdot \Sigma(y_t - a_0 - a_1 x_{1t} - a_2 x_{2t}) \cdot (-1) = 0$; $f_{a_1} = 2 \cdot \Sigma(y_t - a_0 - a_1 x_{1t} - a_2 x_{2t}) \cdot (-x_{1t}) = 0$; $f_{a_2} = 2 \cdot \Sigma(y_t - a_0 - a_1 x_{1t} - a_2 x_{2t}) \cdot (-x_{2t}) = 0$ und Auflösung dieser Gleichungen.

4.5.1

1. a) $\bar{A}(\alpha) = \alpha \cdot \sum_{i=0} (1-\alpha)^i \cdot i$ (Gewicht · Alter der Information) $= \alpha \cdot (1-\alpha)/\alpha^2 = (1-\alpha)/\alpha$.

   b) $\bar{A}(N) = (N-1)/2 = (1-\alpha)/\alpha$ nach α aufgelöst: $\alpha = 2/(N+1)$

2. a) vgl. Abb.L20; rasches bzw. langsames Anpassen an neues Niveau, das nur asymptotisch erreicht wird.

   b) vgl. Abb.L21; starkes bzw. geringes Schwanken mit rascher bzw. langsamer asymptotischer Annäherung an Niveau 100.

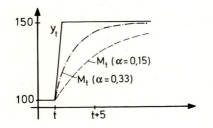
Abb.L20

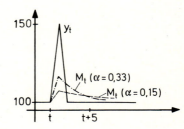
Abb.L21

4.5.2

	M_t	$M_t^{(2)}$	a_t	b_t	$\hat{y}_{t-1,t}$	$\hat{y}_{t-2,t}$
t=3:	191,2	161,8	220,6	9,8		
	200,2	171,4	229,0	9,6		
	210,9	181,3	240,5	9,9		
	217,9	190,5	245,3	9,1	250,4	248,2
	226,9	199,6	254,2	9,1	254,4	260,3
	237,9	209,1	266,7	9,6	263,3	263,5
	251,5	219,7	283,3	10,6	276,3	272,4
	286,6	232,0	305,2	12,2	293,9	285,9
	285,2	245,2	325,1	13,3	317,4	304,5
	303,9	260,0	347,8	14,6	338,4	329,6
	322,4	275,6	369,2	15,6	362,4	351,7
	340,3	291,8	388,8	16,2	384,4	377,0
					405,0	400,4

Deutlich schlechtere Prognosen ab Periode 9. $\hat{y}_{t-2,t}$ hängt noch mehr nach.

4.5.4

Lösung vgl. Tabelle in 4.4.2

4.5.5

1. $-1 \leq AWS_t \leq 1 \iff |\bar{e}_t| \leq MAD_t$; in Startperiode: $0 < MAD$; gelte $|\bar{e}_{t-1}| \leq MAD_{t-1} \implies |\bar{e}_t| = |\alpha \cdot e_t + (1-\alpha) \cdot \bar{e}_{t-1}| \leq \alpha \cdot |e_t| + (1-\alpha) \cdot |\bar{e}_{t-1}| \leq \alpha \cdot |e_t| + (1-\alpha) \cdot MAD_{t-1} = MAD_t$. AWS_t ist betragsmäßig groß, wenn die Fehler e_t überwiegend gleiches Vorzeichen haben, d.h. die Schätzwerte laufend zu hoch oder zu tief liegen (falsche Gesetzmäßigkeit).

2. Vgl. Tabelle in 4.4.2; großes AWS_t in Perioden 9 - 13 (Schätzungen zu tief)

4.6

1. a) Wegen e^{a-bt} bzw. b^t bzw. $b \cdot t^{-1} \to 0$ für $t \to \infty$
   b) Für $t = a/b$ bzw. $t \to -\infty$ bzw. $t \to 0$
   c) $B_t'' = c_o \cdot S \cdot B_t' - 2 \cdot c_o \cdot B_t \cdot B_t' = 0 \implies B_t = S/2$ (Halbsättigung), $t = a/b$
   d) $b_t'' = 0 \implies c \cdot b^t = 1 \implies t = -\ln c / \ln b$ mit $b_t = 1/e < 0,5$
   e) $t = b$

2. Differenzieren von B_t und Einsetzen von B_t in die Wachstumshypothese ergibt jeweils $S \cdot c_1 \cdot b^{c_1} \cdot t^{-c_1-1} / (1 + b^{c_1} \cdot t^{-c_1})^2$

3. Wendepunkt bei $t = 4,4$ (vor $t = 5$)

5.2.1

a) (7) $x_o = 400$ Stück

   (6) $K_j = 5\,304,50$ DM/Jahr; $k = \dfrac{K_j}{M} = \dfrac{5304,50}{2000} = 2,65 \dfrac{DM}{Stück}$

6 Anhang: Lösungen der Aufgaben

Die optimale Bestellmenge beträgt $x_o = 400$ Stück, die minimalen Stückkosten betragen $k = 2,65$ DM/St., die Gesamtkosten pro Jahr betragen $K_j = 5304,50$ DM

b) (6) $\Delta K_j = 7,50$ DM/Jahr, $\Delta k = \frac{\Delta K_j}{M} = 0,00375$ DM/St.

Die Stückkosten steigen um 0,375 Pf/St., die Jahresgesamtkosten steigen um 7,50 DM/Jahr.

5.2.2

1. (9.1) $n_o = 5$ Bestellungen pro Jahr

   (10) $K_{jo} = 5\,304,50$ DM/Jahr

2. $a_1 = e \cdot a_o$; $x_1 = \sqrt{\frac{2 \cdot M \cdot a_o \cdot e}{p \cdot q}} = x_o \cdot \sqrt{e} = x_o \cdot \frac{1}{\sqrt{f}}$

   Ersetzt man in der vorangehenden Herleitung $\sqrt{f}$ durch $\frac{1}{\sqrt{e}}$, so ergibt Gleichung (12) eine Differenz von:

   $$\Delta K_j = \left(\frac{\frac{1}{e} + 1}{2 \cdot \frac{1}{\sqrt{e}}} - 1 \right) \cdot \sqrt{2\, Ma_o\, pq} = \left(\frac{1+e}{2 \cdot \sqrt{e}} - 1 \right) \cdot \sqrt{2\, Ma_o\, pq}$$

   Der Einfluß von fehlerhaften auftragsfixen Kosten ist genau so stark wie der von fehlerhaften Lagerhaltungskosten.

3. a) Gebundenes Kapital $= \frac{x_o}{2} \cdot p = \frac{400}{2} \cdot 2,5 = 500$ DM; $\Delta L = 500 \cdot 0,05$

   Aus (13) $f = \frac{1}{\left(1 - \frac{\Delta L}{\sqrt{\frac{M \cdot a \cdot p}{2\,q}}}\right)^2} = \frac{1}{\left(1 - \frac{500 \cdot 0,05}{\sqrt{\frac{2000 \cdot 30 \cdot 2,5}{2 \cdot 0,3}}}\right)^2} = 1,108$

   $q_1 = f \cdot q_o = 0,3324$. Als Lagerkostensatz ist 33,24 % zu wählen.

   b) $\Delta K_j = 0,394$ DM/J. Die Jahresgesamtkosten steigen um 39 Pf.

   c) (11) $x_1 = 380$ Stück. Die Bestellmenge beträgt 380 Stück.

5.2.3

Probe: (15) $600 < 100 \cdot 6 + 58 \cdot 9$

(17) $\frac{2 \cdot 0,3}{2 \cdot 6} + \frac{30 \cdot 100}{6 \cdot x_1^2} = \frac{3 \cdot 0,3}{2 \cdot 9} + \frac{30 \cdot 50}{9 \cdot x_2^2} \Longrightarrow x_1 = \sqrt{3} \cdot x_2$

(16) $6x_1 + 9x_2 = 600$; $2\sqrt{3}x_2 + 3x_2 = 200$; $x_1 = 53,59$, $x_2 = 30,94$

Von Artikel 1 sind $x_1 = 53$ Stück und von Artikel 2 $x_2 = 31$ Stück zu bestellen.

5.2.4

a) (18) $x_o = 400 \cdot \sqrt{3} = 693$ Stück; $w = x_o/c = 231$ Stück

   Die Bestellmenge beträgt 693 Stück, die Abrufmenge 231 Stück.

b) $a = 30 + 3 \cdot 15 = 75$ DM. Die Bearbeitungsgebühr erhöht die auftragsfixen Kosten auf 75 DM. (18) $x_o = 1095$ Stück. Die Bestellmenge wäre 1095 Stück.

254   6 Anhang: Lösungen der Aufgaben

c) Gleichung (6) modifiziert: $K_j = \frac{M \cdot a}{x} + p \cdot M + \frac{a \cdot q}{2} + \frac{p \cdot q \cdot x}{2c} = 5\,148{,}67$

Das ist günstiger, als $K_{jo} = 5\,304{,}50$ aus 5.2.2, 1.

5.2.5

a) (10) $K_{jo} = \sqrt{2 \cdot 30 \cdot 1{,}8 \cdot 0{,}35 \cdot 4000 + 1{,}8 \cdot 4000 + \frac{30 \cdot 0{,}35}{2}}$
   $K_{jo} = 7\,594$ DM/Jahr

b) (18) und $w = \frac{x_o}{c} : w = \frac{2\,Ma}{p \cdot q} \cdot x_o = 43$; (19) $K_{jw} = 6\,429{,}29$

c) (20) $x_{o1} = 585$; $x_{o2} = 617 \rightarrow 1000$; $x_{o3} = 676 \rightarrow 3000$; (6) $K_{j1} = 8\,415{,}13$;
   $K_{j2} = 7\,640{,}25$; $K_{j3} = 6\,832{,}75$

d) (10) $K_{jo} = 6\,297{,}49$

Die Rangfolge ist (ausgehend von der günstigsten Alternative): Eigenfertigung 6 297,49 DM/J, Lieferant B 6 429,29 DM/J, Lieferant C 6 832,75 DM/J bei 3000 Stück, LIeferant A 7 594,-- DM/J.

5.3.2

B_i	10	60	20	60	40	10	70	40	40	40	20	20
ΣB_i	10	70	90	150	190	200						
$\Sigma(1-1/2) \cdot B_i$	5	95	145	355	535	590						
k					0,5447	0,545						
ΣB_i						10	80	120	160	200	220	
$\Sigma(1-1/2)B_i$						5	110	210	350	530	640	
k										0,515	0,52	
ΣB_i											10	40
Bestellmenge:	190					200					40	

5.3.3 $a / (p \cdot q) = 500$ STP

B_i	10	60	20	60	40	10	70	40	40	40	20	20
STP	5	95	145	355	535							
STP						5	110	210	350	530		
STP											10	40
Bestellmenge:	190					200					40	

5.3.4

B_i	10	60	20	60	40	10	70	40	40	40	20	20
STP	5	95	145	355	535	590						
Vergleich:				+50	-70							
				(+50	+420	-40)						
STP							35	95	195	335	425	535
Bestellmenge:	200					230						

$\Delta K_g = (3-2) \cdot 50 + (3-2) \cdot 1((535+530+40) - (590+535)) = 30$. Pro Jahr 30 DM eingespart.

Sachverzeichnis

abelsch 79
abgeschlossene Hülle 108
Abrufmenge 225
Abweichung, mittlere absolute 202
Abweichungssignal 203
Adjazenzmatrix 12 ff
akzeptierte Zeichenkette 124
Akzeptor 118
algorithmische Lösung 92, 102
Alphabet 54, 118
Andlersche Grundgleichung 213, 215
Anlaufverfahren 200 ff
äquivalente Zustände 141
Äquivalenzklassen 143 ff, 147
Äquivalenz von Automaten 140
Assoziativität 80, 84
Ausgabealphabet 118, 155
Ausgabeband 157
Ausgabefunktion 156
Automat 117

Basissprache 111
Baum, optimaler 22
Beaufort 48
Bedarfsverlauf 229
Bestellkosten 229
Bestimmtheitsmaß 182
Bitkette 75
Boolesche Algebra 78

Boolesche Wortoperationen 75

Chomsky 112
Codierung 66

Decodierung 67
deterministisch 119, 121
Digraph 3
Disjunktion 76
Durchgangsknoten 29
Durchschnitt, exponentiell geglätteter 190 ff, 197
Durchschnitt, gleitender 171, 196
Dynamische Bestellmenge 228
Dynamische Iteration 235

echtes Teilwort 64
Eingabe-Alphabet 118, 122, 155
Einschmelzung 73
endlicher Automat 120
Endzustand 123
Entscheidungsbaum 9
E-Operator 69
erreichbarer Zustand 139
Erzeugendensystem 83
Eulerscher Kreis 41

Faktor, externer 169
Faktor, interner 168
Fano-Kriterium 67

Fehlerzustand 129
Flußvergrößerungskette 31
Formale Sprache 105
Fortsetzungen 80
Freie Halbgruppe 87
Freies Erzeugendensystem 87

generalisierte Vereinigung 50
Gerüst 10
Gleichheitsrelation 61
Gleitende wirtschaftliche Losgröße 229
Grammatik 111, 113
Graphen 1, 121

Halbgruppe 79
Hamiltonsche Linie 45
Hasse-Diagramm 64
Homomorphismus 89, 147
Hülle 108

Infixnotation 66
Inzidenzmatrix 11 ff
Isomorphie 147
Iteration 108, 151, 154

Jahresgesamtkosten 215, 218

Kante, gesättigte 28
Kapazität 28
Kapazitätsbedarf 222
k-Äquivalenz 142, 160
Kellerautomat 119
Kleenesche Sternoperation 108
Komponenten einer Zeitreihe 167
Konfiguration 130, 159
Konfigurationsübergang 130, 159
Konjunktion 75
Konkatenation 74

Kontraktion 70
K-Operator 70, 73
Korrelationskoeffizient 182
Kritischer-Weg-Algorithmus 22

Lagerhaltungskosten 212, 229
Länge eines Wortes 57
leeres Wort 57
lineare Umnumerierung 52
linkslineare Grammatik 113
Ljapunow-Sprache 59
logische Programm-Chemata 59

Markov-Algorithmus 100
Markov-Vorschrift 98
Maschine 119, 155
Matching 40
Mealy-Automat 160
Medwedew-Automat 161
Mengenabhängige Preise 226
Meta-Sprache 111
Minimalgerüst 10
Minimale Maschine 160
Minimaler Automat 146
Minimierung 138
Monoid 79
Moore-Automat 161

Negation 77
Neumann, J.v. 55
nicht-deterministischer Automat 119, 133
Nonterminals 111, 149
Normalgleichungen 181
numerierte Paarmenge 50

Optimale Bestellmenge 227
Ordnungsrelation 64

Sachverzeichnis

Papst Gregor 60
polnische Notation 65
positive abgeschlossene Hülle 108
Postfix 65
Postfix-Notation 66
Potenzmenge 134
Präfix 65
Produktionsregel 93
Produktionssystem 94, 149
Produkt zweier Sprachen 106, 151, 153
Prognose gekoppelte 186
Prognose kurzfristige 165
Prognose langfristige 166
Prognose mittelfristige 166
pythagoräische Summe 81

Quelle 29

Rabattstaffeln 226
Reagibilität 170
rechtslineare Grammatik 113
Reduzierung 138
Regelgrammatik 111, 149
Regelsprache 111
Regressionsanalyse 178 ff
Regressionskoeffizient 180
reguläre Menge 109, 149
regulärer Ausdruck 109, 114
reguläre Sprache 109, 149
Relationsmatrix 138
Repräsentant 146 ff
Residuum 179

saisonale Einflüsse 167
Saisonkoeffizient 176
Schnitt 31
Semantik 105
Semi-Thue-System 94

Senke 29
Signal 118
Situation 130
Speicher 118
Sprache 105
Stabilität 170
Startsymbol 111, 149
Startzustand 123
Stellenwertsysteme 58
stochastischer Automat 120
Stückkostenfunktion 229
Stückperiodenausgleich 232
Syntax 105
Syntaxbaum 112

Teillieferungen 224
Teilwort 62
Terminals 111, 149
Thue-Systeme 95
timelag 172
topologische Sortierung 22
Trendrechnung 179
Turingmaschine 119
Typ 3-Sprache 113
Typisierung 57

überführbar 94
Überführungsfunktion 123
Übergangstabelle 128
Umnumerierungsoperator 52, 63
Umwandlung 135
unendlicher Automat 120
unterscheidbar 141
unvollständig definierter Automat 123

vereinfachter Automat 140
Vereinigung 151 ff
Vertrauensgrenzen 182

Wachstumsfunktion 166, 204 ff

Wachstumshypothese 204 ff

Wegmatrix 15 ff, 136

Wort 54

Worthalbgruppe 88

Wortproblem 102

Wurzelbaum 8

Zahlworte 58

Zeichenkette 54, 149

Zeichenvorrat 54

Zeitreihe 163

Zustand 118

Zustandsmenge 122

Zustandstabelle 158

Zustandsübergang 118

Zuwachsgraph 34

Anwendungsorientierte Mathematik

Vorlesungen und Übungen für Studierende der Ingenieur- und Wirtschaftswissenschaften
Herausgeber: G. Böhme

Band 1: **G. Böhme**

Algebra

5., verbesserte Auflage 1987. 211 Abbildungen. XI, 406 Seiten. Broschiert DM 39,-.
ISBN 3-540-17479-6

Inhaltsübersicht: Grundlagen der Algebra: Mengen. Relationen. Abbildungen. Graphen. Strukturen. Gruppen. Ringe und Körper. Boolesche Algebra. – Lineare Algebra: Zur Bedeutung der linearen Algebra. Determinanten. Vektoralgebra. Matrizenalgebra. Lineare Gleichungssysteme. – Algebra komplexer Zahlen: Der komplexe Zahlenkörper. Die Normalform komplexer Zahlen. Gaußsche Zahlenebene; Betrag; Konjugierung. Die trigonometrische Form komplexer Zahlen. Die Exponentialform komplexer Zahlen. Potenzen, Wurzeln und Logarithmen im Komplexen. Graphische Ausführung der Grundrechenarten mit Zeigern. – Anhang: Lösungen der Aufgaben. – Sachverzeichnis.

Band 2: **G. Böhme**

Analysis
Teil 1:
Funktionen, Differentialrechnung

5., verbesserte Auflage 1987. 251 Abbildungen. XII, 490 Seiten. Broschiert DM 39,-.
ISBN 3-540-12067-X

Inhaltsübersicht: Elementare reelle Funktionen: Grundlagen. Reelle Funktionen. Polynome. Gebrochen-rationale Funktionen. Algebraische Funktionen. Kreis- und Bogenfunktionen. Exponential- und Logarithmusfunktionen. Hyperbel- und Areafunktionen. Funktionspapiere. – Komplexwertige Funktionen: Einführung. Die komplexe Gerade. Die Inversion der Geraden. Der Allgemeine Kreis. – Differentialrechnung: Grenzwerte. Der Begriff der Ableitungsfunktion. Formale Ableitungsrechnung. Differentiale; Differentialquotienten; Differentialoperatoren. Kurvenuntersuchungen. Weitere Anwendungen der Differentialrechnung. Funktionen von zwei reellen Veränderlichen. – Anhang: Lösungen der Aufgaben. – Sachverzeichnis.

Band 3: **G. Böhme**

Analysis
Teil 2:
Integralrechnung, Reihen, Differentialgleichungen

4., neubearbeitete und erweiterte Auflage 1985. 97 Abbildungen. IX, 374 Seiten. Broschiert DM 39,-. ISBN 3-540-15091-9

Inhaltsübersicht: Integralrechnung. – Unendliche Reihen. – Gewöhnliche Differentialgleichungen. – Anhang: Lösungen der Aufgaben.

Springer-Verlag
Berlin Heidelberg New York
London Paris Tokyo Hong Kong